石油教材出版基金资助项目

石油高等院校特色规划教材

石化企业现场实习教程

(富媒体)

涂永善　主编

石油工业出版社

内容提要

本书介绍了石化生产过程中典型工艺设备的结构、种类及工作原理。通过案例分析,重点介绍了石化生产典型的工艺装置、工艺流程、工艺操作条件及影响因素分析、安全与环保等专业知识;同时利用多种媒体形式丰富教材内容,更有助于学生理解和掌握现场实践知识。

本书适用于化学工程与工艺、化工机械、应用化学、环境工程等与石油化工相关的专业的现场实习教学,也可为石化企业相关技术人员的岗前培训提供参考。

图书在版编目(CIP)数据

石化企业现场实习教程:富媒体/涂永善主编.—北京:石油工业出版社,2018.11

石油高等院校特色规划教材

ISBN 978–7–5183–2989–2

Ⅰ.①石… Ⅱ.①涂… Ⅲ.①石油炼制—生产实习—高等学校—教材 Ⅳ.①TE62-45

中国版本图书馆 CIP 数据核字(2018)第 242450 号

出版发行:石油工业出版社

(北京市朝阳区安华里2区1号楼 100011)
网　　址:www.petropub.com
编辑部:(010)64256990
图书营销中心:(010)64523633　(010)64523731

经　　销:全国新华书店
排　　版:北京密东文创科技有限公司
印　　刷:北京中石油彩色印刷有限责任公司

2018年11月第1版　2018年11月第1次印刷
787毫米×1092毫米　开本:1/16　印张:13.75　插页:1
字数:352千字

定价:35.00元
(如发现印装质量问题,我社图书营销中心负责调换)
版权所有,翻印必究

前　言

　　现场实习是高等工科院校提高学生工程实践技能的重要教学环节,对于强化学生专业理论知识的深度吸收和理解具有十分积极的促进作用。现场实习是一种将专业知识与生产实践相结合的教学形式,其教学效果是其他教学手段无法替代的,一般安排在学生学完专业基础课和专业课之后进行,用以巩固、加深、丰富和提高学生的专业理论知识及生产实践能力。现场实习的效果如何,可以检验专业理论课的教学质量。

　　本教材从学生深入石化企业现场实习教学角度考量,全面系统介绍了现场实习应掌握的基础知识,以介绍石油化工工艺设备及生产装置基础知识为主线,详细阐述了石油化工生产过程典型的工艺设备、生产原料及产品特点,重点介绍了石油化工生产典型的工艺装置流程及工艺案例、工艺操作影响因素分析、安全与环保等专业知识。全书石油化工特色鲜明,内容丰富,题材多样,充分利用动画、视频、彩图等多媒体手段,形象生动地展示了石油化工典型的工艺设备和工艺装置的结构、原理及概貌。各章提供了思考题,用以训练和提高学生对专业理论知识及生产实践知识的理解和吸收。

　　本教材由中国石油大学(华东)化学工程学院组织相关教师编写,涂永善担任主编。全书共五章,具体编写分工如下:第一章和第四章由丁传芹、刘会娥编写,第二章由王宗明编写,第三章由涂永善、钮根林、刘熠斌、孙昱东、李传编写,第五章由张庆冬编写,全书由涂永善统稿。

　　在教材编写过程中,参阅乃至引用了一些石化企业生产装置的有关资料内容,参考了大量文献资料,在此谨向文献资料的作者一并表示感谢。同时,还得到了石油工业出版社"石油教材出版基金"的支持,在此表示衷心的感谢!

　　因时间仓促,虽经多次审查和修改,但难免有不妥或不足之处,敬请同行专家和广大读者批评指正。

编者
2018 年 6 月

目 录

第一章 现场实习基础知识 1
 第一节 概述 1
 第二节 工艺流程图 5
 第三节 车间设备布置 12
 第四节 管道布置 18

第二章 典型的工艺设备 25
 第一节 塔设备 25
 第二节 管式加热炉 42
 第三节 换热器 49
 第四节 反应设备 59
 第五节 储罐 70
 第六节 常用流体输送机械 75

第三章 典型的炼油生产装置 97
 第一节 常减压蒸馏装置 97
 第二节 延迟焦化装置 108
 第三节 催化裂化装置 116
 第四节 催化加氢装置 128
 第五节 催化重整装置 139

第四章 典型的石油化工生产装置 167
 第一节 乙烯生产装置 167
 第二节 芳烃生产装置 176

第五章 安全与环保 187
 第一节 石化企业安全知识 187
 第二节 石化企业环保知识 198

参考文献 208

附录 石化企业现场实习教学大纲 210

富媒体资源目录

序号	名　　称	页码
1	彩图1　中控室	1
2	彩图2　DCS	1
3	彩图3　装置区及装置区鸟瞰图	1
4	彩图4　管廊	2
5	彩图5　事故池	3
6	彩图6　三维配管效果图	23
7	视频1-1　车间3D展示视频	23
8	视频2-1　塔的外观	26
9	动画2-1　原油精馏塔工作原理	27
10	动画2-2　塔盘工作原理	27
11	动画2-3　塔板类型	28
12	动画2-4　塔板结构	28
13	视频2-2　塔盘的安装	30
14	动画2-5　填料塔总体结构	31
15	动画2-6　填料类型	32
16	动画2-7　液体分布装置	33
17	动画2-8　液体再分布装置	36
18	动画2-9　填料支撑结构	36
19	视频2-3　塔进料口	37
20	彩图7　塔顶破沫网	38
21	视频2-4　塔底防涡器	38
22	视频2-5　筒体	39
23	视频2-6　封头	39
24	视频2-7　吊柱、梯子、平台	40
25	视频2-8　人孔	40
26	视频2-9　支座	41
27	视频2-10　管式加热炉炉内燃烧工况	43
28	视频2-11　炉管系统	45
29	视频2-12　火嘴	46
30	视频2-13　炉墙系统	48
31	动画2-10　列管式换热器	50
32	动画2-11　带膨胀补偿的换热器	51

序号	名　称	页码
33	动画2-12　浮头管板换热器	51
34	动画2-13　U形管式换热器	51
35	动画2-14　套管式换热器	55
36	动画2-15　螺旋板式换热器	58
37	动画2-16　旋风分离器	64
38	视频2-14　加氢反应器外观	65
39	动画2-17　离心泵工作原理	76
40	动画2-18　离心泵基本结构	76
41	彩图8　单级泵	78
42	彩图9　多级泵	78
43	动画2-19　往复泵工作原理	80
44	动画2-20　齿轮泵工作原理	83
45	动画2-21　水环真空泵工作原理	84
46	动画2-22　离心式压缩机工作原理	86
47	动画2-23　离心风机	86
48	动画2-24　往复活塞式压缩机的工作原理	88
49	彩图10　螺杆压缩机实物图	91
50	动画2-25　螺杆压缩机工作原理	92
51	彩图11　500×10^4 t/a 燃料型常减压蒸馏装置	104
52	彩图12　一炉两塔延迟焦化装置	111
53	动画3-1　催化裂化过程示意	118
54	彩图13　加氢原料预处理平台	130
55	彩图14　固定床柴油加氢反应器	130
56	彩图15　加氢换热器	130
57	彩图16　循环氢脱硫塔	130
58	彩图17　蜡油加氢处理反应器与加热炉	135
59	彩图18　60×10^4 t/a 连续重整装置全貌	156
60	彩图19　60×10^4 t/a 连续重整装置反应系统	156
61	彩图20　某石化公司乙烯装置局部概貌	172
62	彩图21　60×10^4 t/a 芳烃联合装置	184
63	视频5-1　正压式空气呼吸器的使用	196
64	动画5-1　加压溶气气浮	203
65	动画5-2　臭氧氧化流程	204
66	动画5-3　液氯消毒	204

本书富媒体资源均由作者提供，如教学需要，可向责任编辑索取，联系邮箱为upcweijie@163.com。

第一章　现场实习基础知识

第一节　概　　述

一、基本概念

设计规模：指原料处理能力或产品生产能力，一般从装置名称中可知。例如：$1000×10^4$t/a 常减压蒸馏装置，即指该装置设计能力为每年处理原油 $1000×10^4$t，按一年生产时间 8400h 计算，则设计进料量约 1190t/h；而 $100×10^4$t/a 乙烯装置，指的是该装置设计能力为每年生产乙烯产品 $100×10^4$t。

生产工段：也称生产单元，指一个车间内按生产过程划分的基层生产组织，例如柴油加氢精制车间可分为反应工段和分离工段。在比较复杂的生产装置实习时，可先按工段了解装置流程，会更为清晰。

中央控制室：简称中控室，自动化控制程度高的大型炼化企业，一般把各个装置的控制信号集中起来，在一个中心控制室集中显示和控制，方便了解全厂装置运行情况和集中调度。

彩图1 中控室

彩图2 DCS

彩图3 装置区及装置区鸟瞰图

DCS：分布式控制系统（是 distributed control system 的缩写），又称为集散控制系统，是相对于集中式控制系统而言的一种新型计算机控制系统。基本功能是监测现场数据、遥控现场设备。DCS 系统通过 A/D 转换器采集现场的工艺信号（温度、压力、流量、液位等），转换成数字信号存储在主控制器内，并显示在计算机界面上；操作人员通过界面向现场的设备发送命令，例如开关阀门、调整变频器转速等；还可以通过组态（编程）实现自动控制、联锁和顺序控制等功能。

装置区：工艺装置区并非指整个厂区，因厂区内划有很多功能分区，如公用工程区、动力区、罐区、生活区（有时也叫厂前区）等。装置区不分室内室外，《石油化工防火规范》(GB 50160—2008)对装置区的定义是"一个或一个以上的独立的化工装置或联合装置组成的区域"。

内操与外操：内操指的是在操作室内工作的技术人员；外操指的是在户外进行操作的工作

人员。内操利用电脑负责监控装置运行,对操作参数进行调整;外操则是根据需要巡查装置各设备运行情况,并根据内操指令进行必要的手动操作。

操作规程:一般是指有关部门为保证本部门的生产、工作能够安全、稳定、有效运转而制定的,相关人员在操作设备或办理业务时必须遵循的程序或步骤。

管廊:用于支撑连接间隔较远的、不同设备之间的管线的构架式结构。管廊可有效地将设备按照要求的间距分隔开,为进出装置的管线提供支撑,便于在有限的宽度内分层布置大量管线。它是装置内部各设备之间以及装置与外部连接的纽带。管线采用架空布置时,多为管廊布置。

公用工程:包括给排水、供电、供热与冷冻、采暖通风、土建及自动化控制等专业。其中生产给水要求少用新鲜水,多用循环水,宜串联使用、重复使用;排水系统要求做到清污分流;供热热源要求能正确合理选用并充分利用。

事故隐患:全称为安全生产事故隐患,是指生产经营单位违反安全生产法律、法规、规章、标准、规程和安全生产管理制度的规定,或者因其他因素在生产经营活动中存在可能导致事故发生的物的危险状态、人的不安全行为和管理上的缺陷。事故隐患分为一般事故隐患和重大事故隐患。一般事故隐患是指危害和整改难度较小,发现后能够立即整改排除的隐患。重大事故隐患是指危害和整改难度较大,应当全部或者局部停产停业,并经过一定时间整改治理方能排除的隐患,或者因外部因素影响致使生产经营单位自身难以排除的隐患。

风向标:风向标是显示风来向的设施。现场一般采用布袋式风向标(图1-1),在高处设置,显示实际风向,遇到气体泄漏等危险发生时,应该往上风侧跑。一般来讲,工业区位于下风向,目的是减少污染给居民区造成大的影响。

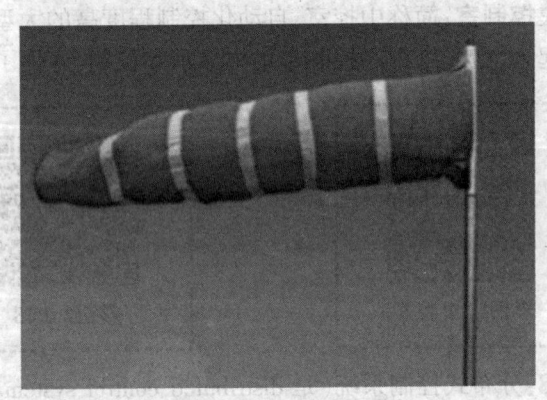

彩图4 管廊

图1-1 风向标

开车和停车:指装置的开工和停工,是生产中最重要的环节。石油化工生产中的开车、停车包括基建完工后的第一次开车,正常生产中开车、停车,特殊情况(事故)下突然停车,大、中修之后的开车等。随着先进生产技术的迅速发展,机械化、自动化水平的不断提高,对开车和停车的技术要求越来越高。开车、停车进行得好坏,准备工作和处理情况如何,对生产运行均有直接影响。

气密性:石化生产装置内的介质通常是易燃易爆、有腐蚀性或毒性的,进行气密检查的目的就是保证装置无泄漏点,防止外界空气或水等物质进入系统,也能防止装置内部的物质泄漏到空气中,避免燃烧、爆炸、毒害等危险的发生。

吹扫：装置开工前，需要对其安装检验合格后的管道和设备进行吹扫和清洗，目的是通过使用空气（氮气）、蒸汽、水及化学溶液等流体，进行吹扫和冲洗，清除施工过程中的残留杂质，保证装置顺利开车。通常有水冲洗、空气（氮气）吹扫、油清洗等几种方法。

事故池：事故池（事故水收集池）是污水处理过程中所需构筑物的一种。若石化企业出现生产事故，可能在短时间内排放大量高浓度且 pH 值波动大的有机废水，这些废水若直接进入污水处理系统，会给运行中的生物处理系统带来很高的冲击负荷，造成的影响需要很长时间来恢复，有时会造成致命的破坏。因此，设置事故池，用于贮存事故水，可以避免对污水处理系统产生影响。事故池一般应保持放空状态，确保其在特殊时间段发挥应有的作用。

公称直径：又称平均外径，指标准化后的标准直径，为内径和外径之间的中点，以 DN 表示，单位 mm。

公称压力：指与其机械强度有关的设计给定压力，一般表示管道组件在规定温度下的最大许用工作压力，以 PN 表示。

标准设备和非标准设备：标准设备（包括通用和专用设备）是指按国家规定的产品标准批量生产的，已进入设备系列并符合国家质量标准的设备，如泵、压缩机、鼓风机、空冷器、板式换热器、过滤器等。非标准设备是指无定型标准，各设备生产厂不采用批量生产，只能按一次订货并根据具体的设计图纸制造的设备，包括塔、反应器、容器、加热炉、换热器等。

三级安全教育：企业新职工上岗前必须进行的三级安全教育是指厂级、车间级、班组级安全教育，主要内容包括国家有关法律、法规、标准、规范；企业有关管理制度和安全职责；岗位安全技术，工艺操作规程、规定；典型事故案例及事故应急处理措施；消防器材的使用佩戴等技能方面培训。

二、物料衡算

物料衡算是研究某一个体系内进、出物料量及组成的变化。物料衡算的理论依据是质量守恒定律。

在工艺设计中，设计人员根据建设方提供的原料数据、产品要求，依靠专业软件（例如 Pro Ⅱ、Aspen plus 等）完成工艺流程模拟计算。通过工艺计算，初步确定装置建设规模、各设备进出口操作条件、物流组成数据等，从而建立全装置物料平衡和单个设备物料平衡，作为之后设备计算、选型的重要依据。

全装置物料平衡不仅能反映装置规模、原料与产品之间的定量转化关系，还能清晰反映原料的消耗、产品及副产品的产量。在工业生产过程中，可根据各阶段的消耗量及组成，弄清原料的来龙去脉，找出生产中的薄弱环节，进而为改进生产、完善管理提供可靠的依据和明确的方向，并可作为检查原料利用率及三废处理完善程度的一种手段。

根据质量守恒定律，利用进出化工过程中某些已知物流的流量和组成，通过建立有关物料的平衡式和约束式，求出其他未知物流的流量和组成，系统中物料衡算一般表达式如下：

$$系统中的积累 = 输入 - 输出 + 生成 - 消耗$$

式中，生成或消耗项是由于化学反应而生成或消耗的量；积累量可以是正值，也可以是负值。当系统中积累量不为零时称为非稳定状态过程；积累量为零时，称为稳定状态过程。

稳定状态过程的物料衡算式可以简化为

$$输入 = 输出 - 生成 + 消耗$$

表1-1给出了某加氢装置物料衡算表。

表1-1 某加氢装置物料衡算表

序号	物料名称	kg/h	t/d	10⁴t/a	%（质量分数）
一、入方					
1	原料油	185714	4457.14	156.00	100.00
2	新氢	525	12.60	0.44	0.28
3	贫胺液	12000	288.00	10.08	6.46
	合计	198239	4757.74	166.52	106.74
二、出方					
1	汽油产品	185383	4449.19	155.72	99.82
2	燃料气	343	8.23	0.29	0.18
3	含硫气体	352	8.45	0.30	0.19
4	富胺液	12161	291.86	10.22	6.55
	合计	198239	4757.74	166.52	106.74

三、综合能耗

在物料衡算基础上，依据能量守恒定律可以进行能量衡算，进而了解装置的能耗和用能水平。能耗是衡量工艺技术水平高低的主要指标之一。在GB/T 50441—2016《石油化工设计能耗计算标准》中规定综合能耗是用能单位在统计报告期内实际消耗的各种能源实物量，按规定的计算方法和单位分别折算后的总和。对企业而言，综合能耗是指统计报告期内，主要生产系统、辅助生产系统和附属生产系统的综合能耗总和，其中主要生产系统的能耗量应以实测为准。

综合能耗计算的能源是指用能单位实际消耗的各种能源，它包括一次能源、二次能源和耗能工质消耗的能源三大部分。一次能源主要包括原煤、原油、天然气、水力、风力、太阳能、生物质能等；二次能源主要包括洗精煤、其他洗煤、型煤、焦炭、焦炉煤气、其他煤气、汽油、煤油、柴油、燃料油、液化石油气、炼厂干气、其他石油制品、其他焦化产品、热力、电力等；而耗能工质消耗的能源则是指生产过程中实际消耗的新鲜水、软化水、除盐水、循环水、压缩空气、氧气、氮气、氢气、乙炔、电石等。

在实际工作中，有时会接触到各种意义的综合能耗，如单位产值综合能耗、产品单位产量综合能耗及产品单位产量可比综合能耗等。单位产值综合能耗是指在统计报告期内，综合能耗与期内用能单位总产值或工业增加值的比值。产品单位产量综合能耗是指在统计报告期内，用能单位生产某种产品（指合格的最终产品或中间产品）或提供某种服务的综合能耗与同期该合格产品产量（或服务量）的比值，简称单位产品综合能耗。对某些以工作量或原材料加工量为能耗考核对象的企业，其单位工作量、单位原材料加工量的综合能耗的概念也包括在内。而产品单位产量可比综合能耗则是将对影响产品能耗的各种因素加以修正后计算出来的产品单位产量综合能耗，它只适于行业内部对产品能耗进行相互对比，实现对同行业中相同最终产品能耗的相互比较。

通过装置能耗计算和分析，可以处理好以下问题：(1)如何充分利用余热，采用有效措施，尽可能降低总能耗；(2)如何确定各生产单元过程所需的热量、冷量及其传递速率；(3)如何确保化学反应所需的放热速率或供热速率等。

表1-2给出了某化工装置综合能耗计算表。表中能耗折算是将单位数量的一次能源及生产单位数量的电和耗能工质所消耗的一次能源,折算为标准燃料的数值。一般总能耗单位为MJ/h,基准能耗单位为MJ/t产品或MJ/t原料。通过对生产装置综合能耗的计算分析,可以了解装置用能情况,并与同类型装置的能耗及行业标准能耗进行对比,查问题,找差距,为装置节能降耗、提高用能水平指明方向。

表1-2 某化工装置综合能耗计算表

项目	消耗量 单位	消耗量 数量	单耗 单位	单耗 数量	能耗折算系数[①] 单位	能耗折算系数[①] 数量	能耗 MJ/t
燃料气	t/h	1.20	t/t	0.06	MJ/t	39775	2554.09
电	kW	1090.88	kW·h/t	58.18	MJ/kW·h	11.84	688.85
1.0MPa 蒸汽	t/h	0.50	t/t	0.03	MJ/t	3182	84.85
凝结水	t/h	-0.50	t/t	-0.03	MJ/t	320.3	-8.54
循环水	t/h	161.53	t/t	8.61	MJ/t	4.19	36.10
除氧水	t/h	0.00	t/t	0.00	MJ/t	385.19	0.00
净化风	m³/h	180.00	m³/t	9.60	MJ/m³	1.59	15.26
氮气	m³/h	13.20	m³/t	0.70	MJ/m³	6.28	4.42
能耗合计							3375.03

注:①能耗折算系数源自 GB/T 50441—2016《石油化工设计能耗计算标准》。

第二节 工艺流程图

工艺流程设计可以通过图解形式形象、具体地展现出来,这就是工艺流程图。工艺流程图可以反映石油化工生产由原料到产品的全部过程,包含物料和能量的变化、物料的流向以及生产中所经历的工艺过程和使用的设备仪表等。例如,化工生产一般工艺流程可概括为

原料储存 → 原料处理 → 反应或提取 → 产品分离 → 产品精制 → 储存包装

在工业生产中,一个过程往往可以有多种方法来实现,例如化学反应可以通过间歇式、连续式反应器完成;物料加热可以通过换热器、加热炉等实现;均相混合物的分离,可以用精馏、吸收、萃取等方法;液固混合物的分离,可以用离心、沉降、压滤和真空过滤等方法。在描述一个具体工艺过程时,要对该过程的所有必要工段和主要设备进行说明。在工艺流程图基础上,进一步了解产物收率、原材料单耗、能量单耗、产品成本、工程投资等内容。

工艺流程图可分为工艺原则流程图、工艺物料平衡图和工艺管道及仪表流程图三大类。

一、工艺原则流程图

工艺原则流程图,又称流程示意图,如图1-2示例。熟悉工艺原则流程图,可以了解已确定的工艺过程所包含的主要工艺步骤;可以了解一个石油化工过程的基本轮廓;可以了解由原料到产品的物料变化、流向及主要设备等。初次接触生产装置时,应该首先学习掌握工艺原则流程图。

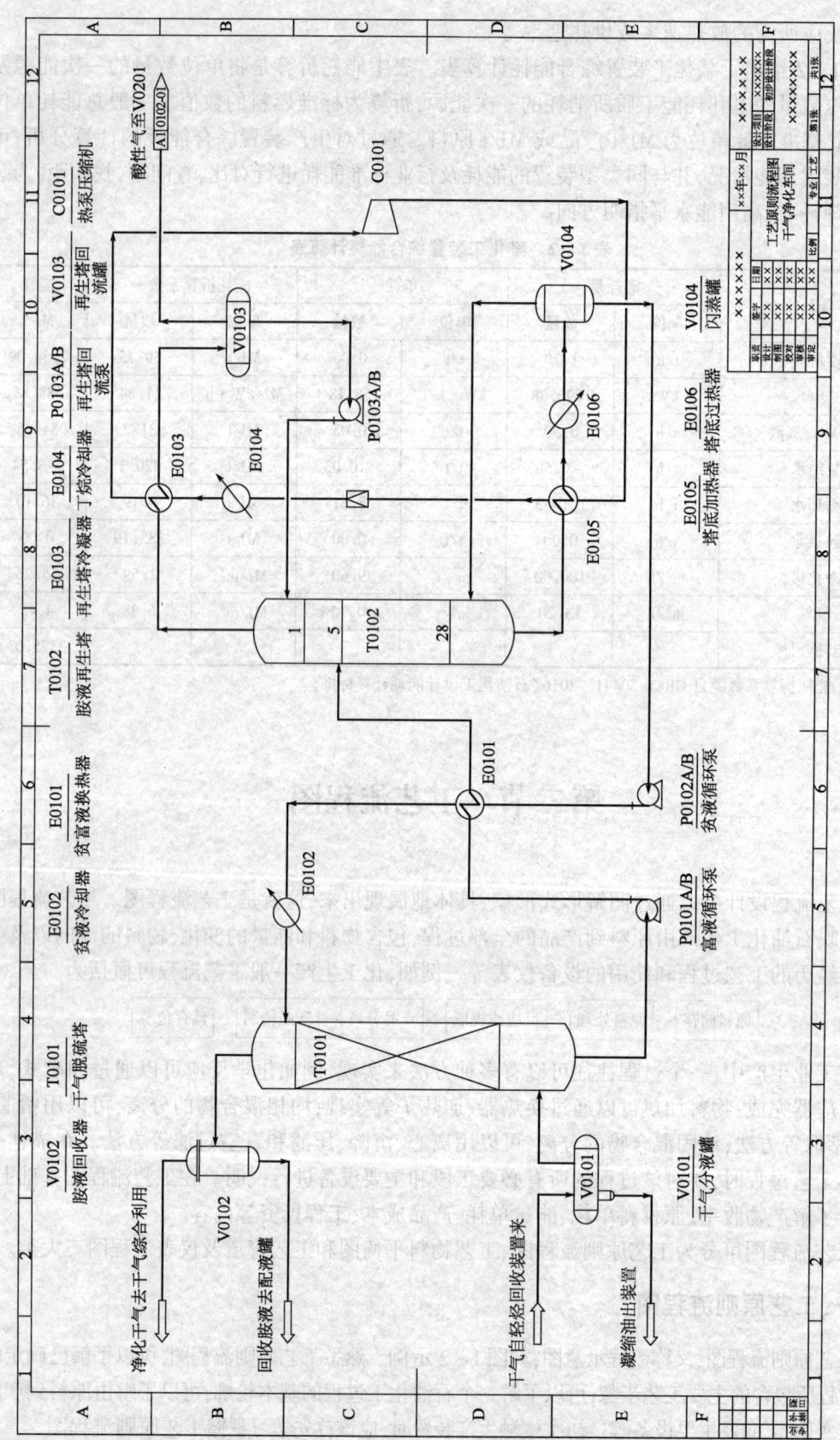

图 1-2 工艺原则流程图示例

一个优秀的工程设计,是在多种方案的优选比较中产生的。生产同一化工产品,可以采用不同原料,经过不同生产路线而制得;即使采用同一原料,也可采用不同的生产路线;同一生产路线中,也可以采用不同的工艺流程。因此,工艺流程图能集中地概括整个生产过程的全貌,用于比较不同的设计方案。

二、工艺物料平衡图

工艺物料平衡图,也称工艺物料流程图,简称 PFD(process flow diagram),在物料衡算和热量衡算完成后绘制,以图形和表格相结合的形式反映衡算结果,如图1-3示例。

PFD 用于表达装置主要设备或关键结点的物料性质(如温度、压力)、流量和组成,可为设计审查提供资料,为后续设计提供依据,为生产操作提供参考。图样内容主要包括图例、设备、工艺管道及介质走向、参数控制方案、工艺操作条件、物料流率及物性数据、加热及冷却设备的热负荷等。

1. 设备画法

在 PFD 中,只画与生产工艺流程有关的主要设备,不画辅助设备及备用设备。对作用相同的并联或串联的同类设备,一般只表示其中的一台(或一组),而不必将流程中全部设备同时画出。所有设备均用细实线表示,并注明设备位号、设备名称;设备按同类性质设备流程顺序统一编号,设备位号用代号表示设备属性,见表1-3。

表1-3 常用的设备类别代号

代号	设备	代号	设备	代号	设备
C	塔	E	冷换设备	SR	过滤器
M	混合器	F	加热炉	A	空冷器
FA	阻火器	SC	取样冷却器	P	泵
K	压缩机	T	罐	EJ	抽空器
R	反应器	D	容器	B	锅炉
SIL	消音器	PSV	安全阀		

PFD 中的设备大小可不按比例画,但其规格应尽量有相对的概念。有位差要求的设备,应示意出其相对高度位置。对工艺有特殊要求的设备内部构件应予表示。例如,板式塔应画出物料进出塔板位置及顶底塔板编号;容器应画出内部挡板及破沫网的位置;反应器应画出反应器内床层数;填料塔应表示填料层、气液分布器、集油箱等的数量及位置等。

2. 管道画法

流程图应自左至右按生产过程的顺序绘制,进出装置或进出另一张图的管道一般画在流程的始末端,用箭头表示,并注明物料名称及其来源或去向。进出另一张图时,需注明另一张图的图号。用粗实线表示主要管道,并用箭头表示管道内物料的流向。正常生产时使用的水、蒸汽、燃料、热载体等辅助管道,一般只在设备或工艺管道连接处用短的细实线示意,注明物料名称及流向。正常生产时不用的开停工、事故处理、吹扫线和放空等管道,一般均不需要画出。除有特殊作用的阀门外,其他手动阀门均不需画出。

图 1-3 工艺物料平衡图示例

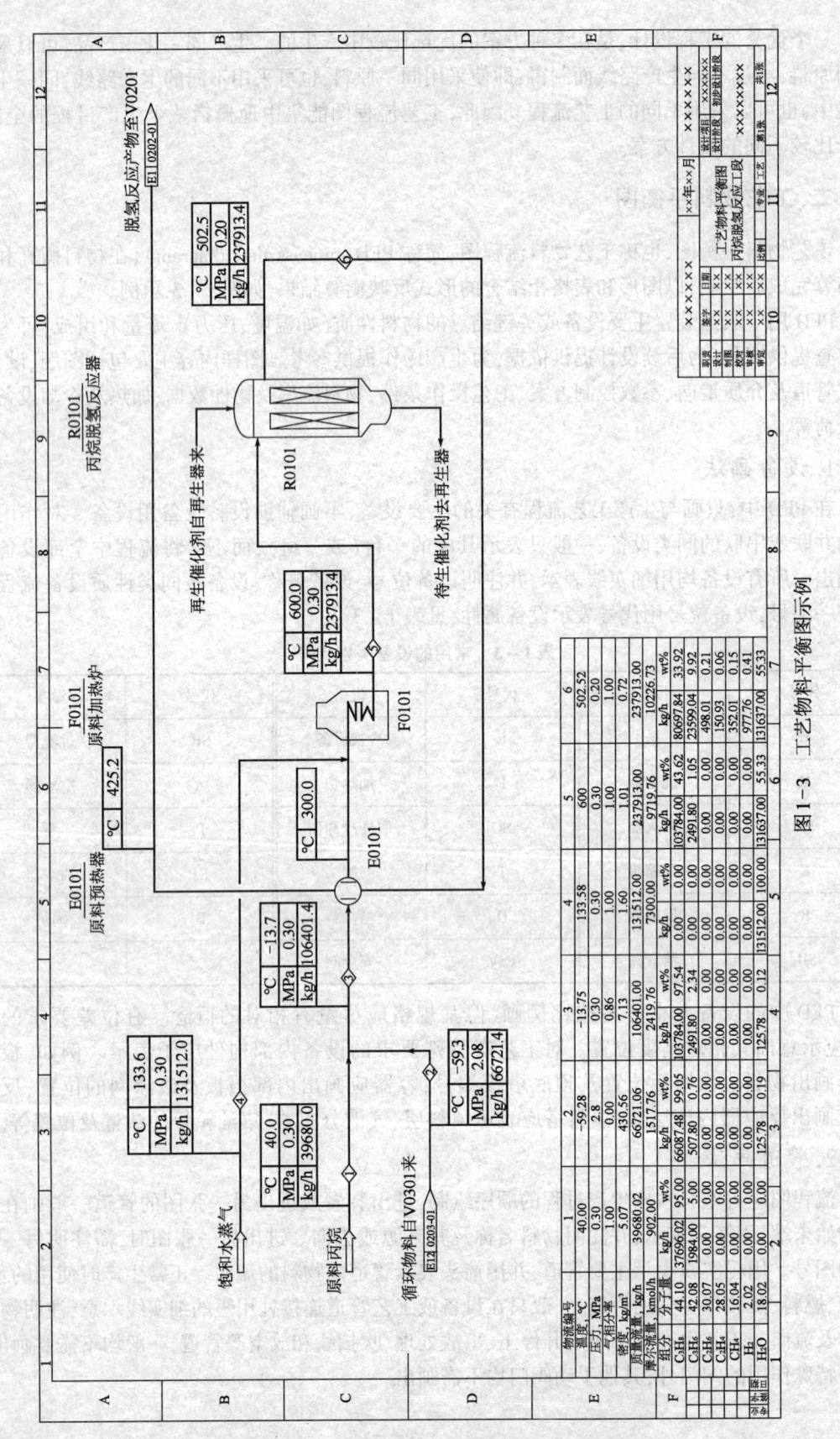

3. 仪表表示方法

在工艺流程中,建议表示出工艺过程的控制方法,画出调节阀位置、控制点及测量点的位置,其中仪表引线的表示方法参照 SH/T 3101—2017《石油化工流程图图例》,如果有联锁要求,也应表示出来。一般压力、流量、温度、液位等测量指示仪表均不予表示。

4. 物料流率、物性及操作条件的表示方法

原料、产品(或中间产品)及重要原材料等的物料流率均应予表示,已知组成的多组分混合物应列出混合物总量及其组成。物性数据一般列在说明书中,如有特殊要求,个别物性数据也可表示在 PFD 中。

装置内的加热及冷换设备一般应标注其热负荷及介质的进出口温度,但空冷器可不注空气侧的条件,蒸汽加热设备的蒸汽侧只标注其蒸汽压力可不注温度。

操作参数一般用代号表示,在代号之后注明数值而不注单位。代号的意义及单位均在图例中表示。常用操作参数代号见表 1-4。

表 1-4 常用操作参数代号

代号	名称	单位	代号	名称	单位
T	温度	℃	Q	热负荷	kW
P	表压	MPa(g)	A	面积	m^2
G	质量流率	kg/h	V	体积流率	m^3/h
D	密度	kg/m^3	M	相对平均分子质量	g/mol

三、工艺管道及仪表流程图

工艺管道及仪表流程图又称带控制点的工艺流程图,简称 PID(piping & instrument diagram),是进行装置工艺设计计算及工艺核算不可或缺的图纸。PID 能全面反映所有设备及物料之间的联系,能标注出全部设备,全部仪表,所有管道和阀门、安全阀、大小头及部分法兰,公用工程设施,取样点,吹扫接头,以及工艺、仪表、安装等特殊要求等,如图 1-4 示例。

通过 PID,可以全面了解石化生产装置各类仪表的自动控制情况,进而对石化装置工艺过程的操作控制有更深入的了解。一般按照标准图例的要求绘制 PID,如 SH/T 3101—2017《石油化工流程图图例》。

1. PID 中的设备画法

用细实线画出装置全部操作和备用的设备,在设备邻近位置(上下左右均可)注明编号(下画一粗实线)、名称及主体尺寸或主要特性,在图纸上方或下方对应设备位置注明设备位号、名称及主要尺寸。编号及名称应与工艺流程图相一致。

设备主体尺寸或特性的标注方法,按不同外形或特性规定如下:

(1)立式圆筒型:内径 ID×切线高,mm;

(2)卧式圆筒型:内径 ID×切线长,mm;

(3)长方型:长×宽×高,mm;

(4)加热及冷换设备:标注编号、名称及其特性(热负荷及传热面积);

(5)机泵:流量、扬程。

PID 中的设备大小可不按比例画,但应尽量有相对大小的概念。有位差要求的设备应表示其相对高度位置,例如流程中常见的塔顶冷凝器位于回流罐上方。

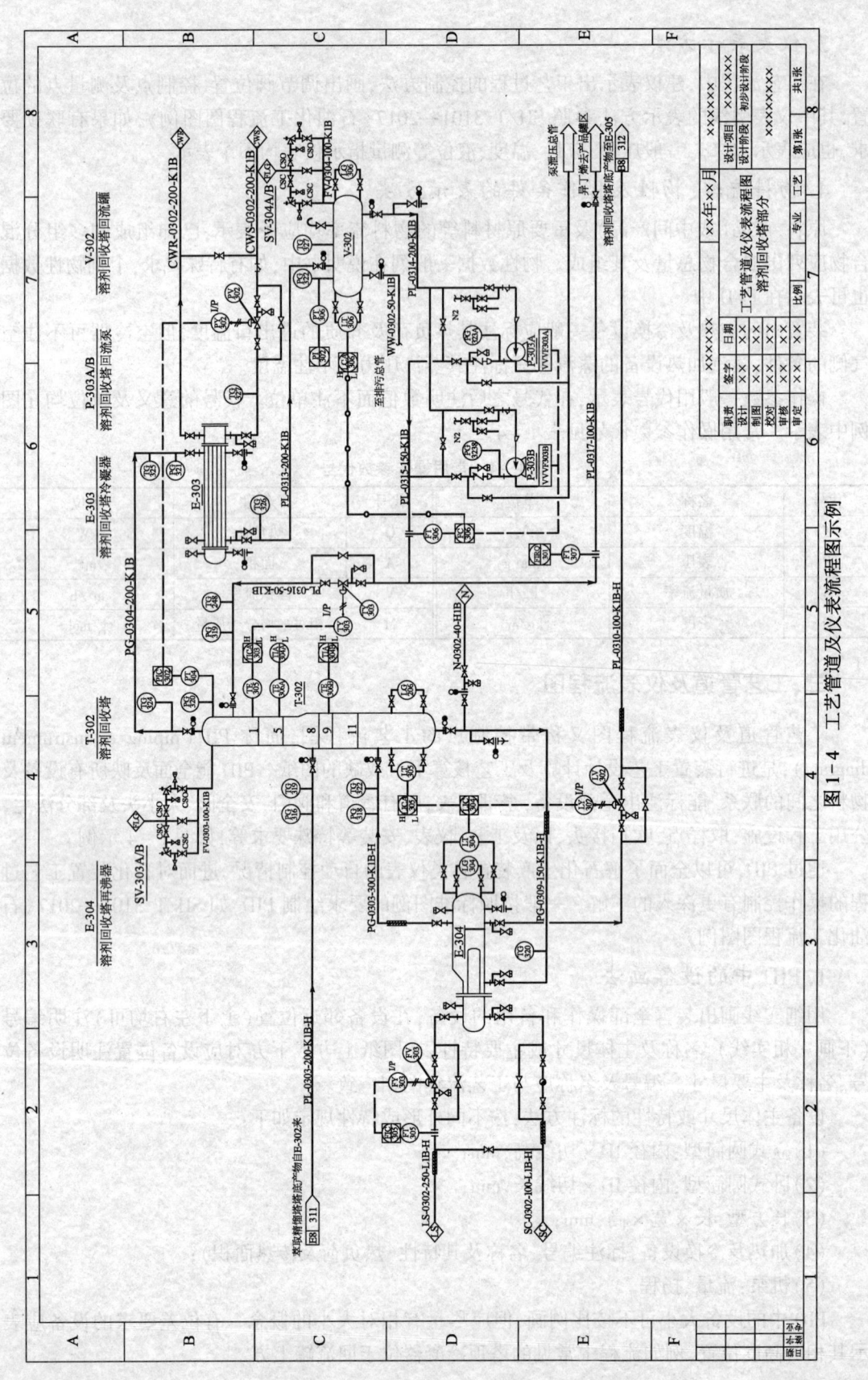

图1-4 工艺管道及仪表流程图示例

设备内部构件的画法与 PFD 规定要求相同。相同作用的多台设备应全部予以表示,并按生产过程要求表示其并联或串联的操作方式;对某些需要满足泵的汽蚀余量或介质自流要求的设备应标注其离地面的高度,一般塔类和某些容器均有此要求;落地立式容器的尺寸要求也可直接表示在相关数据表设备简图中。

2. PID 中的管道画法

装置内所有操作、开停工及事故处理等管道及其阀门均应表示,并用箭头表示管内的物料流向。主要操作管道用粗实线表示,备用管道、开停工及事故处理管道、其他辅助管道均用细实线表示。

装置内的扫线、污油排放及放空管道只需画出其主要管道及阀门,并表示其与设备或工艺管道的连接位置。

应根据装置的工段号和管内物料的属性,分别按流程顺序对管道进行编号,即每一种介质应分别顺序编号,允许中间有预留号。同一物料流经多台不同功能的设备时,每经一台或一组设备后需新编一个管号。常用介质代号说明见表 1-5。

表 1-5 常用介质代号说明

代号	介质	代号	介质	代号	介质
P	工艺介质管道	C	催化剂	MS	中压蒸汽
FW	新鲜水	SO	封油	ES	乏汽
SW	软化水	PE	电解质	PA	工厂风
BFW	锅炉给水	FLO	冲洗油	GN	氮气
ASW	酸性污水	KSW	碱性污水	GA	氨气
GF	燃料气	PUW	净化水	GI	惰性气
FO	燃料油	CHW	冷冻水	GS	酸性气
PW	饮用水	LS	低压蒸汽	LO	润滑油
RW	循环水	HS	高压蒸汽	SLO	污油
SOW	含油污水	IA	仪表风	CL	化学药剂
SCW	冷凝水	GO	氧气	AW	氨水
HW	热水	GH	氢气	MEA	一乙醇胺
LA	液氨	F	酸	DEA	二乙醇胺
GW	废气	KL	碱液	RL	液体排压
ER	冷冻剂	KS	碱渣	SV	蒸汽泄压线
RV	气体泄压	NF	火炬线		

常见的管道标注形式如下:

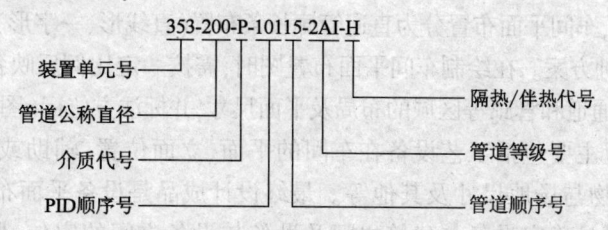

353-200-P-10115-2AI-H

- 装置单元号
- 管道公称直径
- 介质代号
- PID 顺序号
- 管道顺序号
- 管道等级号
- 隔热/伴热代号

水、蒸汽、燃料、密封油、冲洗油、空气、化学药剂等均属于装置内的公用工程,可按上述要求分不同系统绘制公用工程管道及仪表流程图(UID)。

在绘制 PID 时,对不同种类阀门要按标准图例要求表示,特殊阀门更应表示清楚,对关键性阀门应标注操作方式。与设备开口管道连接的法兰均应将法兰画出,而对阀门连接处的法兰可以不画。因工艺要求需在管线某段设置法兰时,应予表示,并注明其位置尺寸。所有盲法兰应画出法兰盖。

在最终完成的 PID 中,所有变径处的大小头均应表示;安全阀用代号 PSV 表示,编号格式同设备编号,并在编号下端注明其定压(p_c);所有取样接口,即使不设取样冷却器,均应在流程图中表示并编号,编号前加代号 SN,如 SN-101 等;泵入口若设置固定式管道过滤器,则应在流程图中予以表示。

在实际生产中,为了便于操作,常将各种管线按规定涂成不同颜色。因此,在生产车间实习时,要实地了解工艺流程,并注意各种管线的颜色区别及意义。

通过对上述各种流程图特点的了解,学生在生产实习过程中可尝试如实绘制,这对学习和掌握石化生产工艺流程有很大帮助。学生在绘图过程中,要始终注意工艺设计与生产实际的差别,认真记录现场设备的操作情况,对各类阀门、仪表的用途进行归纳总结,以增加工程实践经验,提高工程实践能力。

第三节 车间设备布置

一、工厂和车间布置

一个工厂的厂区布置,也称总图布置,即反映全厂车间装置布置的平面总图。工厂分很多车间或装置,可用车间平面布置图反映车间(厂房)布置,用设备平面和立面布置图反映车间的设备布置。

车间一般由生产设施、生产辅助设施、生活行政设施和其他特殊用途设施组成。其中生产设施包括各生产工段、原料和产品仓库、控制室、露天堆场或贮罐区等,是车间最重要的部分。车间平面布置要适合全厂总图布置,并满足经济、方便、安全和发展等要求。

在进行车间平面布置时,要先确定车间各工段整体布置形式,可采用露天布置、室内布置或敞开式框架布置;再进行车间的具体布置,即按工艺流程顺序将车间各工段布置在中心管廊两侧,每个工段多呈长方形区域;此外,还要考虑道路、管廊、框架、平台、梯子等布置。通常车间的平面布置越接近方形越经济。

按管廊布置形式,车间平面布置分为直通管廊长条布置(直线形、一字形)和组合型布置(T 形、L 形、U 形或组合)两种方案。在绘制车间平面布置图时,需按一定比例反映各生产设施、生产辅助设施、生活行政设施、通道和管廊等区域的布局及平面尺寸,并标注方位标(图 1-5)。

车间的设备布置主要包括工艺设备在车间的平面、立面位置,辅助或公用设备的位置,通道位置与尺寸,建筑物与场地尺寸及其他等。最终设计成品是设备平面布置图和立面布置图。

设备布置图主要是确定设备与建筑之间及设备与设备之间的定位,用以指导设备的安装施工,并为管道布置设计提供基础。

石油化工企业常见的设备框架可与管廊结合一起布置,也可根据各类设备的要求设置独

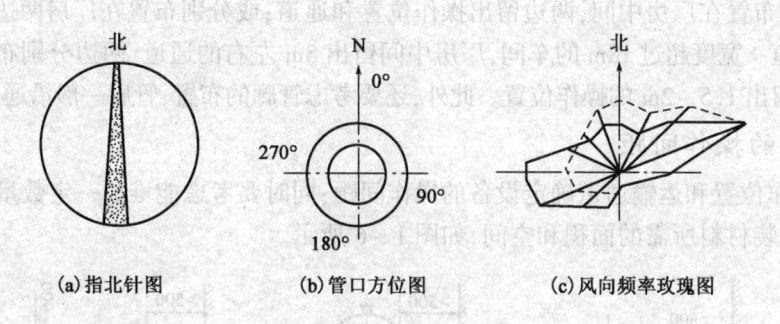

(a)指北针图　　(b)管口方位图　　(c)风向频率玫瑰图

图1-5　常见方位标绘法

立的框架,如塔框架、反应器框架、冷换设备和容器框架等。框架的结构尺寸取决于设备要求。在管廊附近的框架,其柱距一般应与管廊柱距对齐,柱距常为6m。框架高度应满足设备安装检修、工艺操作及管道敷设的要求,框架的层高应按最大设备要求而定,尽可能将尺寸相近的设备安排在同一层框架上,以节省建筑费用。

平台的主要结构尺寸应满足以下要求：
(1)平台宽度一般不小于0.8m,平台上净空不小于2.2m；
(2)相邻塔器的平台标高应尽量一致,并尽可能布置成联合平台；
(3)为人孔、手孔设置的平台,与人孔底部的距离宜为0.6~1.2m,不大于1.5m；
(4)为设备加料口设置的平台,距加料口顶不大于1.0m；
(5)直接装设在设备上的平台,应不妨碍设备的检修,否则应做成可拆卸式的平台；
(6)平台的防护栏杆高度为1.0m,标高20m以上平台的防护栏杆高度应为1.2m。

斜梯角度一般为45°,每段斜梯宽度不小于0.7m,长度不大于1.0m,高度不大于5m。斜梯高度超过5m时应设梯间平台,分段设梯子；直梯宽度宜为0.4~0.6m,高度超过8m时必须设梯间平台,分段设梯子,高度超过2m的直梯应设安全护笼。甲、乙、丙类防火的塔区联合平台及其他工艺设备和大型容器或容器组的平台,均应设置不少于2个通往地面的梯子作为安全出口,各安全出口的距离不大于25m；但平台长度不大于8m的甲类防火平台和不大于15m的乙、丙类平台,可只设1个梯子。

二、设备布置

设备布置应满足生产工艺要求,并注意以下几点。

1. 设备的排列顺序

要尽可能按照工艺流程的顺序进行设备布置。通常采用流程式布置与同类设备集中布置相结合的方式进行设备布置,即将操作中有联系或工艺要求靠近的设备尽量集中布置。同时,要保证水平方向和垂直方向布置的连续性,避免物料的交叉往返,充分利用厂房的垂直空间布置设备。多层厂房内的设备应保证垂直方向的连续性,尽可能减少操作人员在不同楼层间的往返次数。

一般将小型静设备(如计量罐、高位槽、回流罐、冷凝器等)布置在较高层,大型设备及动设备(如泵)布置在最底层。

2. 设备的排列方式

根据厂房宽度和设备尺寸确定设备的排列方式。中等宽度(12~15m)的车间,布置两排设备,可集中布置在厂房中间,两边留出操作位置和通道;或分别布置在厂房两边,中间留出操作位置和通道。宽度超过18m的车间,厂房中间留出3m左右的通道,两边分别布置两排设备,每排设备各留出1.5~2m的操作位置。此外,还要考虑管廊的布置,管廊一般沿通道布置。

3. 设备的操作间距

根据操作位置和运输通道确定设备的操作间距,同时要考虑能堆放一定数量的原料、半成品、成品和包装材料所需的面积和空间,如图1-6所示。

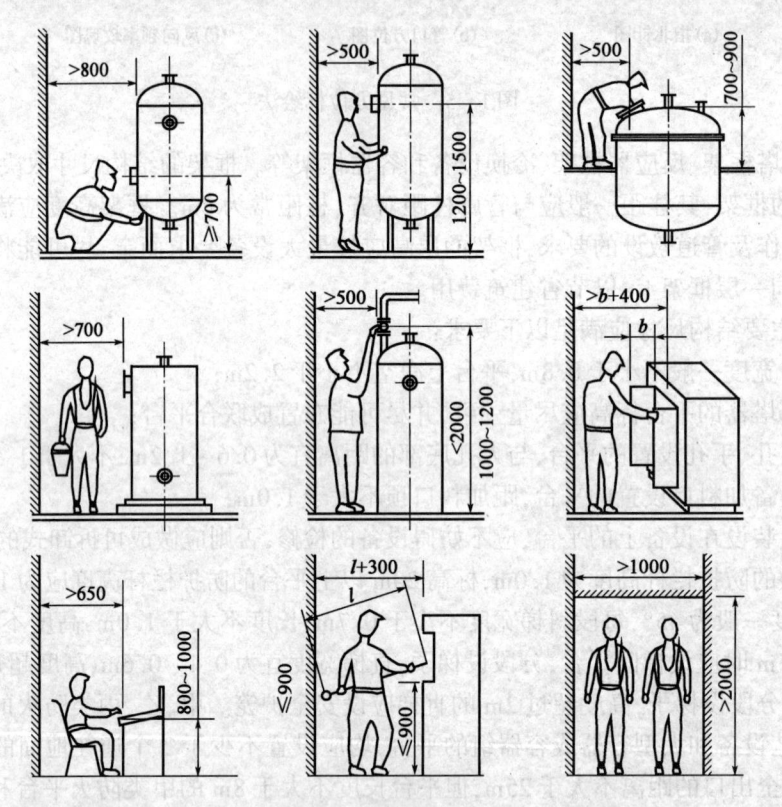

图1-6 操作间距示意图(单位:mm)

4. 设备的安全距离

设备与设备之间、设备与建筑物之间均要考虑安全距离。安全距离的大小,与设备种类和大小、设备上连接管线多少、管径大小、检修频繁程度等有关。如有爆炸危险的设备尽量露天布置,有毒或有危险物料的设备布置在下风口,有腐蚀介质的设备集中布置于围堤,操作平台设护栏,平台安全出口要设置2个以上。石化企业安全距离的部分规定见表1-6。

表1-6 安全距离规定

序号	项目	净安全距离,m
1	泵和泵的间距	≥0.7
2	泵离墙的距离	≥1.2
3	泵列间的距离(双排泵间)	≥2.0
4	计量罐间距离	0.4~0.6
5	储罐间距离(指车间中一般小容器)	0.4~0.6

续表

序号	项目		净安全距离,m
6	换热器间距离		≥1.0
7	塔间距离		1.0~2.0
8	离心机周围通道		≥1.5
9	过滤机周围通道		1.0~1.8
10	反应罐盖上传动装置至天花板距离		≥0.8
11	反应罐底部与人行通道距离		≥1.8~2.0
12	反应罐卸料口至离心机距离		≥1.0~1.5
13	起吊物品与设备最高点距离		≥0.4
14	往复运动机械运动部件离墙距离		≥1.5
15	操作台运行部分最小净空高度		≥2.2~2.5
16	操作台梯子斜度	一般情况	≤45°
		特殊情况	60°
17	散发可燃气体及蒸气的设备与变配电室、自控仪表室、分析化验室等之间距离		≥15.0
18	散发可燃气体及蒸气的设备与炉子之间距离		≥18.0
19	工艺设备与道路之间距离		≥1.0

总之,设备布置应符合经济原则,尽量露天布置,充分利用位能(高位差),满足安全距离,尽可能做到连接管线最短、钢结构最少等。

三、设备布置图的绘制

在绘制设备布置图时,一般对线型、线宽、图例及简化画法、常用缩写词、图名等均有标准规定。绘制设备布置图的方法和程序如下:

(1)确定视图配置。以一组视图(如平、立面布置图)反映厂房建筑的基本结构以及设备和设施在其内外布置情况。其中平面图是表达某层平面上设备布置的水平剖视图,一般多层分别绘制,每层图下注明平台标高和名称。当平面图表示不清楚时,可绘制立面剖视图,用于表达设备高度方向的布置,需注明剖视名称,如"A-A剖视""I-I剖视"。

(2)选定绘图比例,确定图纸幅面。

(3)绘制平面图,从底层平面起逐层绘制,主要包括:①绘制建筑物定位轴线,用细点画线;②绘出厂房建筑基本结构,用细实线;③画设备中心线,用点画线;④画设备、支架、基础、平台等基本轮廓,用粗实线;⑤画界区,用粗双点画线;⑥标注平面定位尺寸,厂房、设备均要标注,单位用mm;⑦标注定位轴线编号,标注设备位号、名称等;⑧绘制平面图方位标。图1-7为设备平面布置示例图。

(4)绘制立面图,用以反映设备在高度方向的位置关系,绘制步骤同平面图。

但有以下不同点:①不标方位标;②以地面为基准标注高度方向定位尺寸或标高,单位用m。主要包括设备主要管口标高或中心线标高,各层地坪、楼板、平台标高、基础顶面标高或支承点标高等。图1-8为设备立面布置示例图。

(5)编制设备一览表,注写相关说明与附注,填写标题栏。

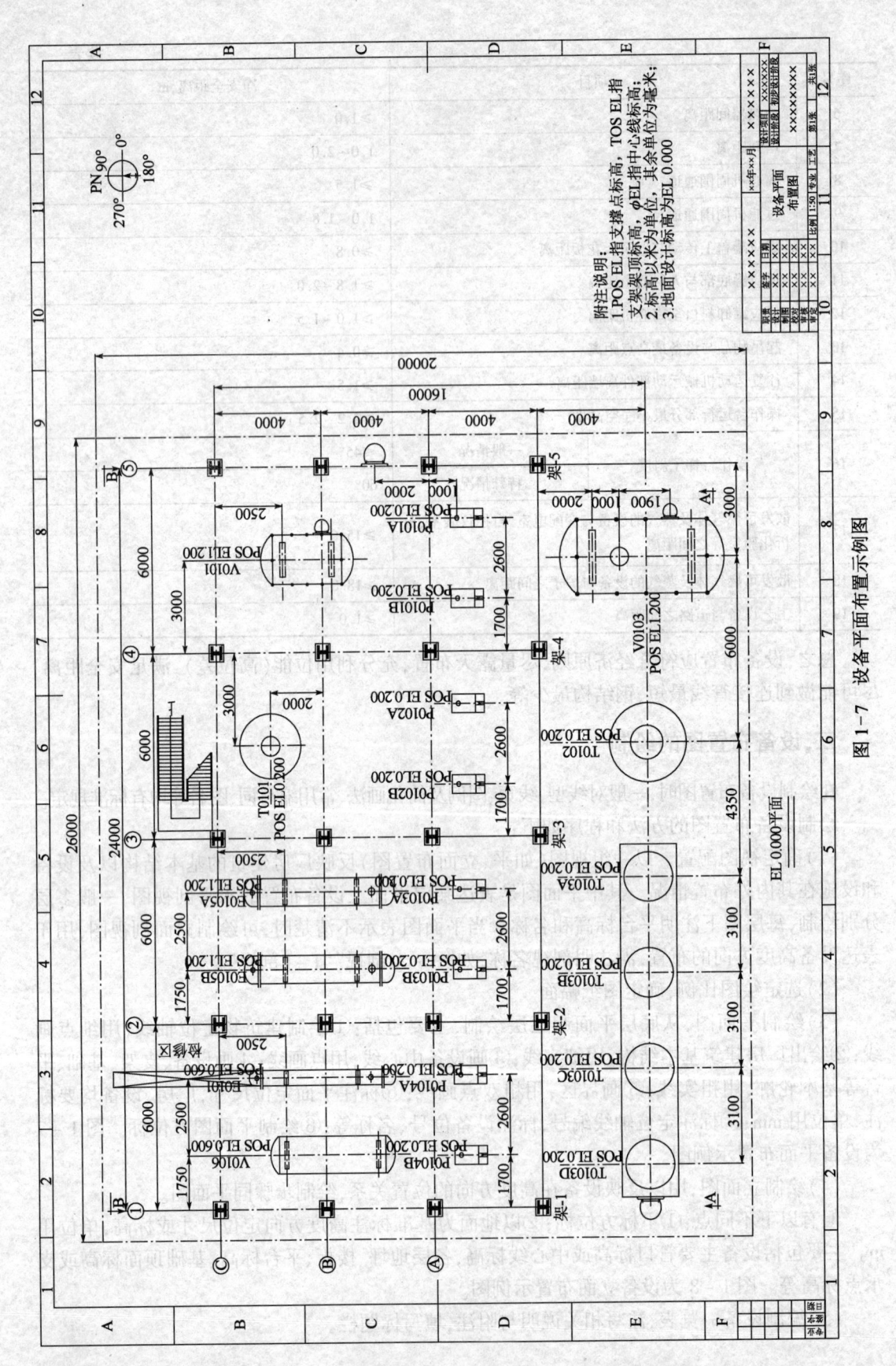

图1-7 设备平面布置示例图

图 1-8 设备立面示例图

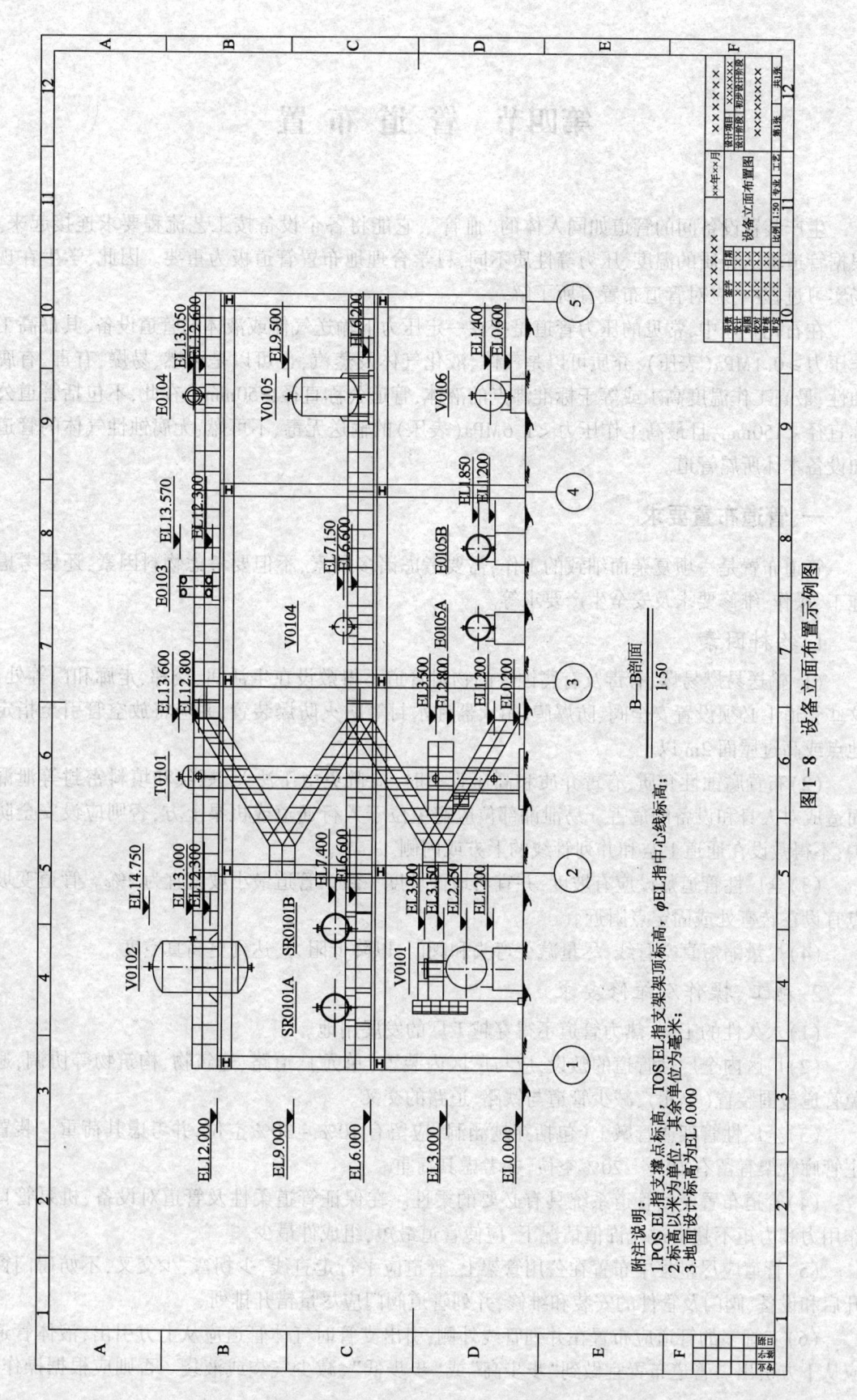

第四节　管　道　布　置

生产装置设备间的管道如同人体的"血管",它能将各个设备按工艺流程要求连接起来。根据管道输送介质的温度、压力等性质不同,科学合理地布置管道极为重要。因此,学生在现场实习过程中,应对管道布置有所了解。

在石化企业中,常见的压力管道是指在一定压力下输送气体或液体的管道设备,其最高工作压力≥0.1MPa(表压),介质可以是气体、液化气体及蒸汽,也可以是可燃、易爆、有毒、有腐蚀性、最高工作温度高于或等于标准沸点的液体,管道公称直径≥50mm。在此,不包括管道公称直径<150mm,且最高工作压力<1.6MPa(表压)的输送无毒、不可燃、无腐蚀性气体的管道和设备本体所属管道。

一、管道布置要求

管道布置是一项复杂而细致的工作,需要考虑诸多因素,不但要考虑物料因素,还要考虑施工、操作、维修要求及安全生产要求等。

1. 物料因素

(1)输送易燃易爆、有毒及有腐蚀性的物料管道不得敷设在生活间、楼梯、走廊和门等处,这些管道上必须设置安全阀、防爆膜、阻火器和水封等防火防爆装置,并应将放空管引至指定地点或高过屋面 2m 以上。

(2)布置腐蚀性介质、有毒介质和高压管道时,应避免由于法兰、螺纹和填料密封等泄漏而造成对人身和设备的危害。易泄漏部位应避免位于人行通道或机泵上方,否则应设安全防护;不得敷设在通道上空和并列管线的上方或内侧。

(3)全厂性管道敷设应有坡度,并宜与地面坡度一致。管道最小坡度宜为 2‰。管道变坡点宜设在转弯处或固定点附近。

(4)尽量缩短真空管线,尽量减少弯头和阀门,以降低阻力,达到更高真空度。

2. 施工、操作及维修要求

(1)永久性的工艺、热力管道不得穿越工厂的发展用地。

(2)厂区内全厂性管道的敷设,应与厂区内装置(单元)、道路、建筑物、构筑物等协调,避免管道包围装置(单元),减少管道与铁路、道路的交叉。

(3)全厂性管架或管墩上(包括穿越涵洞)应留有 10%~30% 空位,并考虑其荷重。装置主管廊管架宜留有 10%~20% 空位,并考虑其荷重。

(4)管道布置应使管道系统具有必要的柔性。在保证管道柔性及管道对设备、机泵管口作用力和力矩不超出过允许值情况下,应使管道最短,组成件最少。

(5)管道应尽量集中布置在公用管架上,管道应平行走直线,少拐弯,少交叉,不妨碍门窗开启和设备、阀门及管件的安装和维修,并列管道阀门应尽量错开排列。

(6)支管多的管道应布置在并列管线外侧,引出支管时气体管道应从上方引出,液体管道应从下方引出。管道布置宜做到"步步高"或"步步低",减少气袋或液袋。否则应根据操作、检修要求设置放空、放净管线。管道应尽量避免出现"气袋"、"口袋"和"盲肠"。

（7）管道应尽量沿墙面敷设，或布置在墙上固定的管架上，管道与墙面之间距离以能容纳管件、阀门及方便安装维修为原则。

（8）除与阀门、仪表、设备等需要用法兰或螺纹连接者外，管道应采用焊接连接，要考虑弯管最小弯曲半径，考虑管道焊缝的设置及管道上的阀门和仪表的布置高度。

（9）管道穿过建筑物楼板、屋顶或墙面时，应加套管，套管与管道间的空隙应密封；管道穿过屋顶时应设防雨罩；管道不应穿过防火墙或防爆墙。

（10）为了方便管道的安装、检修及防止变形后碰撞，管道间应保持一定的间距；阀门、法兰应尽量错开排列，以减少间距。

3. 安全生产要求

（1）直接埋地或管沟中敷设的管道，在通过公路时应加套管等加以保护。

（2）为了防止介质在管内流动产生静电聚集而发生危险，易燃易爆介质的管道应采取接地措施，保证安全生产。

（3）长距离输送蒸汽或其他热物料的管道，应考虑热补偿问题，如在两个固定支架之间设置补偿器和滑动支架。

（4）对跨越、穿越厂区内铁路和道路的管道，在其跨越段或穿越段上不得装设阀门、金属波纹管补偿器和法兰、螺纹接头等管道组成件。

（5）有热位移的埋地管道，在管道强度允许条件下可设置挡墩，否则应采取热补偿措施。

（6）玻璃管等脆性材料管道的外面最好用塑料薄膜包裹，以避免管道破裂时溅出液体，发生意外。

（7）为避免发生电化学腐蚀，不锈钢管道不宜与碳钢管道直接接触，要采用胶垫隔离等措施。

4. 其他因素

（1）管道和阀门一般不宜直接支撑在设备上。

（2）距离较近的两设备间的连接管道，不应直连，应用45°或90°弯接。

（3）布置管道时，应兼顾电缆、照明、仪表及采暖通风等其他非工艺管道的布置。

二、管道布置原则

1. 管道在管架上平面布置的原则

（1）较重的管道（如大直径或液体管道等）应布置在靠近支柱处，可使梁和柱所受弯矩小，节约管架材料。公用工程管道布置在管架当中，支管引向上，左侧的布置在左侧，反之置于右侧。Π型补偿器应组合布置，将补偿器升高一定高度后水平地置于管道上方，并将最热和直径大的管道放在最外边。

（2）连接管廊同侧设备的管道应布置在设备同侧的外边，连接管架两侧设备的管道应布置在公用工程管线的左、右两侧。进出车间的原料和产品管道，可根据其转向布置在右侧或左侧。

（3）当采取双层管架时，一般将公用工程管道置于上层，工艺管道置于下层。有腐蚀性介质的管道应布置在下层和外侧，防止泄漏到下面管道上，也便于发现问题和方便检修。小直径管道可支撑在大直径管道上，节约管架宽度，节省材料。

(4)管架支管上的切断阀应布置成一排,其位置应便于在操作台或管廊人行道上进行操作和维修。

(5)高温或低温管道要用管托,将管道从管架上升高0.1m,以便于保温。

(6)支架间的距离要适当。固定支架距离太大时,可能引起因热膨胀而产生弯曲变形;活动支架距离大时,两支架之间的管道会因管道自重而产生下垂。

2. 管道和管架立面布置的原则

(1)当管架下方为通道时,管底距车行道路路面的距离要大于4.5m;道路为主干道时要大于6m;是人行道时要大于2.2m;管廊下有泵时要大于4m。

(2)同方向两层管道的标高通常相差1.0~1.6m,从总管上引出的支管比总管高或低0.5~0.8m。在管道改变方向时,要同时改变标高。大口径管道需要在水平面上转向时,要将它布置在管架最外侧。

(3)管架下布置机泵时,其标高应符合机泵布置时的净空要求。若操作平台下方管道进入管道上层,则上层管道标高可根据操作平台标高来确定。

(4)装有孔板的管道宜布置在管架外侧,并尽量靠近柱子。自动调节阀可靠近柱子布置,并固定在柱子上。若管廊上层设有局部平台或人行道时,需经常操作或维修的阀门和仪表宜布置在管架上层。

三、管道布置图的绘制

管道布置图一般只绘平面图,当平面图中局部表示不够清楚时,可绘制剖视图或轴测图。剖视图或轴测图可画在管道平面布置图边界线以外的空白处,或绘在单独图纸上。要按比例绘制剖视图,并根据需要标注尺寸。轴测图可不按比例,但应标注尺寸。剖视图符号规定用A-A、B-B等,如图1-9、图1-10所示。

1. 管道平面布置图的绘制

管道平面布置图一般应与设备平面布置图一致,即按建筑标高平面分层绘制,各层管道平面布置图是将楼板以下的建(构)筑物、设备、管道等全部画出。当某一层管道上下重叠过多,布置比较复杂时,应再分上下两层分别绘制。在各层平面布置图下方应注明其相应的标高。

用细实线画出全部容器、换热器、工业炉、机泵、特殊设备、有关管道、平台、梯子、建筑物外形、电缆托架、电缆沟、仪表电缆和管缆托架等。除按比例画出设备的外形轮廓,还要画出设备上连接管口和预留管口的位置。非定型设备还应画出设备的基础、支架。简单的定型设备(如泵、鼓风机等)的外形轮廓可画得简略一些;复杂机械(如压缩机)要画出与配管有关的局部外形,按照相关规定绘制,例如HG/T 20519—2009《化工工艺设计施工图内容和深度统一规定》。

管道平面布置图的绘图步骤如下:(1)用细实线画出厂房平面图。画法同设备布置图,标注柱网轴线编号和柱距尺寸。(2)用细实线画出所有设备的简单外形和所有管口,加注设备位号和名称。(3)用粗单实线画出所有工艺物料管道和辅助物料管道平面图,在管道上方或者左方标注管道编号、规格、物料代号及其流向箭头。(4)用规定的符号或者代号在要求的部位画出管件、管架、阀门和仪表控制点。(5)标注厂房定位轴线的分尺寸和总尺寸、设备定位尺寸、管道定位尺寸和标高。

图1-9 管道布置示例图(局部)

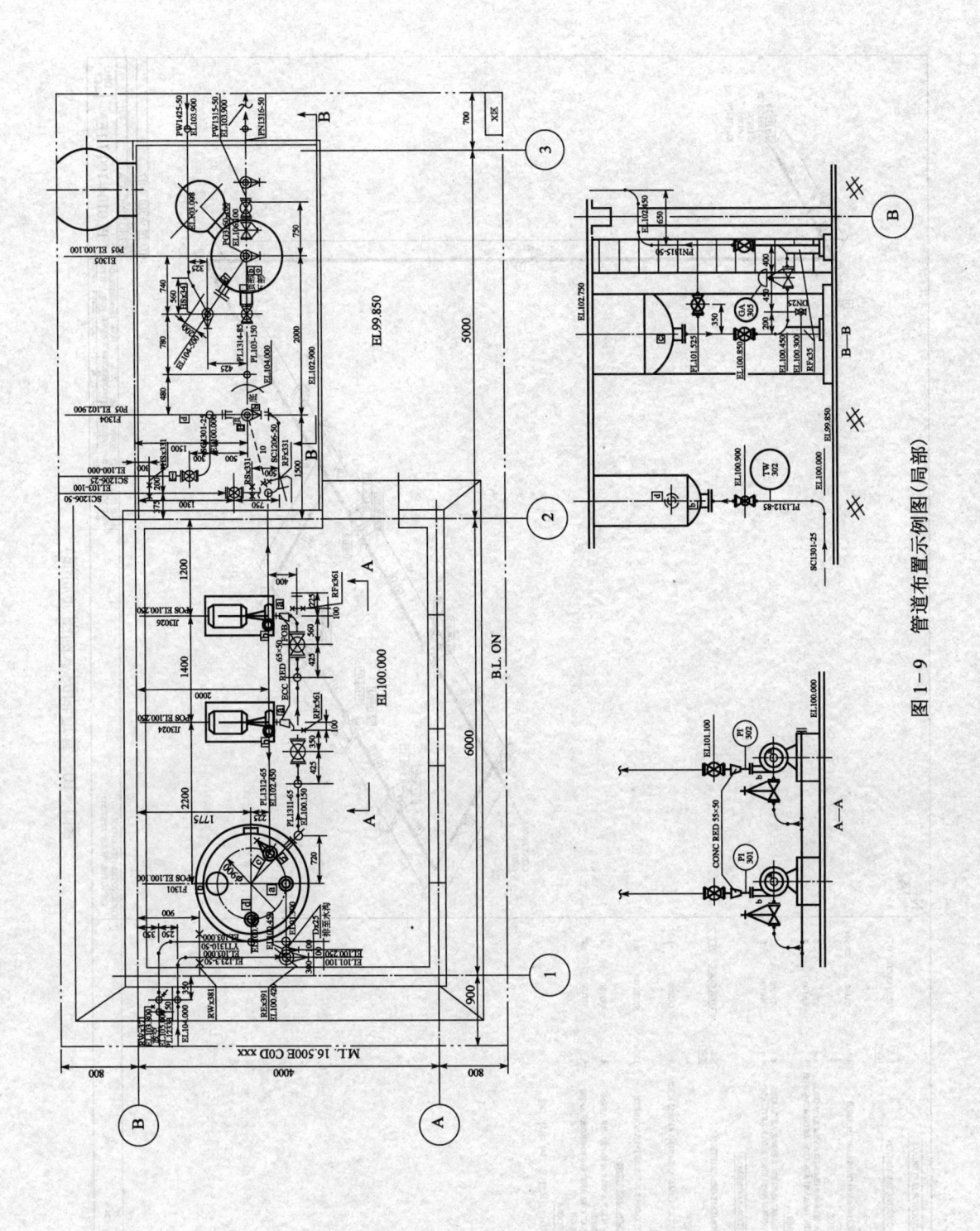

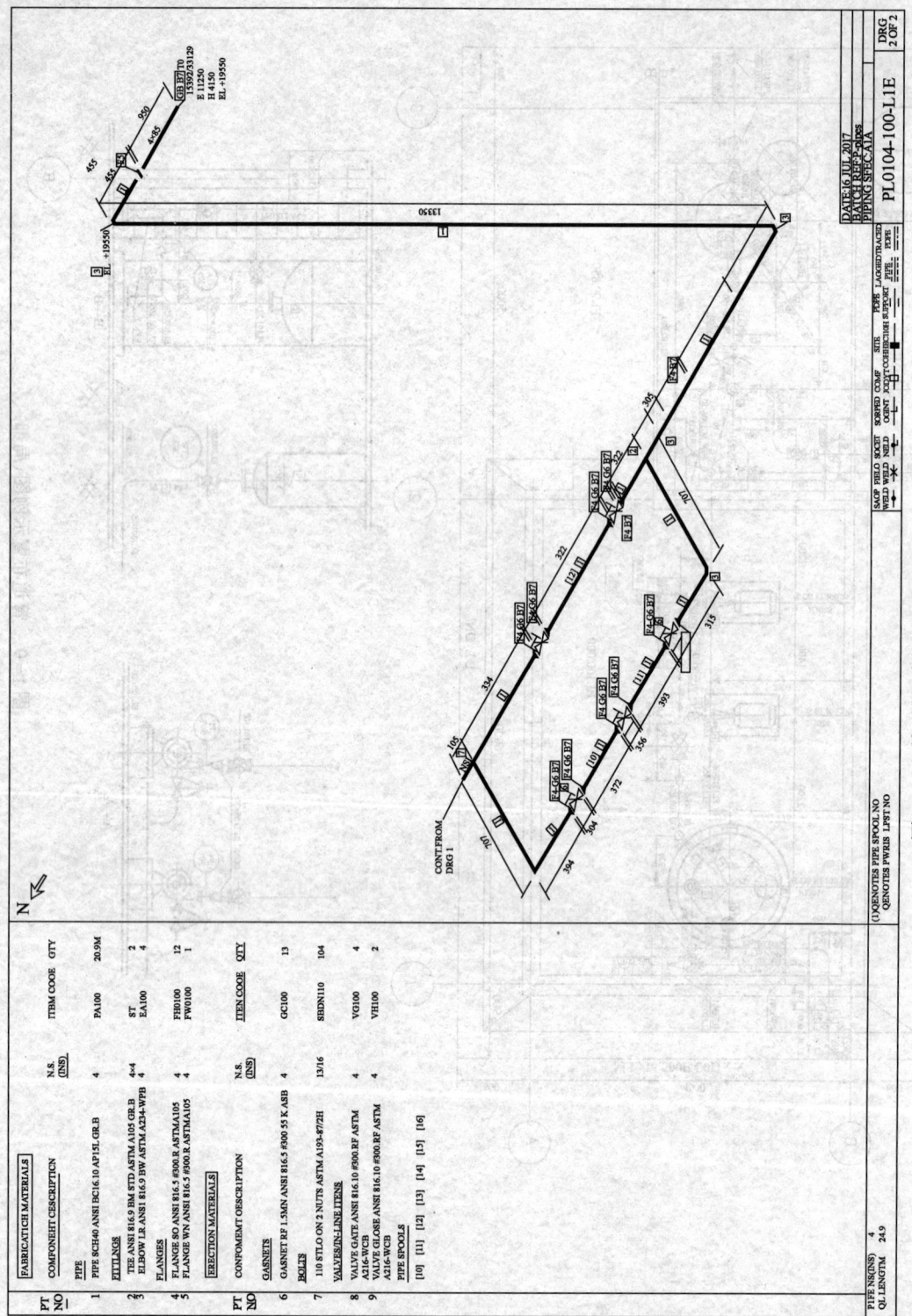

图 1-10 管道轴测示例图（局部）

2. 管道立面剖视图的绘制

管道布置在平面图上不能清楚表达的部位,可采用立面剖视图或向视图补充表达。剖视图尽可能与被剖切平面所在的管道平面布置图画在同一张图纸上,也可画在另一张图纸上。剖切平面位置线的画法及标注方式与设备布置图相同。剖视图可按 A–A、B–B 等或 Ⅰ–Ⅰ、Ⅱ–Ⅱ 等顺序编号。向视图则按 A 向、B 向等顺序编号。

管道立面剖视图的绘图步骤如下:(1)画出地平线或室内地面,各楼面和设备基础,标注其标高尺寸。(2)用细实线按比例画出设备简单外形及所有管口,并标注设备名称和位号。(3)用粗单实线画出所有主物料和辅助物料管道,并标注管段编号、规格、物料代号及流向箭头和标高。(4)用规定符号画出管道上的阀门和仪表控制点,标注阀门的公称直径、型式、编号和标高。

3. 管道布置图尺寸标注

(1)以建筑物或构筑物的轴线、设备中心线、设备管口中心线、区域界线(或接续图分界线)等作为基准标注管道定位尺寸,也可用坐标形式表示。

(2)对异径管,应标出前后端管子的公称通径,如 DN80/50 或 80×50。

(3)非 90°弯管与非 90°支管连接时,应标注角度。

(4)在管道布置平面图上,不标注管段的长度尺寸,只标注管子、管件、阀门、过滤器、限流孔板等元件的中心定位尺寸或以一端法兰面定位。

(5)在一个区域内,管道方向有改变时,支管和在管道上的管件位置尺寸应按容器、设备管口或临近管道的中心线来标注。

(6)标注仪表控制点的符号及定位尺寸。对于安全阀、疏水阀、分析取样点、特殊管件有标记时,应在直径为 10mm 圆内标注它们的符号。

(7)为避免在间隔很小的管道之间标注管道号和标高而缩小书写尺寸,允许用附加线标注标高和管道号,此线穿越各管道并指向被标注的管道。

(8)水平管道上的异径管以大端定位,螺纹管件或承插焊管件以一端定位。

(9)按比例画出人孔、楼面开孔、吊柱(其中用细实双线表示吊柱的长度,用点画线表示吊柱的活动范围),不需标注定位尺寸。

(10)当管道倾斜时,应标注工作点标高,并把尺寸线指向可进行定位的地方。

(11)带有角度的偏置管和支管在水平方向标注线性尺寸,不标注角度尺寸。

目前设计院进行管道设计常常是用软件完成,常用的软件有 AutoCAD、PDSoft、PDMS、SMART PLANT 3D 等。软件用于配管,可以直接绘制设备或装置的三维立体图,使设计更形象、更具体,也更直观,是实体的一种模拟。专业软件的功能较多,制好三维图后,可进行模型碰撞检查,并自动修改错误;可抽出想要的各个部分的剖视图和平、立面图;还可以自动生成各种料表等。在三维制图基础上,还可以制作整个装置的动画效果视频,非常直观。

彩图6 三维配管效果图

视频1-1 车间3D展示视频

思 考 题

1. 调研所在装置的物料平衡和能耗数据,列出物料平衡表和能耗分析表。
2. 所在装置的典型设备中分别有哪些标准设备和非标准设备?各类设备的规格或型号怎样表达?汇总出各类设备规格表和全装置设备一览表。
3. 所在车间的平面布置符合哪种方案?具体布置有何特点?(例如:平台如何连接?平台作用?梯子如何配置?预留空间?……)结合所学知识说明设计理由。
4. 各种设备(塔、反应器、罐、压缩机、泵、换热器等)在布置上有何特点?请结合设备布置知识说明理由。
5. 归纳地面上、平台上各类设备的基础有何区别(材质、高度、大小等)?
6. 归纳各类设备间净距离是否符合规范?
7. 本装置产品规格如何?所用公用工程的规格及用途如何?
8. 请说明现场重点设备(塔、反应器、加热炉、换热器、容器、泵、压缩机等)的自控方案。
9. 所在装置有无"三废"排放?如何处理?
10. 所在装置有何节能措施(如余热回收、能量逐级利用等)和安全措施(消防、危险标识等)?
11. 了解所在装置管道布置设计有哪些特点(如管廊布置、管道走向、变径处理等)?

第二章 典型的工艺设备

石油化工过程需要通过一定的工艺装置来实现,而工艺装置又是由一定的设备,按照工艺流程组合而成的。各种工艺装置的任务不同,所采用的工艺设备也有所不同。石化企业的工艺设备按其作用不同大致分为五种类型:(1)用于对混合物料进行分离的分离设备,如分馏塔、吸收塔、旋风分离器等;(2)用于实现介质的热量交换的换热设备,如管壳式换热器、冷凝器、空冷器等;(3)用于完成介质的化学反应的反应设备,如催化裂化提升管反应器、合成塔、加氢反应器等;(4)用于盛装物料的储运设备,常用的有卧式圆筒形容器、球形储罐以及槽车等;(5)用于对物料进行加热的加热设备等。

石化企业的原料、半成品或成品往往是流体(液体和气体),在工业生产中,为了满足各种工艺要求和保证生产的连续性,需要对流体进行增压和输送。在辅助性的生产环节中,需要用到动力气源、控制仪表用气、环境通风及流体循环系统等,这些也都离不开流体输送机械。流体机械是以流体为工质进行能量转换的机械,主要包括两大类:一类是将流体的能量转变为机械能并输出轴功率,称为流体动力机械,如水轮机、燃气轮机和蒸汽轮机等;另一类是将机械能转变为流体的能量,使流体增压,并输送流体,称为流体输送机械,如泵、压缩机等。本章介绍的常用流体机械属于流体输送机械。

第一节 塔 设 备

在石油炼制工业中,塔设备占有重要的地位。塔设备的性能对于整个装置的产品质量、生产能力和消耗定额以及三废处理和环境保护等各个方面都有重大的影响。塔设备的投资占炼油厂总投资的10%~20%,所耗用的钢材重量占全厂设备总重量的25%~30%。

塔设备的形式种类繁多,用途广泛。按塔设备的结构可分为板式塔和填料塔。按塔设备的用途可分为分馏塔、吸收塔或解吸塔、抽提塔、洗涤塔。目前炼化企业应用最广的是各种形式的板式塔,其中大部分是分馏塔。

一、板式塔

1. 板式塔的结构

板式塔结构如图2-1所示,包括塔体、裙座、塔盘、进料管、气体入口管、出料管、气体出口管、回流管、除沫装置、人孔、扶梯平台、吊柱、保温材料支承圈等。塔内设有一层层相隔一定距离的塔板,每层塔板上液体与气体互相接触后又分开,气体继续上升到上一层塔板,液体继续流到下一层塔板上。

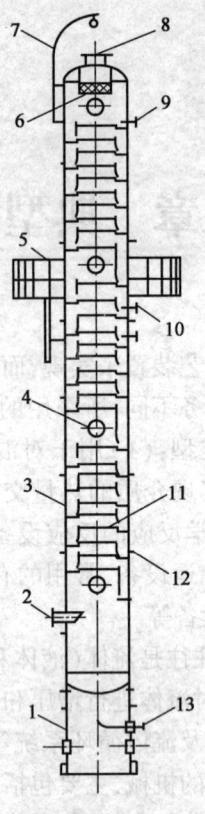

图 2-1　板式塔总体结构

1—裙座；2—气体入口管；3—塔体；4—人孔；5—扶梯平台；6—除沫装置；7—吊柱；8—气体出口管；9—回流管；
10—进料管；11—塔板；12—保温材料支承圈；13—出料管

塔盘也称塔板，是塔设备的重要部件，提供气液两相之间的接触界面。依照塔板的结构型式，分为圆泡帽塔板、槽形塔板、S形塔板、浮阀塔板、喷射塔板、筛孔塔板等。近年来出现了多种新型复合塔板，分离效率大大提高。

2. 板式塔的工作原理

现以原油常压精馏塔为例予以说明。原油是由各种相对分子质量不同的碳氢化合物组成的复杂混合物，其中各组分的沸点各不相同，如汽油沸点低于200℃，煤油沸点为130～270℃，柴油沸点为200～350℃，蜡油沸点为350～520℃，渣油沸点高于520℃。精馏塔就是利用各组分沸点不同的特性进行分馏的。

如图2-2所示，在加热炉中加热到350℃左右的原油进入常压塔后，沸点低的汽油、煤油、柴油等组分蒸发成为油气，沸点高的组分仍是液体。高温油气上升经过一层层塔板，在每层塔板上和上一层塔板下来的温度较低的液体相接触，进行传质和传热，油气被冷却，其中沸点较高的组分冷凝成液体从油气中分离出来。同时，塔板上的液体被加热，其中沸点较低的组分汽化，并从液体中分离出来。为了保证塔顶精馏所必需的液相介质，需将一部分汽油打回到塔顶的塔板，形成塔板上的下流液体，称作塔顶回流。塔内上升的油气一部分是进料的气相，另一部分是塔底通入的过热蒸汽，称作塔底气相回流。原油进料段上方的每层塔板都会进行上述的传质和传热，使得油气在上行中轻组分得到提浓，液体在下行中重组分得到提浓，最终在塔顶部得到汽油馏分，塔底得到常压渣油。

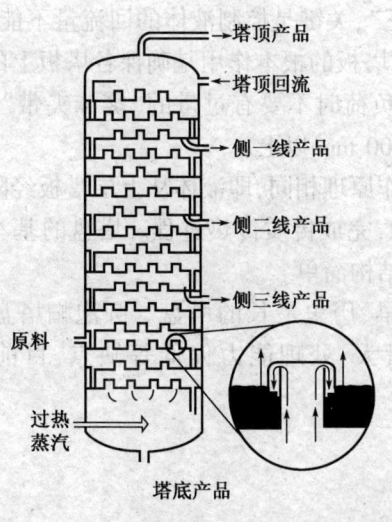

图 2-2 原油精馏塔工作原理示意图

3. 塔盘的工作原理

原油精馏塔内的传质传热过程主要发生在塔盘上,塔盘一般由油气上升的通道、液体下降的降液板或降液管以及供气液两相充分接触的构件(即塔板)三部分组成。现以圆泡帽塔盘为例说明塔盘的工作原理。图 2-3 表示圆泡帽塔盘的结构。在精馏过程中,液体从上一层塔盘的降液管流下,流经该塔盘面并由该塔盘的降液管继续流至下一层塔盘。为使塔板上保持一定厚度的液层,使泡帽的气缝完全淹没在液层内,在液体出口处装有出口堰板。气体从升气管上升,拐弯通过升气管与泡帽的环形空间,从气缝喷散而出,形成鼓泡现象,使气液两相充分接触,进行传热与传质。一般来讲,鼓泡越细越激烈,两相接触就越好,分馏效率也越高。气体在液体内鼓泡后穿出液层上升到上一层塔板去,继续这种鼓泡过程。每层塔板使气液两相接触一次,经过传热传质,上升的温度较高的气体组分不断变轻,下降的温度较低的液体组分不断变重,从而在不同塔板上得到不同的组分。

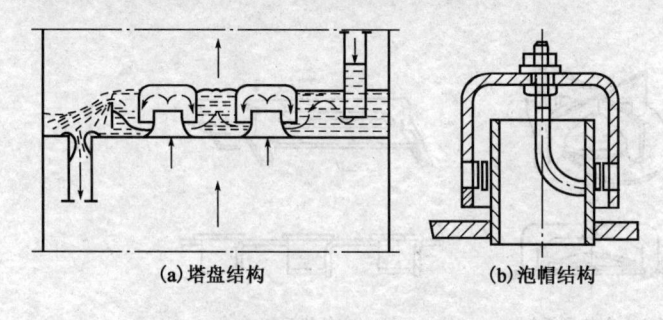

图 2-3 圆泡帽塔盘

各种结构型式的塔板都有一个适宜的工作区。气体在液体内鼓泡后,穿出液层时总不免带有许多细微的液滴,有的来不及分离就被带到上层塔板上的液体中去,这种现象称为"雾沫夹带"。由于被夹带上去的少量液滴所含的重组分比上一层塔板液体所含的重组分要多,会降低塔板的分馏效率,故要严格控制"雾沫夹带"量。当塔内气体负荷增加、塔内气速增大时,"雾沫夹带"也会加重。因此,必须控制气体负荷,不能随意提高塔的处理量。当塔内液体负荷过大、降液管面积不足时,液体会发生堵塞现象,致使几层塔板的液体连成一片,不能进行有效的精馏操作,这种现象称为"液泛"。要防止"液泛",关键是控制液体的回流量不能过大,或改进塔板的结构形式,或加大降液管的面积。因此,塔板的根本作用是确保各塔板上的气液两相均匀鼓泡,确保充分而良好的接触。在加大气体负荷时不要有过量的"雾沫夹带",在加大液体负荷时不要有"液泛"现象。塔板间距一般在 300 mm 以上。

不同类型的塔盘,其工作原理与圆泡帽塔盘工作原理相同,即液体从上层塔板经降液管下流,气体穿过塔板上升,气液两相在塔板上密切接触,完成传质传热过程。塔盘的基本技术要求是分馏效率高,生产能力大,操作稳定,压降小和结构简单。

图 2-3(b)所示的圆泡帽塔盘是一种使用最早、历史最长的塔盘。圆泡帽塔盘操作稳定可靠,弹性也好,但它有压力降大、金属消耗量大、处理能力偏低等缺点,目前已应用较少。

4. 常见的塔板

常见的塔板类型及结构见动画 2-3、动画 2-4。

动画2-3 塔板类型　　动画2-4 塔板结构

1) 浮阀塔板

浮阀塔板结构如图 2-4 所示,一般分为两大类:一类是盘状浮阀,浮阀是圆盘片,塔板上开孔是圆孔。按其在塔板上固定的方法又可分为用三条支腿固定浮阀升高位置的 F1 型浮阀,用十字架固定浮阀升高位置的浮阀等。另一类是条状浮阀,浮阀是带支腿的长条片,塔板上开的是长条孔。长条片面上有的还开有长条孔或凹槽等,形式多种多样。F1 型盘状浮阀是目前石化企业应用最广泛的一种塔板。

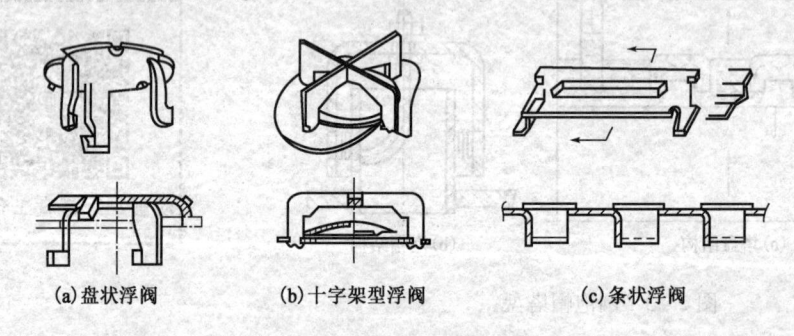

(a) 盘状浮阀　　(b) 十字架型浮阀　　(c) 条状浮阀

图 2-4　浮阀塔板

当气体穿过圆孔上升时将阀片顶起,气体沿水平方向喷出,吹入塔板上的液层内进行鼓泡。阀片的开度随气量的变化而变化,气体流量增大,浮阀被顶起的开度也增大,直到三条支腿下脚接触塔板为止。由于浮阀的这个特点,它的操作弹性大,雾沫夹带少,全塔板鼓泡均匀,效率较高,并具有压降小、结构简单、造价低等一系列优点,所以得到非常广泛的应用。

2）S形塔板

S形塔板结构如图2-5所示，它是由钢板冲压成的S形长条构件所组成。在S形长条构件上，只有一侧开有齿缝，气流是单向喷出，与液体的流动方向一致，对液体有推动作用，可以有效减少液体落差，使全塔板上气体鼓泡均匀。这种塔板结构简单，造价低，但压降较大。

3）舌形塔板

舌形塔板结构如图2-6所示。舌片由钢板上冲出并按一定角度朝一个方向翘起，在塔板上呈三角形排列。气体从舌片下的孔中吹出，与液层搅拌接触。液体流动方向与气流方向一致，故塔板上的液面落差较小，全塔板鼓泡较均匀。气体斜喷再折而向上，雾沫夹带较少，气体流量较高。因塔板上只有降液管，没有溢流堰，故塔板压力降较小。这种塔板金属耗量较小，制造安装方便。

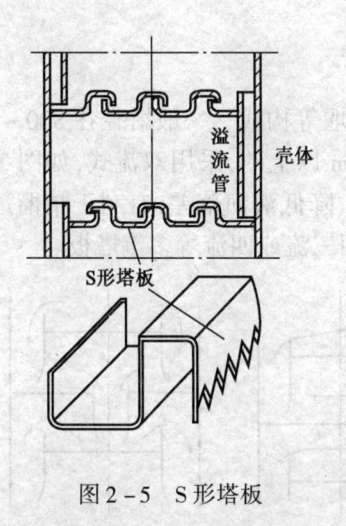

图2-5 S形塔板

图2-6 舌形塔板

4）浮动喷射塔板

浮动喷射塔板综合了舌形单向喷射和浮阀自动调节的特点。图2-7为其中的一种，塔板为百叶窗形，其条形叶片是活动的。当有气体通过时，把叶片顶开，气体向斜上方喷出，气速越大，叶片的张角越大。图2-8为另一种类型，舌片带有限制其升高位置的支腿，当气体通过时，将其抬起呈倾斜状态，浮动舌片的开度随气流负荷的变化而自动地调节。舌片的倾斜均为同一方向，有利于流体流动，减少液面落差。

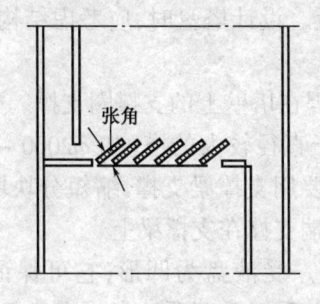

图2-7 浮动喷射塔板

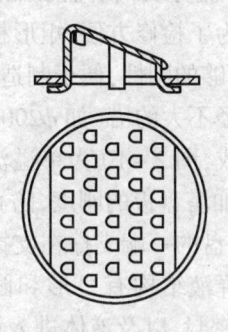

图2-8 浮舌塔板

5) 筛孔塔板

筛孔塔板的结构很简单,就是在钢板上钻许多三角形排列的孔,孔直径为 $\phi 3 \sim 8mm$。气流从小孔中穿出吹入液体内鼓泡,液体则横流过塔板从降液管流下。

这种塔板开孔率较大,生产能力较大,气流没有拐弯,压降较小。塔板上无障碍物,液面落差较小,鼓泡较均匀。但塔板的操作弹性较小,在气流负荷变小时容易泄漏,导致板效率下降,且有时小孔易堵。为此,近年来发展了大孔筛板(孔径达 $\phi 20 \sim 25mm$)、导向筛板等多种筛板塔。

6) 复合塔板

复合塔板往往是将几种塔板的特点组合在一起,甚至是将塔板与填料组合在一起,以增大塔板上气液两相流体的接触面积,实现提高塔板传质传热效率和增加其处理能力的目的。常见的复合塔板有复合孔微浮阀塔板、复合喷射塔、立体垂直塔板等。例如,在塔径相同的情况下,高效立体垂直塔板处理能力比普通浮阀塔板的处理能力提高15%~30%。

5. 塔盘的安装

塔盘由气液接触元件、塔板、降液管及受液盘、溢流堰等构成。一般塔径在800~2400mm的塔板,采用单流式,如图2-9(a)所示;塔径在2000mm以上的,采用双流式,如图2-9(b)所示。双流式塔板上的液体向两个方向流动,缩短流程,降低液面落差,有利于精馏过程的进行。当采用双流式塔板,若液面梯度仍然太大,则可采用三流或四流等多流塔板。

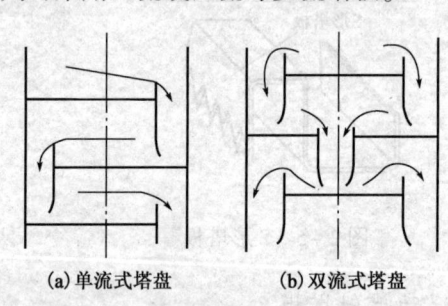

视频2-2 塔盘的安装

(a)单流式塔盘　　(b)双流式塔盘

图2-9　液体在塔盘上的流动

从塔盘结构来看,当塔径小于800mm时,一般采用整块式塔盘。塔径较大时,通常采用分块式塔盘,每块塔盘可从人孔中进出。塔内壁按照塔板的距离(一般为500~800mm),焊有支撑塔板的支撑圈。每块塔盘由螺栓或特制的卡子固定在支撑圈上,组成一整块塔盘。图2-10是单流分块式塔盘装配图,塔盘上的塔板分成数块,靠近塔壁的两块是弓形板,其余是矩形板。为了检修方便,矩形板中间的一块作为通道板。设计塔盘时,应考虑结构简单,装拆方便,有足够的刚性,便于制造、安装和检修。

对于直径不大的塔(如 $\phi 200\,mm$ 以下),塔盘一般用焊在塔壁上的支撑圈支撑。支撑圈大多用扁钢制成,图2-10为单溢流塔盘的支撑结构。对于直径较大的塔(如 $\phi 2000 \sim 3000mm$ 以上),为增加塔盘板的刚度,防止过大的挠曲变形,就需要用支撑梁支撑,缩短分块塔板的跨度,将分块塔盘的一端支撑在支撑圈(或支撑板)上,另一端支撑在支撑梁上。

塔盘的降液结构有弓形和圆形两种,一般常用弓形。受液盘为凹形,它可保证降液管(板)底端的密封,以及液体进入塔板时的均匀性。有时也采用平型受液盘。在一般情况下,降液板和受液盘均固定在塔体上,在需要经常拆卸的场合可做成可拆结构型式。

塔盘间距的大小与处理能力、操作弹性及分馏效率有密切关系。塔盘间距大时，下层液滴不易被蒸汽携带到上一层塔板，即雾沫夹带量小，且操作弹性大。但另一方面会增加塔高度，使塔造价增大。而当塔盘间距小时，虽降低了塔高度，但雾沫夹带量多，操作弹性随之减小。石油精馏塔的塔盘间距大多为500~700mm。

二、填料塔

1.填料的结构

填料塔总体结构见图2-11，包括裙座、塔体、液体再分布器、卸填料口、液体分布器、液体进口、除沫装置、气体出口、人孔、填料、栅板、气体进口、液体出口等。塔内充填有各种形式的填料，促使气液接触并传质传热。液体自上而下流动，在填料表面形成许多薄膜，使自下而上的气体，在经过填料空间时与液体具有较大的接触面积，以促进传质作用。填料塔的结构比板式塔简单，但形式繁多。常用的填料有拉西环、鲍尔环、蜂窝填料、鞍形填料和丝网填料等。

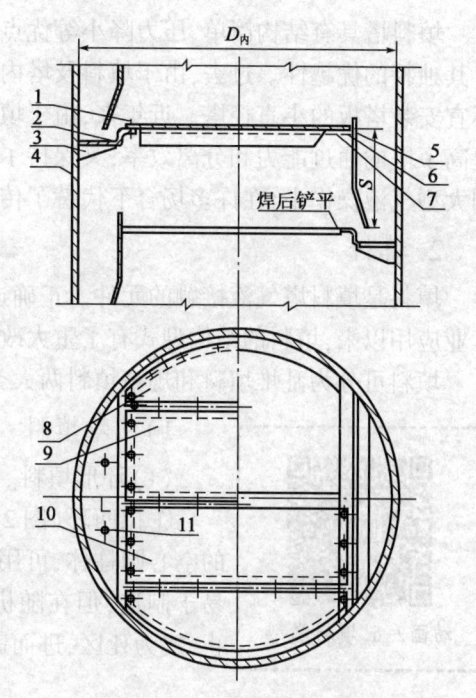

图2-10 单流分块式塔盘结构
1—卡子；2—受液盘；3—筋板；4—塔体；5—降液板；
6—支持板；7—支持圈；8—弓形板；9—通道板；
10—矩形板；11—泪孔

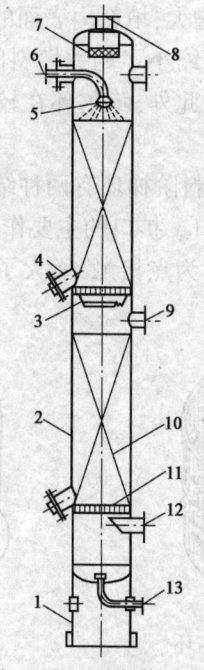

图2-11 填料塔总体结构
1—裙座；2—塔体；3—液体再分布器；4—卸填料口；5—液体分布器；6—液体进口；
7—除沫装置；8—气体出口；9—人孔；10—填料；
11—栅板；12—气体进口；13—液体出口

动画2-5 填料塔总体结构

·31·

填料塔具有结构简单、压力降小等优点。在处理容易产生泡沫的物料及用于真空操作时有其独特的优越性。过去,由于填料及塔内件的不完善,填料塔大多局限于处理腐蚀性介质或不宜安装塔板的小直径塔。近年来,由于填料结构的改进,新型的高效、高负荷填料的开发,既提高了塔的通过能力和分离效率,又保持了压力降小及性能稳定的特点,因此填料塔已被推广到大型气液操作中,在许多场合下代替了传统的板式塔。

2. 填料

填料是填料塔气液接触的元件。正确选择填料对塔的经济效益具有重要影响。自填料塔工业应用以来,填料的结构型式有了重大改进,各种形式、各种规格的填料已有数百种之多。

填料可分为乱堆填料和规整填料两大类。

1) 乱堆填料

(1) 环形填料。

①拉西环(图2-12)是最早出现的填料,是一个外径和高度相等的空心圆柱体,可用陶瓷、金属、塑料等材料制造。这种填料结构简单,易于制造,但在随机堆砌时易在外表面间形成积液池,使池内液体滞止,成为死区,进而影响其通过能力及传质效率。

动画2-6 填料类型

②鲍尔环(图2-13)是目前工业上应用最为广泛的填料之一。它也是外径和高度相等的空心圆柱体,不同的是在圆柱侧壁上冲出上、下两层交错排列的矩形小窗,冲出的叶片一端连在环壁上,其余部分弯入环内,围聚于环心。鲍尔环一般用金属或塑料制造。

装填入塔的鲍尔环,无论其方位如何,淋洒到填料上的液体,有的沿外壁流动,有的穿过小窗流向内壁,有的沿叶片流向中心,因而使液体分散度增大,填料内表面的利用率大大提高。

弯向环心的叶片增大了气体的湍动程度,交错开窗缩小了相邻填料间的滞止死区,因此,鲍尔环的气液分布较拉西环均匀,两相接触面积增大。此外,鲍尔环在较宽的气速范围内,能保持恒定的传质效率,特别适用于真空蒸馏操作。

③阶梯环(图2-14)可用金属、塑料、陶瓷制造,塑料阶梯环有两种结构:米字筋阶梯环和井字筋阶梯环。阶梯环的特点在于其一端具有锥形扩口。扩口的主要作用在于改善填料在塔内的堆砌状况。由于其形状不对称,使填料之间基本上为点接触,增大了相邻填料间的空隙,消除了产生积液池的条件。

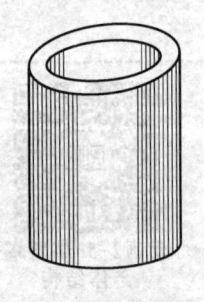

图2-12 拉西环 　　　　　图2-13 鲍尔环 　　　　　图2-14 阶梯环

(2) 鞍形填料。

①弧鞍填料(图2-15)为对称的开式弧状结构,一般用陶瓷制造。目前在工业上已很少使用。

②矩鞍填料(图2-16)一般用陶瓷或塑料制造,有效地克服了弧鞍填料重叠堆积等缺点,

是目前工业上应用最广的乱堆填料之一。

(3) 鞍环填料(图2-17)用薄金属板冲压而成,其特点是既保存了鞍形填料的弧形结构,又具有鲍尔环的环形结构和内弯叶片的小窗,且填料的刚度比鲍尔环高。鞍环填料能保证全部表面的有效利用,并增加流体的湍动程度,具有良好的液体再分布性能。鞍环填料具有通过能力大、压降低、滞液量小、质量轻、填料层结构均匀等优点,特别适用于真空蒸馏。

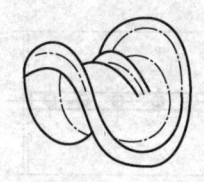

图2-15 弧鞍填料　　　图2-16 矩鞍填料　　　图2-17 鞍环填料

2) 规整填料

(1) 丝网波纹填料。丝网波纹填料(图2-18)由若干平行直立放置的波网片组成,网片的波纹方向与塔轴线成一定的倾斜角(一般为30°或45°),相邻网片的波纹倾斜方向相反。组装在一起的网片周围用带状丝网圈箍住,构成一个圆柱形的填料盘。填料盘直径略小于塔内径。填料装填入塔时,上、下两盘填料的网片方向互成90°。

丝网波纹填料是用丝网制成的,它质地细薄、结构紧凑、组装规整,因而空隙率及比表面积均较大,而且丝网的细密网孔对液体有毛细管作用,少量液体即可在丝网表面形成均匀的液膜,因而填料的表面润湿率很高。

操作时,液体沿丝网表面以曲折路径向下流动,并均布于填料表面。气体在两网片间的交叉通道内流动,故气液两相在流动过程中不断地有规律地转向,从而获得较好的横向混合,即在塔的水平截面及两网片之间的横向均匀性较好。又因上下两盘填料互转90°,故每

图2-18 丝网波纹填料

通过一盘填料,气液两相就进行一次再分布,进一步促进了气液的均布。因填料层内气液分布均匀,故放大效应不明显,这是丝网波纹填料最重要的特点,也是丝网波纹填料能用于大型填料塔的重要原因。

丝网波纹填料可用金属丝和塑料丝制成。目前使用的金属丝有不锈钢、黄铜、磷青铜、碳钢、镍、蒙乃尔合金等;塑料丝网材料有聚丙烯、聚丙烯腈、聚四氟乙烯等。

(2) 板波纹填料。由于丝网波纹填料价格较高,容易堵塞,因此发展了板波纹填料。它的价格较低,刚度大,且可以用金属、陶瓷及塑料等多种材料制成。其结构与丝网波纹填料结构相同,只是用波纹板代替波纹丝网。根据材料不同,波纹板填料可分为金属孔板、塑料孔板和陶瓷孔板等形式。

3. 液体分布装置

填料塔操作时,在任一横截面上保证气液的均匀分布十分重要。气速的均匀分布,主要取决于液体分布的均匀程度。因此,液体在塔顶的初始均匀分布,是保证填料塔达到预期分离效果的重要条件。液体分布装置的典型结构有以下几种。

动画2-7 液体分布装置

1) 多孔型布液装置

(1) 排管式布液器(图2-19)。液体由水平主管的一侧(或两侧)引入,通过支管上的小孔向填料层喷淋。

(2) 环管式布液器(图2-20)。按照塔径及液体均布要求,可分别采用单环管或多环管布液器,其小孔直径为 $\phi 3 \sim 8mm$,最外层环管的中心圆直径一般取塔内径的60%~85%。

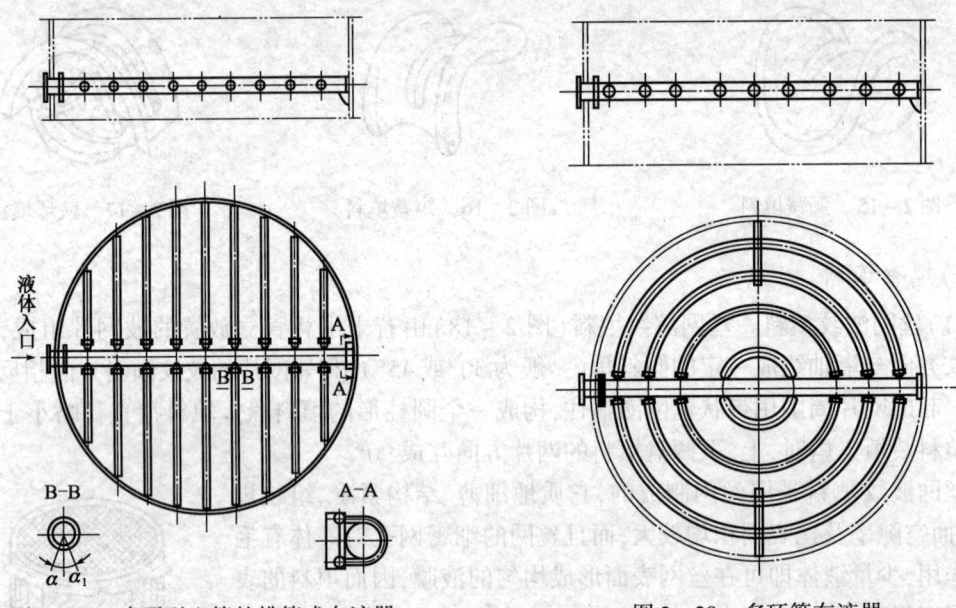

图2-19 水平引入管的排管式布液器

图2-20 多环管布液器

(3) 莲蓬头布液器(图2-21)。主要优点是结构简单,制造、安装方便,主要缺点是小孔容易堵塞,不适于处理污浊液体。操作时液体的压力必须维持在规定数值,否则会改变喷淋半径,不能保证预定的分布效果。这种喷洒器一般用于塔径小于600mm的塔中。

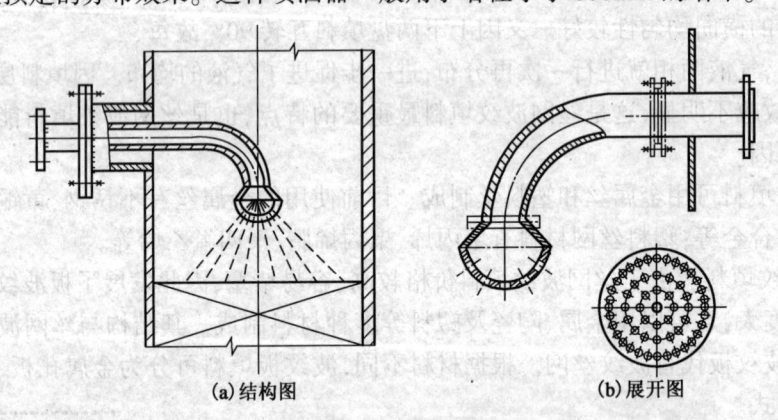

(a) 结构图　　(b) 展开图

图2-21 莲蓬头布液器

2) 溢流型布液装置

溢流型布液装置是目前广泛应用的分布器,特别适用于大型填料塔。主要优点有操作弹性大、不易堵塞、操作可靠和便于分块安装等。溢流型布液器的工作原理与多孔型不同,进入布液器的液体超过堰口高度时,液体会通过堰口流出,并沿着溢流管(槽)壁呈膜状流下,淋洒至填料层上。

(1)溢流盘式布液器(图2-22)。溢流盘式布液器由底板、溢流升气管及围环等组成。为了增加溢流管的溢流量及降低安装水平度的敏感性,在每个溢流管上开有三角形缺口,同时要求管子下缘突出分布板,以防止液体偏流。溢流管可按正三角形或正方形排列。分布板上应有φ3mm的泪孔供停工时排液。溢流盘式布液器可用金属、塑料或陶瓷制造。分布盘内径约为塔内径的80%~85%,适用于塔径小于1200mm、气液负荷较小的塔。

(2)齿槽式分布器(图2-23)。当塔径大于3000mm时,可采用齿槽式分布器。液体先加入顶槽,再由顶槽流入下面的分布槽内,然后再由分布槽的开口处淋洒在填料上。分布槽的开口可以是矩形或三角形,这种分布器自由截面积大,工作可靠。

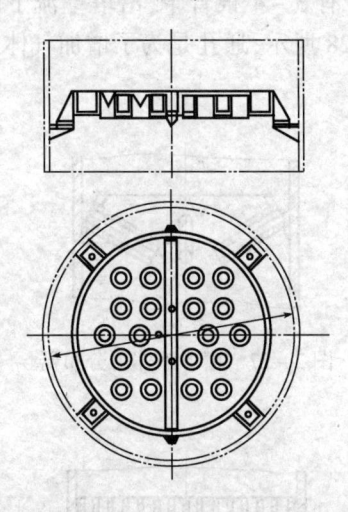

图2-22 溢流盘式布液器

图2-23 齿槽式分布器

3)冲击型布液装置

反射板式布液器是其中的一种,它是利用液流冲击反射板(可以是平板、凸板或锥形板)的反射飞溅作用而分布液体,如图2-24所示。最简单的结构为平板,液体顺中心管流下,冲击分散为液滴并向各方飞溅。反射板中央钻有小孔使液体得以喷淋填料的中央部分。

为了使飞溅更为均匀,可使用宝塔式喷淋器,它是由几个反射板组成,如图2-25所示。宝塔式喷淋器的优点是喷洒半径大(可达3000mm),液体流量大,结构简单,不易堵塞。缺点是当改变液体流量或压头时会影响喷淋半径,因此必须在恒定条件下操作。

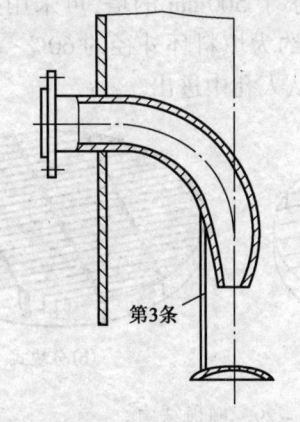

图2-24 反射板式喷淋器

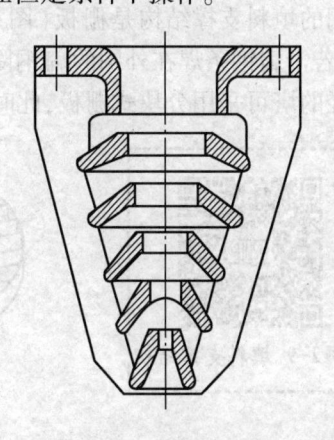

图2-25 宝塔式喷淋器

4. 液体再分布装置

液体沿填料层向下流动时,由于周边液体向下流动的阻力较小,有逐渐向塔壁方向流动的趋势,即有壁流倾向,使液体沿塔截面分布不均匀,降低传质效率,严重时使塔中心的填料不能被润湿而形成干锥。为了克服这种现象,须设置液体再分布器。它的作用是使流经一段填料层的液体进行再分布,在下一填料层高度内得到均匀喷淋。

液体再分布装置的结构型式有三:(1)分配锥,如图2-26所示。它的结构简单,适用于直径小于1000mm的塔。锥壳下端直径为70%~80%塔径。(2)槽形液体再分布器,如图2-27所示。它是由焊在塔壁上的环形槽构成,槽上带有3~4根管子,沿塔壁流下的液体通过管子流到塔的中央。(3)带通孔的分配锥,如图2-28所示,通孔是为了增加气体通过时的截面积,避免中心气体的流速太大。

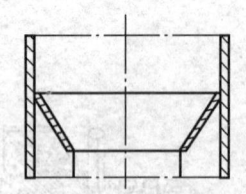

图2-26 分配锥

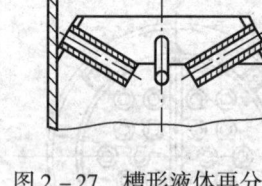

图2-27 槽形液体再分布器

动画2-8 液体再分布装置

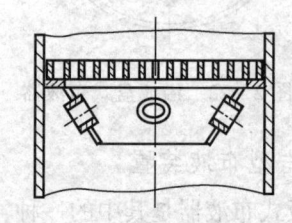

图2-28 带通孔的分配锥

5. 填料支撑结构

填料的支撑结构不但要有足够的强度和刚度,而且须有足够的截面积,使支撑处不首先发生液泛。

常用的填料支撑结构是栅板(图2-29)。对于直径小于500mm的塔,可采用整块式栅板,即将若干扁钢条焊在外围的扁钢圈上。扁钢条的间距约为填料环外径的60%~80%。对于大直径的塔可采用分块式栅板,此时要注意每块栅板能从人孔中进出。

动画2-9 填料支撑结构

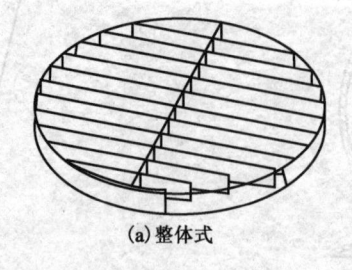

(a)整体式 (b)分块式

图2-29 栅板结构

如果填料的空隙截面积大于栅板的自由截面积,可采用升气管式支撑板(图2-30),气体沿升气管齿缝上升,液体由小孔及齿缝底部溢流而下。也可采用开长圆孔的波形板(图2-31)。开孔波形板也可做成分块式的,每块开孔波形板用螺栓连接。

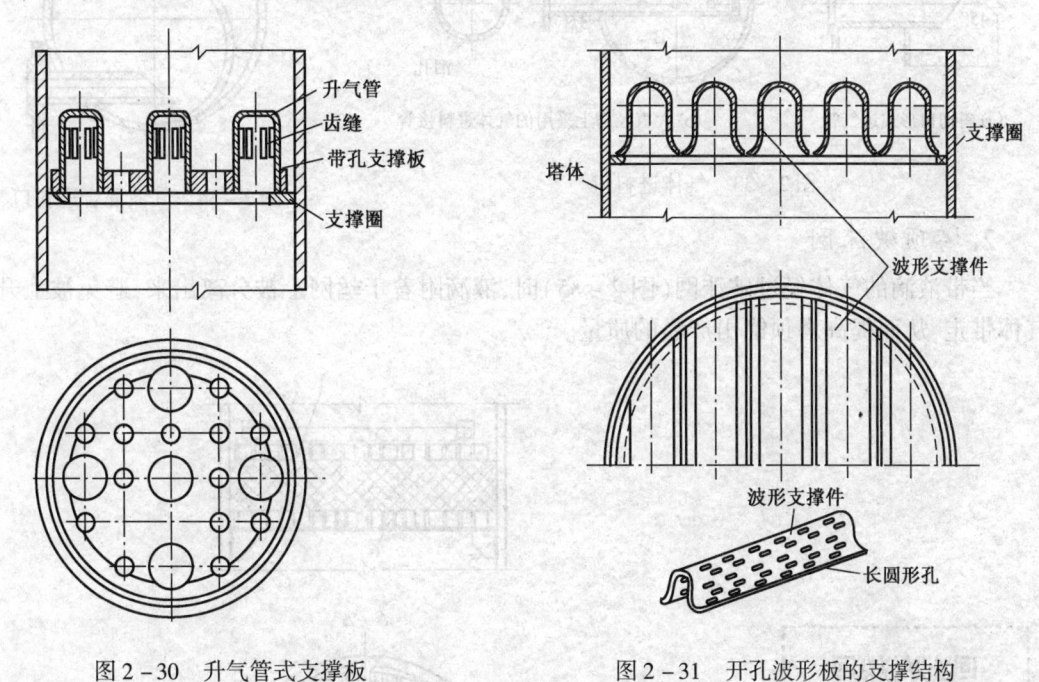

图2-30 升气管式支撑板

图2-31 开孔波形板的支撑结构

三、塔的内部结构

塔的内部结构除了塔盘和填料组件外,还有物料的出入管、破沫网、防涡器等组件。

1. 进口结构

塔的进料有液体进料、气体进料和气液混合进料。对于液体进料可直接设加料板,板上最好有进口堰装置,使液体能均匀地通过塔盘,并可避免由于进料泵及控制阀门所引起的波动影响。图2-32为液体进料常用的可拆接管形式。对于气体进料,进料口可安装在塔盘间的蒸汽空间,一般可将进气管做成斜切型式[图2-33(a)],或采用较大的管径使其流速降低,以达到使气体均匀分布的目的。图2-33(b)所示的气体进料接管虽较复杂,但气体分布较均匀,常在大直径塔上采用。气液混合进料,速度较高,对塔壁的冲蚀及振动较剧烈,同时为使气液较好地分离,常采用带螺旋导板的切线进料结构(图2-34)。

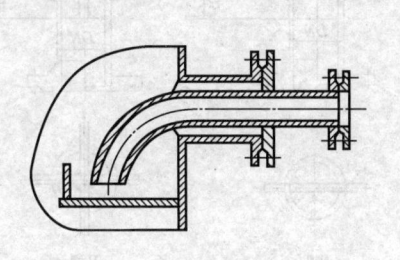

视频2-3 塔进料口

图2-32 液体进料口

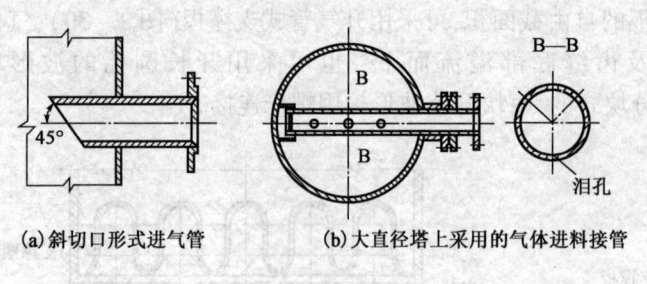

(a) 斜切口形式进气管　　(b) 大直径塔上采用的气体进料接管

图 2-33　气体进料口

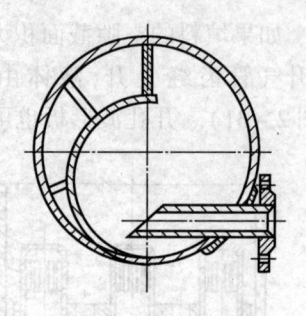

图 2-34　气液混合进料口

2. 塔顶破沫网

当带液滴的气体经过破沫网（图 2-35）时，液滴附着于丝网上被分离出来，避免被上升的气体带走，从而提高塔顶馏出产品的质量。

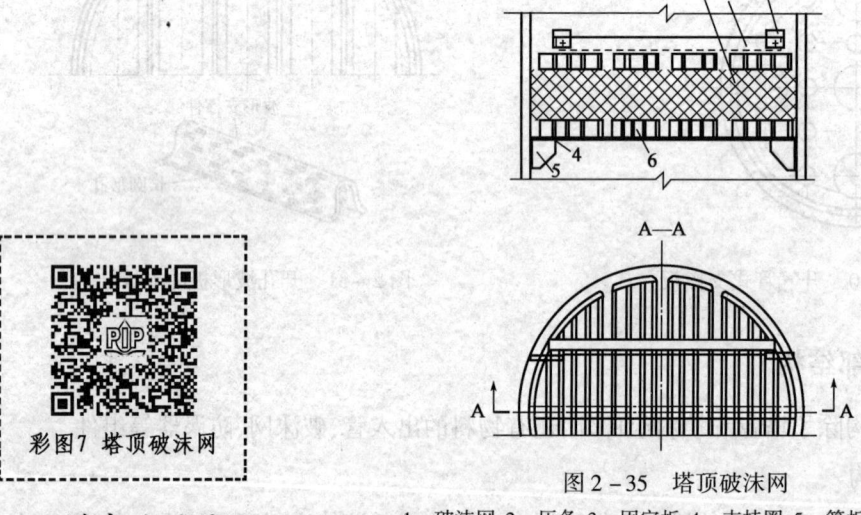

彩图7　塔顶破沫网

图 2-35　塔顶破沫网

1—破沫网；2—压条；3—固定板；4—支持圈；5—筋板；6—箅子

3. 塔底防涡器

塔底液体流出时，若带有漩涡，就会将油气带入泵内而使泵发生抽空，所以在塔底装有防涡器，常见的结构如图 2-36 所示，其中 V 型可防止沉淀物吸入泵内，Ⅱ型用于干净物料。排液管 $DN > 150$ mm 时，可选用Ⅲ型。

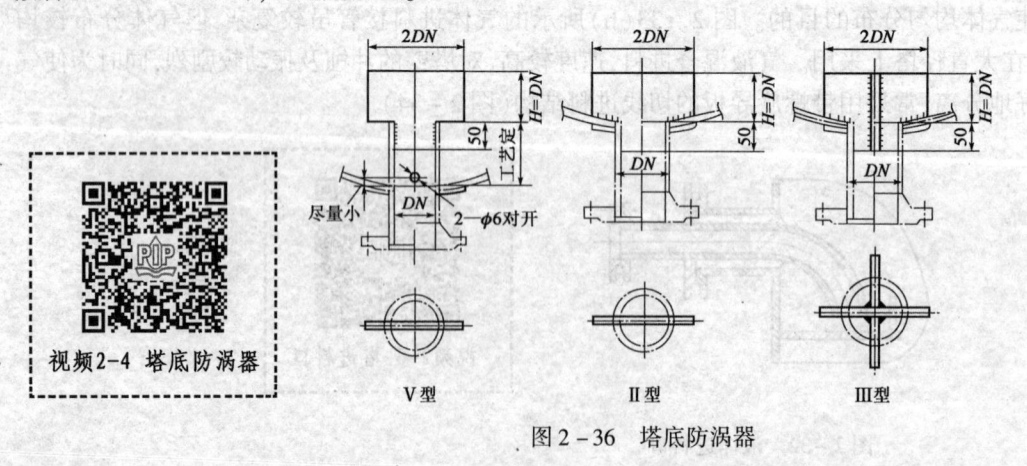

视频2-4　塔底防涡器

V型　　Ⅱ型　　Ⅲ型

图 2-36　塔底防涡器

四、塔的外部结构

塔的外部构件主要有筒体、封头、吊柱、梯子、平台、人孔、支座和保温层等。

1. 筒体

一般用钢板卷焊制成圆筒体,其直径由处理量及操作条件而定。炼油厂的分馏塔直径一般在1~6m,最大可达10m以上。塔的高度主要取决于对分馏产品的要求,与塔板数及塔板间距有关,最高者已超过100m。减压塔承受外压,为保证壳体的稳定性,一般在塔体内部或外部沿塔高每隔一段距离设置一个加强圈。加强圈常用型钢制造,与塔体间断地焊接在一起,如图2-37所示。

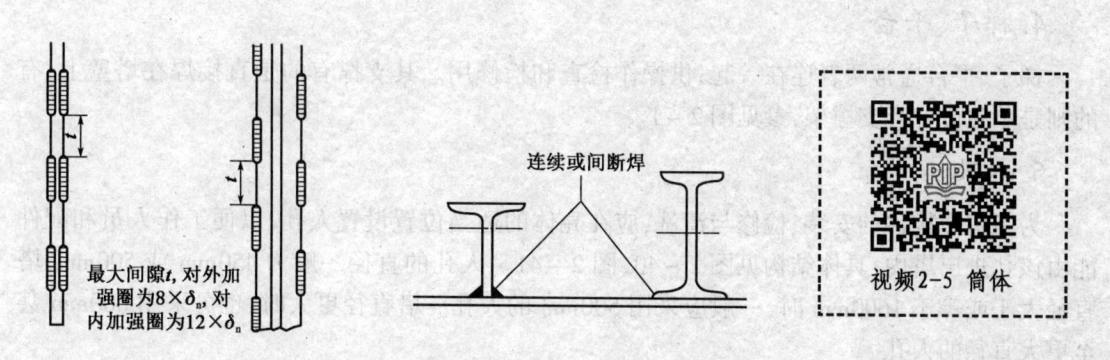

图2-37 加强圈与壳体连接结构图

2. 封头

封头,或称端盖,按其形状有凸形封头、锥形封头和平板封头三类。凸形封头有半球形封头、椭圆形封头、蝶形封头和球冠形封头,常见封头形式如图2-38所示。一般多采用椭圆形封头或蝶形封头,优先采用标准椭圆形封头。减压塔等塔径较大的设备,多用分瓣冲压制成型的球形封头。而采用锥形封头,主要是考虑工艺的特殊要求,有利于物料流动和排料等,分为无折边封头和有折边封头,如图2-39所示。平板结构简单,制造方便,但在相同的受压条件下,平盖比凸形封头厚得多。

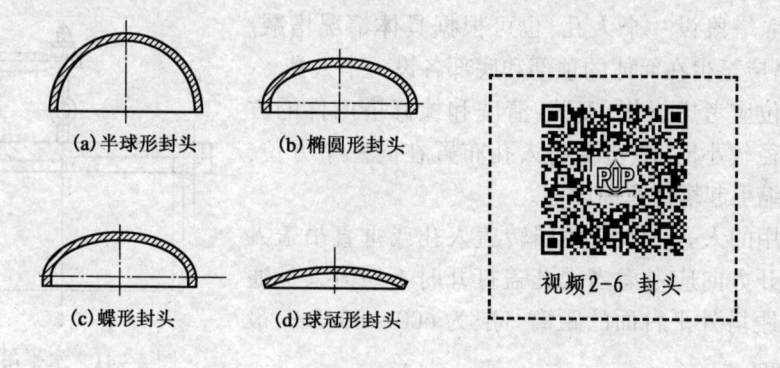

(a) 半球形封头　(b) 椭圆形封头
(c) 蝶形封头　(d) 球冠形封头

图2-38 凸形封头

视频2-7 吊柱、梯子、平台

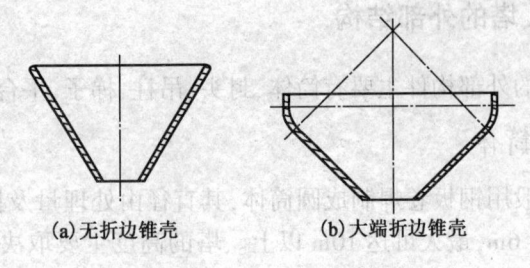

(a)无折边锥壳　　(b)大端折边锥壳

图2-39 锥形封头

3. 吊柱

吊柱安装于塔顶,主要用于安装、检修时吊运塔内件,参见图2-1。

4. 梯子、平台

梯子、平台通常两者连在一起,供操作检查和检修用。其支撑有的是直接焊在塔壁上,有的则是单独设一套支撑架,参见图2-1。

5. 人孔

为了塔内构件的安装、检修与清洗,应在壳体的适当位置设置人孔,以便工作人员和配件能由该孔进出塔内,具体结构见图2-40、图2-41。人孔的直径一般为450mm或500mm,塔直径大于或等于1600mm时,一般应采用500mm的人孔。塔直径更大时,也可采用600mm甚至更大直径的人孔。

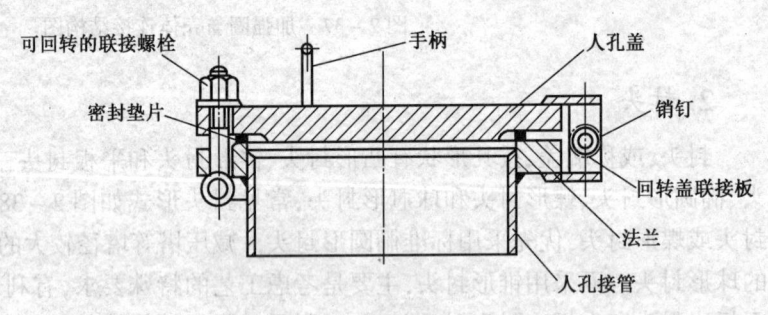

视频2-8 人孔

图2-40 回转盖快开人孔

人孔的数量不宜过多。一般板式塔每隔10层至20层塔板或5m至10m塔段设一个人孔,也可根据具体情况增减。但是,每一个塔应至少在筒体的顶部和底部各设一个人孔。

人孔的方位应考虑操作、安装、清洗和检修塔内件的方便。当塔内直径较小时,应避免将人孔布置在同一个方位,以免因焊接收缩引起塔体弯曲度差。

塔设备上用的人孔一般选用回转盖人孔或垂直吊盖人孔。人孔盖打开方向应考虑当人孔盖打开时不妨碍人员通过。人孔中心距塔外平台面的距离一般为600~800mm,最佳距离为800mm。

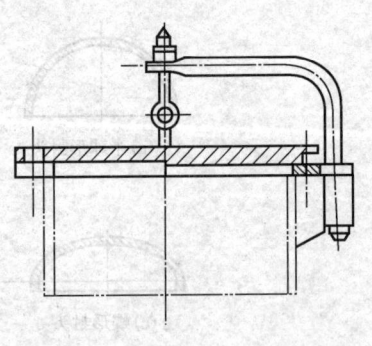

图2-41 水平吊盖人孔

6. 支座

容器及设备的支座是用于支撑其重量,并使其固定在某一位置上的容器附件。它不仅能承受重量载荷,还能承受风载和地震力,常用的支座有直立设备裙式支座和卧式设备鞍式支座。支座是塔体与基础的连接结构。因为塔设备较高、重量较大,为保证其足够的强度及刚度,通常采用裙式支座,如图2-42所示。

7. 塔壁保温层

为减少塔的热损失,用高绝热、小密度的保温材料如玻璃棉、保温砖等对塔体进行保温,外面用铁皮包扎作为保护层。

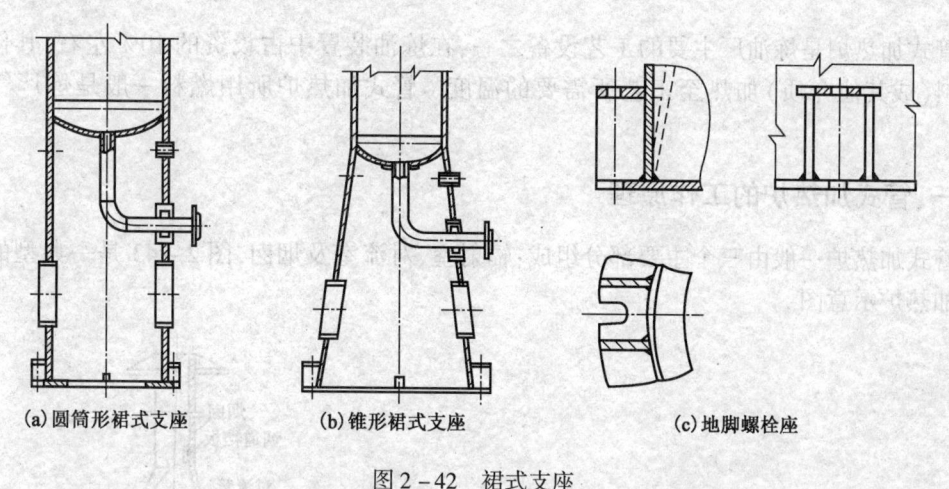

视频2-9 支座

(a)圆筒形裙式支座　　(b)锥形裙式支座　　(c)地脚螺栓座

图2-42 裙式支座

思 考 题

1. 蒸馏塔的作用是什么?
2. 塔按用途分有几类?按结构分有几类?
3. 简述塔板的工作原理。
4. 塔板由哪几部分组成?各有什么用途?
5. 你所见到的塔板形式有哪几种?各有什么优缺点?
6. 塔板是如何固定的?
7. 单、双溢流塔板各适用于什么场合?
8. 填料塔有何优缺点?适宜的应用场合是什么?
9. 填料主要有哪几种?各有何特点?
10. 填料塔为什么要有液体分布装置,它主要有哪几种结构型式?
11. 为什么要设置液体再分布装置?
12. 破沫网有什么作用?一般应设置在什么位置?
13. 减压塔直径为什么上下不同?
14. 为什么要保证塔底距地面有一定的高度?

15. 常、减压塔进料口的结构有何不同？
16. 塔的内部构件主要有哪些？
17. 塔设备的支座形式有哪几种？各用于什么场合？
18. 塔底出料管的支撑结构有何特点？
19. 观察常压塔和减压塔的基础高度，哪一个高度更大？为什么这样设计？

第二节 管式加热炉

管式加热炉是炼油厂主要的工艺设备之一，在炼油装置中占投资的10%左右，其作用是将油料(或其他介质)加热至工艺所需要的温度。管式加热炉所用燃料一般是炼厂气或燃料油。

一、管式加热炉的工作原理

管式加热炉一般由三个主要部分组成：辐射室、对流室及烟囱，图2-43是一典型的圆筒管式加热炉示意图。

视频2-10 管式加热炉炉内燃烧工况

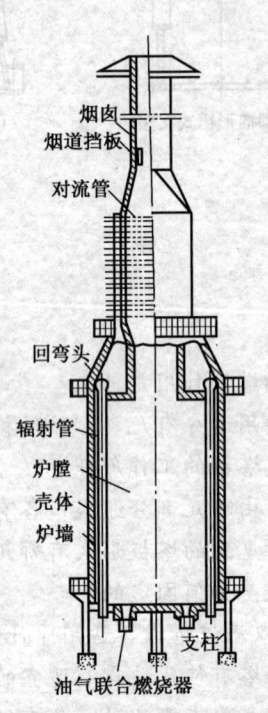

图2-43 圆筒管式加热炉的主要构成

炉底油气联合燃烧器(即火嘴)喷出的火焰温度高达1000~1500℃，主要以辐射传热的方式，将大部分热量传给辐射室(即炉膛)、炉管(即辐射管)内流动的油品。烟气沿着辐射室上升到对流室，温度降至700~900℃，并以对流传热的方式继续将部分热量传给对流室炉管内流动着的油品，烟气温度不断降低，最后降至200~450℃经烟囱排入大气。油品则先进入对流管再进入辐射管，不断吸收高温烟气传给的热量，逐步升高到所需要的温度。

辐射室是加热炉的核心部分,从火嘴喷出的燃料(油或气)在炉膛内燃烧,需要一定的空间才能燃烧完全,同时还要保证火焰不直接扑到炉管上,以防将炉管烧坏,所以辐射室的体积较大。由于火焰温度很高(最高处可达 1500~1800℃),又不允许冲刷炉管,所以热量主要以辐射方式传送。在对流室内,烟气冲刷炉管,将热量传给管内油品,这种传热方式称为对流传热。烟气冲刷炉管的速度越快,传热的能力越大,所以对流室窄而高,排满炉管,且间距要尽量小。有时为了增加对流管的受热表面积,以提高传热效率,还常采用钉头管和翅片管。在对流室还可以加几排蒸汽管,以充分利用烟气余热,产生过热蒸汽供生产上使用。

烟气离开对流室时还含有不少热量,有时可用空气预热器进行部分热量回收,使烟气温度降到 200℃ 左右,再经烟囱排出,但这需要用鼓风机或引风机强制通风。有时则利用烟囱的抽力直接将烟气排入大气。由于抽力受烟气温度、大气温度变化的影响,要在烟道内加挡板进行控制,以保证炉膛内最合适的负压,一般要求负压为 2~3mm 水柱,这样既能控制辐射室的进风量,又能使火焰不由火门外扑,确保操作安全。

管式加热炉的工艺指标主要有加热炉热负荷、炉管表面热强度、过剩空气系数及全炉热效率等。

加热炉热负荷是指每 1h 传给油品的总热量(kcal/h),表明加热炉能力的大小。国内炼油厂所用的管式加热炉最大热负荷在 4200×10^4 kcal/h 左右。

炉管表面热强度是指每平方米炉管单位表面积每小时内所吸收的热量 $[kcal/(m^2 \cdot h)]$。炉管表面热强度越高,在一定热负荷下所用的炉管就越少,炉子尺寸可减小,投资就能降低,所以要尽可能地提高炉管表面热强度。但炉管表面热强度不能无限制地提高,需要根据不同油品的性质和全炉平均热强度控制合适的炉管表面热强度。

实际供给燃料燃烧的空气与理论空气量的比值叫作过剩空气系数。比如 1kg 燃料从理论上计算需要 14.3kg 空气正好完全燃烧,而实际供给的空气量是 17.2kg,则过剩空气系数就是 17.2/14.3 = 1.2。在保证燃烧完全的前提下,使炉子在低而稳定的过剩空气系数下操作是有利的。过剩空气系数过小会造成燃烧不完全而浪费燃料;过剩空气系数过大,进入炉膛的空气量大,炉膛温度下降,影响传热效率,同时,也增加了烟气量。此外,烟气中的氧气较多,会使炉管表面氧化加剧,缩短炉管寿命。过剩空气系数通常取 1.2~1.5。

炉子热负荷与燃料发出的总热量之比称为全炉热效率。管式加热炉热效率一般为 75% 左右,目前先进的管式加热炉热效率为 80%~85%,最高可达 88%~92%。热效率高,表明相同的热负荷所耗的燃料量少。燃料燃烧放出的热量,除被油品吸收外,其余的热量均被烟气带走和炉体散热损失了。因此,必须充分回收烟气热量,减少烟气热量损失;必须提高炉体保温质量,减少炉壁散热损失。同时,改进燃烧状况,促使燃料完全燃烧。

二、管式加热炉的类型

炼油厂加热炉类型很多,按照管式加热炉的用途可分为纯加热炉和加热—反应炉,前者如常压炉、减压炉,原料在炉内只起到被加热的作用;后者如裂解炉、焦化炉,原料在炉内不仅被加热,同时还有足够的时间进行裂解和焦化反应。按照管式加热炉的结构又可分为立式炉、圆筒炉和无焰炉。

1. 立式炉

立式炉炉膛为长方形箱体,炉管可水平放置或垂直放置,图 2-44 为卧管立式炉,

图 2-45 为立管立式炉。卧管立式炉的辐射炉管沿炉壁横排,火焰垂直于炉管上烧,炉膛较窄,对流室置于辐射室之上,烟囱放在对流室顶部。这种炉的特点是炉管沿长度方向受热均匀,因其辐射室高度低,故各辐射管间的受热也比较均匀。对流管较长对提高热效率有利,其缺点是为避免炉管发生过大的弯曲变形,要按一定间隔设置高合金炉管支架。立管立式炉的结构同卧管立式炉很相似,只是炉管改为立式,其主要优点是减少了炉管支架,便于布置多管程,缺点是炉管沿管长受热不均匀,清扫困难。

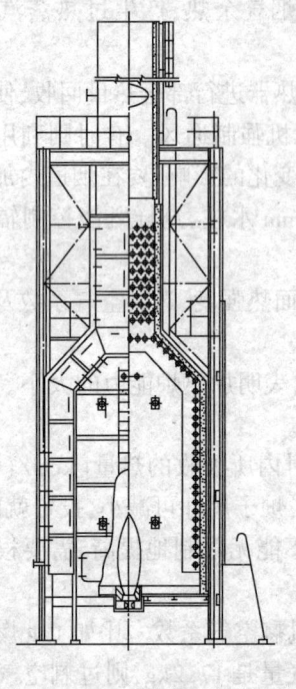

图 2-44 卧管立式炉　　　　图 2-45 立管立式炉

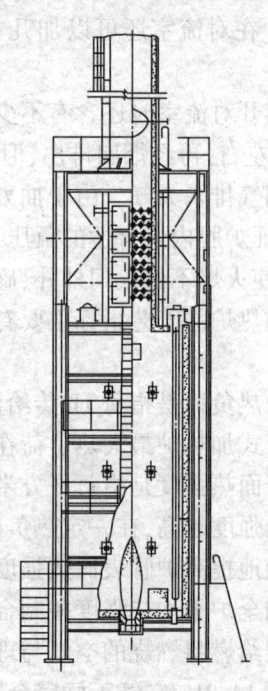

在热负荷较低时,立式炉投资高于圆筒炉。一般在热负荷较大时选用立式炉。

2. 圆筒炉

圆筒炉炉膛为直立圆筒形(图 2-46),辐射管在炉膛周围垂直地排列一周,方形对流室在圆筒体上部,对流管分水平与直立两种设置。圆筒炉的特点是结构紧凑,造价较低。炉管立式排列时,沿管长方向受热不均匀,距炉底 1~5m 处的管子表面热强度最高。因圆筒炉的热效率偏低,加热炉热负荷的提高受到限制,故圆筒炉通常用作中、小型加热炉。当加热炉热负荷大于 2500×10^4 kcal/h,宜选用立管立式炉。

3. 无焰炉

无焰炉结构如图 2-47 所示。无焰炉外形和立式炉相似,主要特点是将无焰喷嘴沿炉膛侧墙均匀分布。由于无焰燃烧,炉膛体积可缩小,传热较均匀,辐射管热强度高[可达 50000~60000 kcal/(m^2·h)],传热较均匀。无焰炉燃料燃烧完全,过剩空气系数小,热效率较高。目前无焰燃烧喷嘴只能烧气体燃料,炉墙结构较复杂,造价较高,国内主要用作焦化炉、高温制氢的转化炉及裂解炉等。

图 2-46 圆筒炉

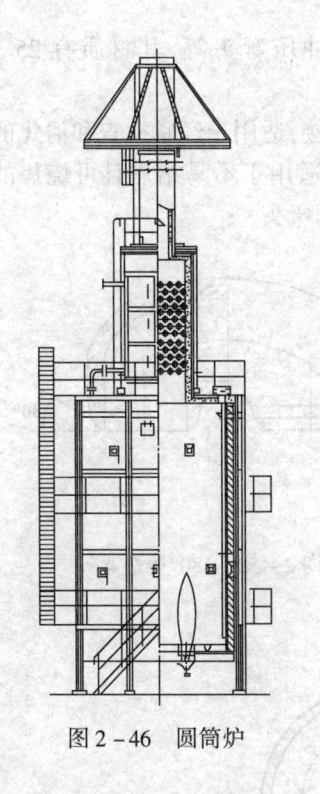

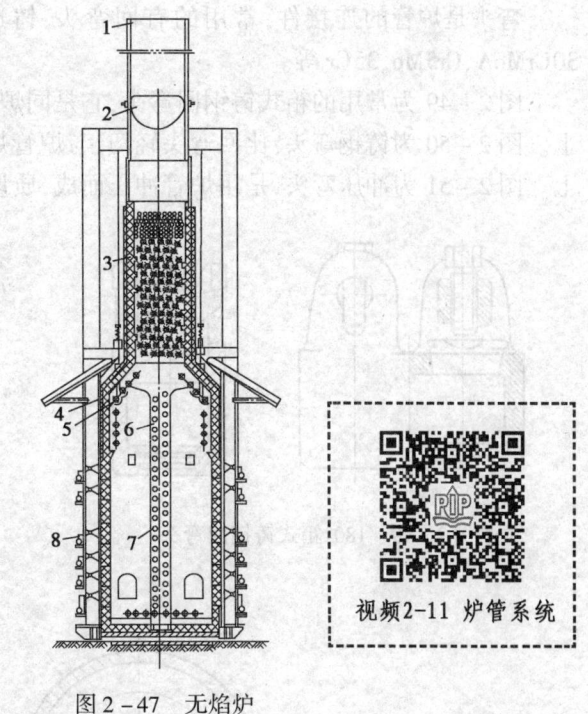

图 2-47 无焰炉
1—烟囱;2—烟道挡板;3—对流室;4—炉墙;
5—吊架;6—花板;7—辐射管;8—无焰喷嘴

视频2-11 炉管系统

三、管式加热炉的主要零配件

1. 炉管系统

炉管系统包括炉管、管架和弯头。其中炉管担负着加热炉的传热作用,管架和弯头是支撑和连接炉管的部件。

炉管长期在高温和有氧化的条件下工作会有明显的蠕变现象,在局部过热处甚至会破裂,所以炉管材料的选择要恰当。一般碳钢炉管只能用于低硫原油加热炉。若要耐高硫原油的腐蚀,常用Cr5Mo炉管。对温度高又含硫的高压加氢装置,则采用奥氏1Cr18Ni9Ti钢管。对壁温高达850~1050℃制氢转化炉和裂解炉而言,需要采用Cr25Ni20或HK40铸钢管。

在对流室内,为了提高管外烟气对炉管的传热效率,常采用翅片管和钉头管,如图2-48所示。翅片管是将L形齿形翅片缠绕在管外表面,焊接固定。钉头管是把 $\phi 9 \sim 12mm$ 的钉头交错排列在管子外壁,焊接连接。

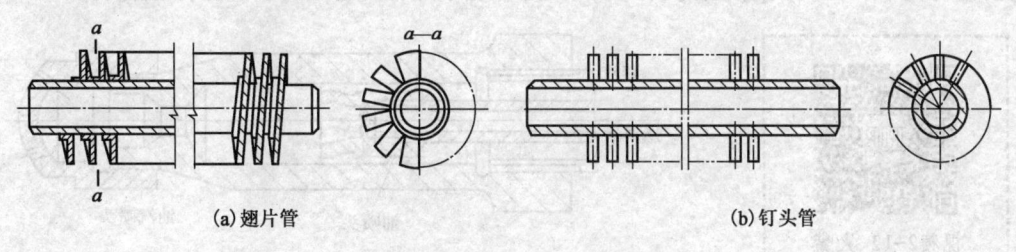

(a) 翅片管　　(b) 钉头管

图 2-48 翅片管和钉头管

弯头是炉管的连接件,常用的有回弯头、铸造弯头和冲压弯头等,其材质有 25 号钢、30CrMoA、Cr5Mo、35Cr 等。

图 2-49 为常用的箱式铸钢回弯头,它是同炉管胀接连接,适用于经常检查和清焦的炉管上。图 2-50 为铸钢弯头,比回弯头轻巧,与炉管焊接连接,适用于不易结焦且可烧焦的炉子上。图 2-51 为冲压弯头,是用炉管冲压而成,质量优于铸钢弯头。

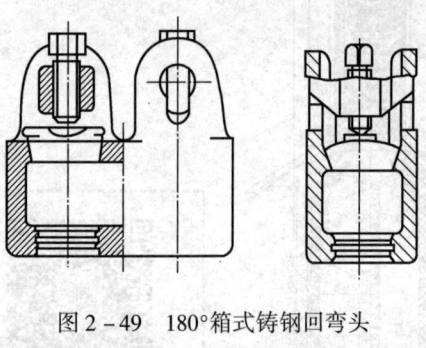

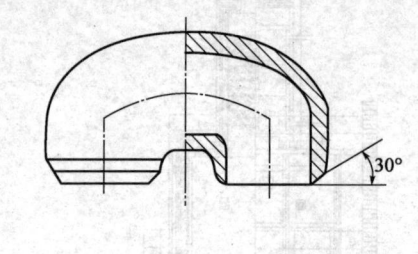

图 2-49　180°箱式铸钢回弯头

图 2-50　180°铸造弯头

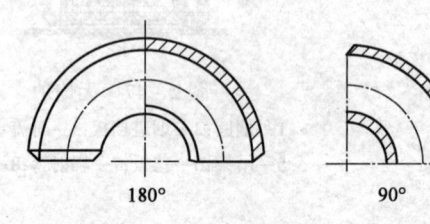

图 2-51　冲压弯头

2. 火嘴

火嘴是液体燃料和气体燃料燃烧器的俗称,是燃烧系统中的重要部件。火嘴的燃烧质量直接影响加热炉的生产能力和炉管寿命。按其燃烧特点可分为火炬燃烧和无焰燃烧。

所谓火炬燃烧,即燃烧过程有明显的可见火焰。燃料为燃料油和炼厂气。图 2-52 为内混式燃油高压火嘴的喷枪,一定压力的过热蒸汽以很高的速度喷出使燃料油雾化成油气,然后从喷枪喷出燃烧。燃料一般为渣油,因其蒸汽与燃料是在内部混合,故称内混式高压火嘴。图 2-53 是用于圆筒炉和立式炉上的油气联合火嘴,可以同时烧油和瓦斯气,也可以单独烧油或烧瓦斯。对燃油内混式高压火嘴,蒸汽与燃料油经喷头小孔喷出,通过调节一、二级调风器的开度,便可调节和控制火焰形状及长度。一次风大时火焰较短,二次风大时火焰较长。

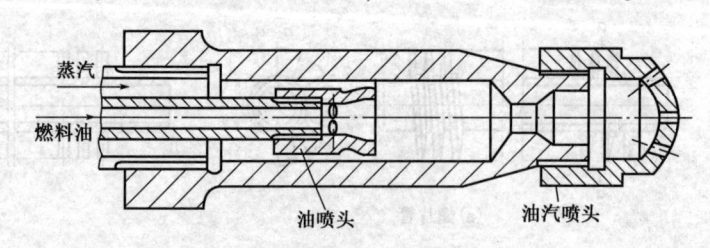

视频 2-12　火嘴

图 2-52　内混式燃油高压火嘴的喷枪

所谓无焰燃烧,严格地说是短焰燃烧。它采用无焰燃烧器和气体燃料。图2-54为一种无焰燃烧器,燃料气(瓦斯)高速(300~400m/s)通过喷嘴,空气由风门带入,在混合管中混合,通过分布室分布到燃烧孔道中去,以极高的速度在孔道中完成全部燃烧过程,因此见不到火焰。孔道温度很高,把炉墙烧至高温,形成一面温度较均匀的辐射墙,由炉墙把热量传给炉管。

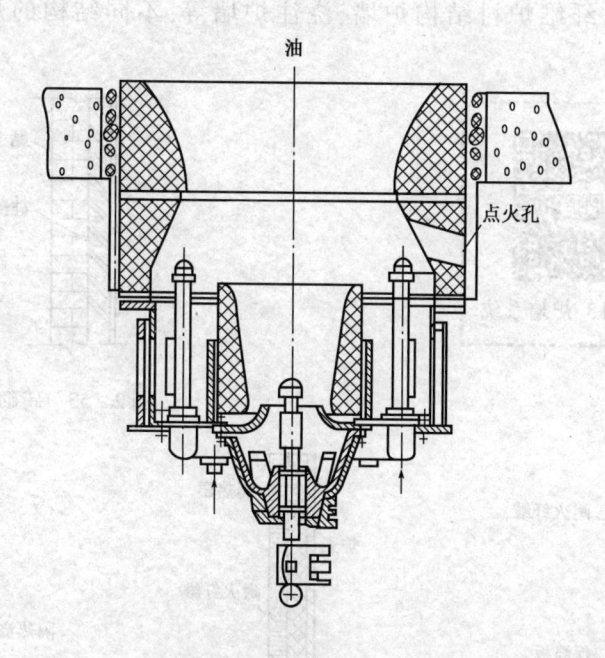

图2-53 油气联合火嘴

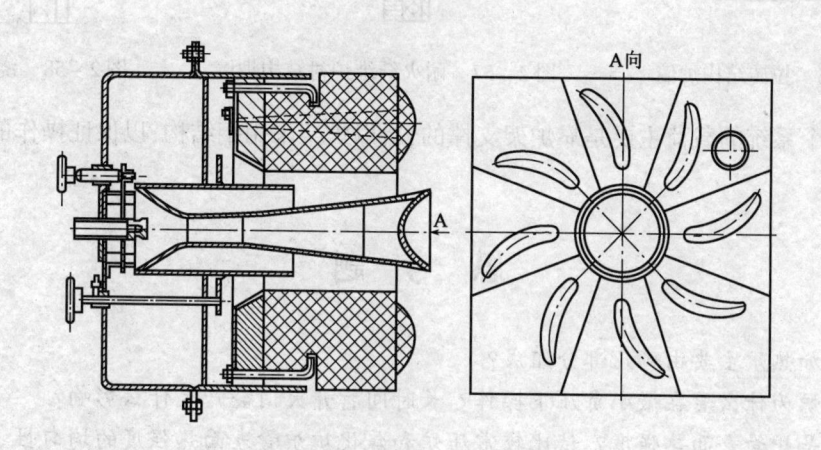

图2-54 梅花形无焰火嘴

火嘴的形式种类繁多,以上仅介绍了炼油厂常用的三种火嘴。

3. 炉墙系统

加热炉炉壁是由外部的保护层、中间的保温层和内部的耐火层三部分所组成。保护层用钢板制造。保温层用保温砖和红砖砌成。耐火层用轻质绝热材料做的耐火砖砌成。按照炉墙砌筑方法可分为承重式炉墙和挂砖式炉墙。前者与普通建筑墙壁相似,自身承受全部重量,如

· 47 ·

有的圆筒炉就采用承重式炉墙。后者是将耐火砖砌在挂砖架上，炉墙重量由挂砖的钢架承受，如立式炉常采用挂砖式炉墙。无焰炉的辐射墙可全部由无焰燃烧器组成，或由间隔排列的无焰燃烧器与挂砖墙组成，无焰燃烧器与砖墙之间放有绝热材料。

炉壳内的部分通常叫作炉衬，包括内层耐高温层和外层保温层，主要作用是隔热、保温、反射热量、降低能耗，对加热炉的运行有十分重要的作用。炉衬结构有砌砖结构炉墙、拉砖结构炉墙、耐火纤维炉衬结构炉墙、浇注炉墙等，不同结构的炉墙见图2-55~图2-58。

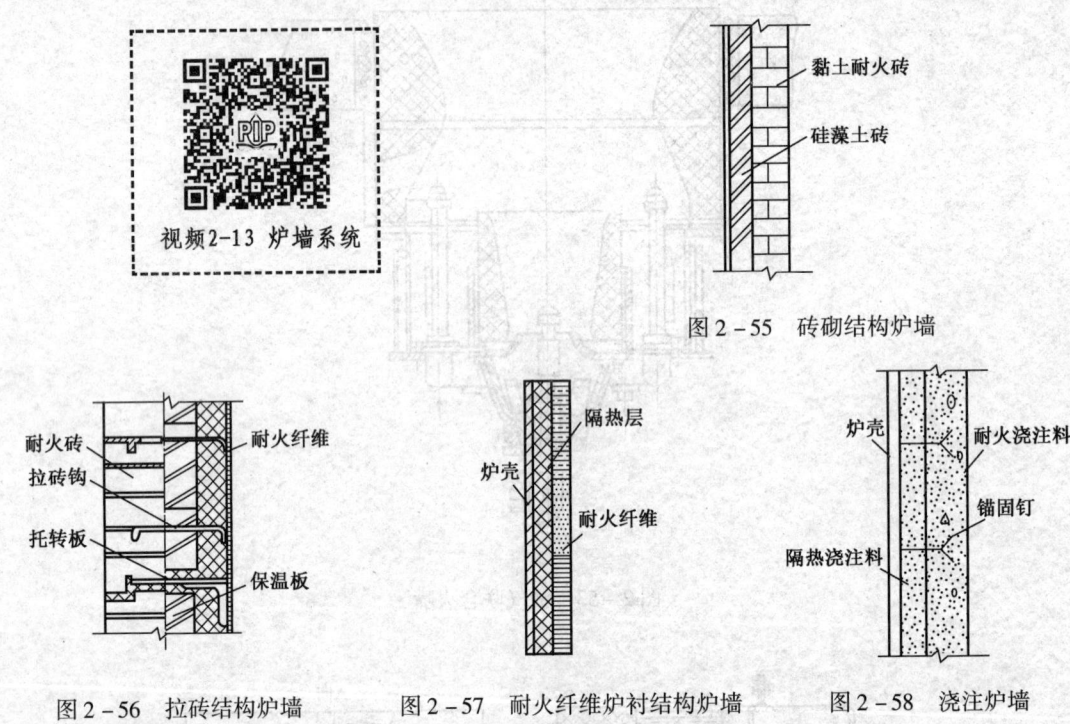

视频2-13 炉墙系统

图2-55 砖砌结构炉墙

图2-56 拉砖结构炉墙　　图2-57 耐火纤维炉衬结构炉墙　　图2-58 浇注炉墙

炉子各个系统的载荷主要是靠炉架支撑的，所以炉架采用钢结构，以保证操作的安全可靠和经久耐用。

思 考 题

1. 管式加热炉主要由哪几部分组成？
2. 加热炉为什么要在微小负压下操作？长时间打开火门会产生什么影响？
3. 什么是炉管表面热强度？试比较常压炉和焦化炉炉管表面热强度的均匀性。
4. 什么是加热炉的热负荷？什么是加热炉的热效率？
5. 常压炉辐射室炉管内油品的温度约是多少？炉管材料是什么？
6. 炉管材料Cr25Ni35中的符号和数字的含义是什么？该材料的最高使用温度是多少？
7. 炉管内结焦有什么危害？采用哪些方法可以除去结焦层？
8. 加热炉人孔设在什么位置？防爆门设在什么位置？
9. 什么是空气过剩系数？

第三节 换 热 器

在石油炼制和石油化工装置中，换热设备不仅是广泛应用的工艺设备，也是重要的节能设备之一。据统计，换热器约占装置工艺设备总重量的40%、投资的20%左右（不包括空气冷却器）。换热设备的检修工作量约占检修总工作量的60%~70%。

根据石油化工工艺要求和节能的需要，需将相应工艺介质加热或冷却到相应的温度。将一温度较高的热流体的热量传给另一温度较低的冷流体的设备叫换热设备。两种温度不同的流体通过热量的交换，使一种流体降温而另一种流体升温，以满足各自的需要，例如在原油常减压蒸馏装置中，冷的原油经一系列换热器，依次从热的成品油（塔的侧线产品）及塔底渣油中获得热量而升高温度送入加热炉，而热的成品油及渣油被冷却后送入储罐或作为后续装置的原料，这样就能充分回收热量。

一、换热器的工作原理

热量从高温物体传送给低温物体称为传热。传热的方式有三种：传导、对流和辐射。石化企业所用的换热器大多是间接式换热器，主要以传导和对流两种方式进行换热，如图2-59所示。热流体（温度t_1）先以对流换热方式将热量$Q(kJ/h)$传给管（板）壁的一侧（温度为t_2），再以热传导方式将热量传递管（板）壁的另一侧（温度由t_2变成t_3），最后管（板）壁另一侧又以对流换热方式把热量传给了冷流体（温度为t_4）。

二、换热器的分类

换热器的分类多种多样，可依据换热器所用的材料种类、传热方式、功能和结构等来进行分类。

1. 按材料种类分类

按材料种类可把换热器分为金属材料换热器和非金属材料换热器。石化行业中90%以上的换热器为金属材料换热器。这类换热器还可以细分为碳素钢换热器、低合金钢换热器、不锈钢换热器和有色金属换热器（如铜、钛等）等。

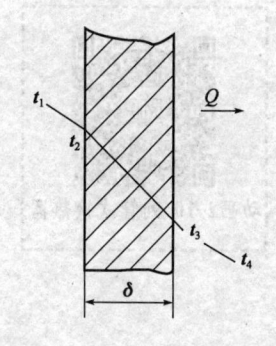

图2-59 经过器壁的传热

非金属材料（如石墨、聚四氟乙烯、玻璃钢、陶瓷等）换热器多用于一些特殊场合，如强腐蚀介质等。

2. 按传热方式分类

按传热方式可把换热器分为混合式换热器、间接式换热器和蓄热式换热器。

（1）混合式换热器，有时也称作直接接触式换热器。它是将冷热两种流体通过直接接触进行热量交换而实现传热的，如常见的凉水塔、洗涤塔、气液混合式冷凝器等。在凉水塔中，热水和空气直接接触，进行热量交换，空气把水中的热量带走使水温降低。在混合式冷凝器中，蒸气和水直接接触，蒸气被水冷凝成液体，水被蒸气加热而升温。

（2）间接式换热器，有时也称作表面式换热器。所谓间接式换热器，就是冷热两种流体被一固体壁隔开,不能直接接触,热量的传递是通过固体壁进行的。这种换热器在石化行业应用最为广泛,如管壳式换热器、套管式换热器、板式换热器、水浸式冷凝冷却器等。

(3)蓄热式换热器一般设有由耐火砖构成的蓄热室。在传热过程中,冷热两种流体交替通过蓄热室。当热流体通过时,蓄热体吸收了热流体的热量而升温,热流体放出热量而降温;然后再让冷流体通过蓄热体,蓄热体把热量释放给冷流体而降温,冷流体吸收热量而升温。如此反复进行,以达到换热的目的。蓄热式换热器多用于冶金工业中的炼钢等场合,在合成氨厂的造气过程中也有应用。

3. 按功能分类

石化装置的换热器按用途可分为加热器、冷却器、冷凝器和重沸器。用于加热物料的叫加热器;用水等冷却剂来冷却物料的叫冷却器,如分馏塔馏出线冷却器等;热的流体为气态,经过换热后被冷凝为液态的称为冷凝器,如分馏塔塔顶汽油冷凝器等;一种液体被加热蒸发成为气态的叫重沸器(再沸器)或汽化器。

三、管壳式换热器

1. 管壳式换热器的类型

管壳式换热器也叫管束式换热器或列管式换热器,具有悠久的发展历史,至今在石油炼制、石油化工和能源工业中的应用仍最为广泛。管壳式换热器由胀接(或焊接)在管板上的管束装于圆筒形外壳内组成,如图2-60所示。冷热两种流体在换热器内通过管束的管壁进行热量交换。这种换热器具有结构牢固、易于制造、生产成本较低、适应性强、处理量大等优点,特别在高温、高压和大型换热器中占有绝对优势。

动画2-10 列管式换热器

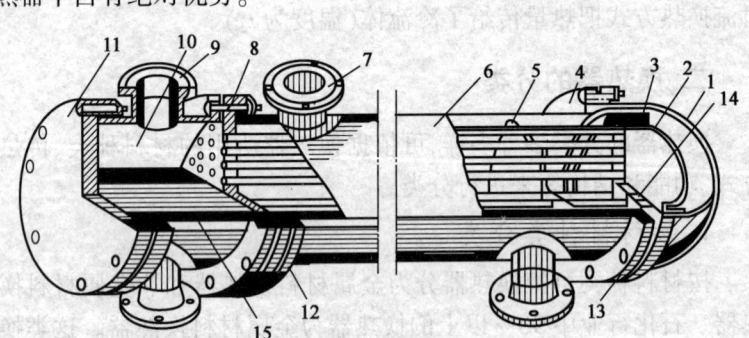

图2-60 浮头式管壳换热器

1—头盖;2—浮头;3—浮头压圈;4—法兰;5—折流板;6—壳体;7—壳程进出口接管;
8—固定端管板;9—管程进出口接管;10—管箱;11—管箱盖;12、13—法兰;
14—浮动端管板;15—隔板

管壳式换热器按其结构特点又可分成以下五类:

1) 固定管板换热器

固定管板换热器[图2-61(a)和(b)]的两端管板用焊接的方法固定在壳体上,换热管则采用胀接、焊接等方法与管板联接。由于壳程侧不能采用机械法进行清洗,故一般将较脏的或有腐蚀性的介质安排走管程侧。

在管壳式换热器中,固定管板换热器的结构相对简单、造价较低,在化学工业和轻工业部门有着广泛的应用。但是,当壳程侧与管程侧两种介质的温差较大(其对数平均温差在50℃

以上)时,或者虽温差不大,但若因壳体和换热管材料热膨胀系数差别较大,而使其热膨胀差的绝对值较大时,则应考虑在壳体上加设膨胀节,就可补偿部分热膨胀量,以减少由于管程、壳程温差引起的热应力。

(a)固定管板换热器

(b)带膨胀节的固定管板换热器

(c)浮头管板换热器

(d)填料函式换热器

(e)U形管式换热器

动画2-11 带膨胀补偿的换热器

动画2-12 浮头管板换热器

动画2-13 U形管式换热器

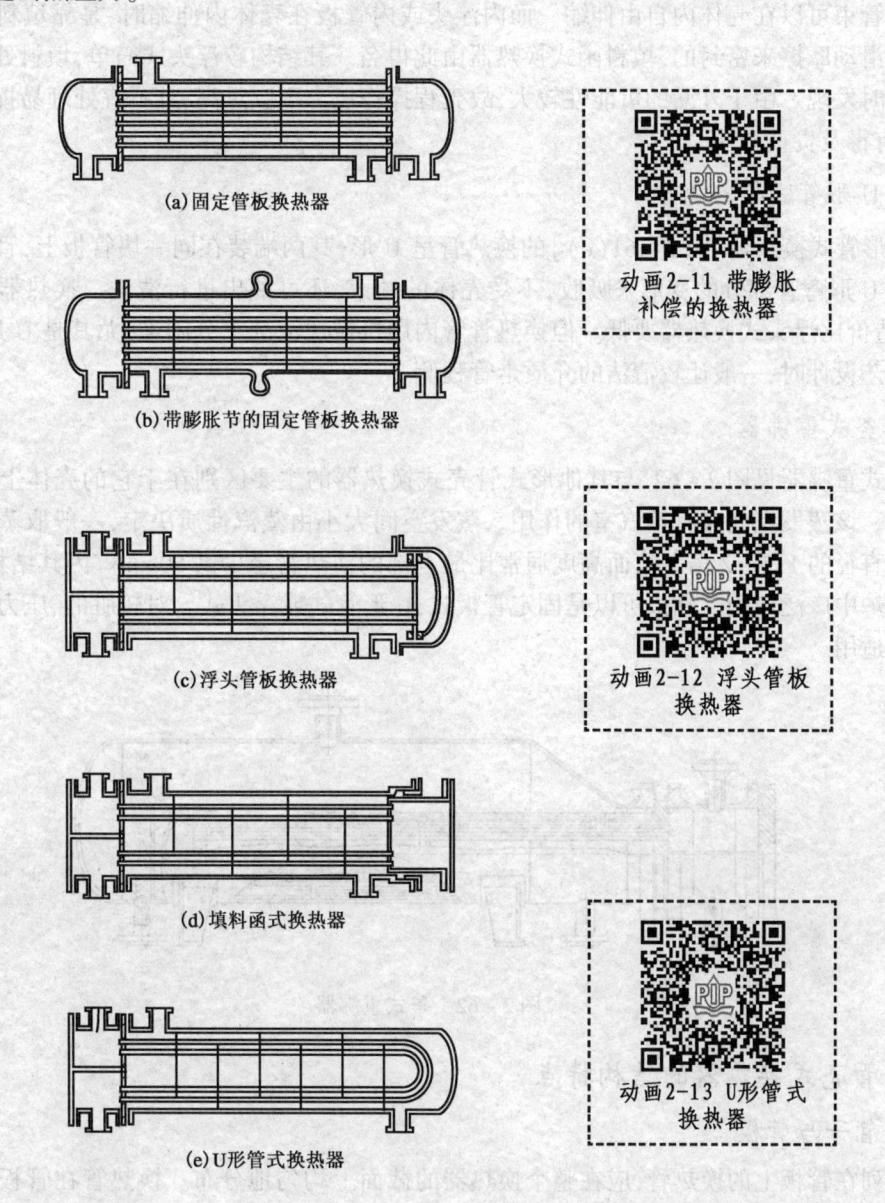

图2-61 不同管壳式换热器结构图

2)浮头管板换热器

浮头管板换热器[图2-61(c)]也称作浮头式换热器。其突出特点是当换热器壳体与换热管之间存在温差而热膨胀量不同时,管束可以在壳体内沿壳体轴线自由伸缩移动。其次,由于不需要在壳体上设置膨胀节,它承受的压力比带膨胀节的固定管板换热器高,故能在壳体与换热管之间有较高温差和较高压力下工作。同时,由于管束可以抽出壳体之外,故便于进行机械清洗。因此,浮头式换热器也适用于管程、壳程介质较脏,即管程、壳程都需要进行机械清洗的场合。

3) 填料函式换热器

填料函式换热器[图 2-61(d)]一般为单壳程,但为强化壳程的传热性能有时也采用双壳程。管束可以在壳体内自由伸缩。而内浮头或内管板在壳体内伸缩时,是靠填料函与周边壳体的滑动摩擦来密封的,填料函式换热器由此得名。其结构较浮头式简单,填料处如有泄漏能被及时发现。由于外漏的可能性较大,故壳程操作压力不宜过高,且不宜处理易挥发、易燃、易爆、有毒及贵重介质。

4) U 形管式换热器

U 形管式换热器[图 2-61(e)]的换热管呈 U 形,其两端装在同一块管板上,管束的热膨胀均由 U 形弯管部分的变形来吸收,不受壳体的约束,还可抽出进行清洗。换热器结构较为简单,造价比浮头式换热器要低。但换热管管内用机械法清洗十分困难,尤其是 U 形弯管区。故在工艺设计时,一般让较清洁的介质走管程侧。

5) 釜式重沸器

釜式重沸器见图 2-62,与其他形式管壳式换热器的主要区别在于它的壳体上部设有蒸发空间。该蒸发空间兼有蒸汽室的作用。蒸发空间大小由蒸汽性质决定,一般取蒸汽室直径为管箱直径的 1.5~2 倍。液面高度通常比最上部的换热管至少高 50mm。因其结构简单,在余热锅炉中广泛使用。管束可以是固定管板式、U 形管式或浮头式。对较脏的、压力较高的介质均能适用。

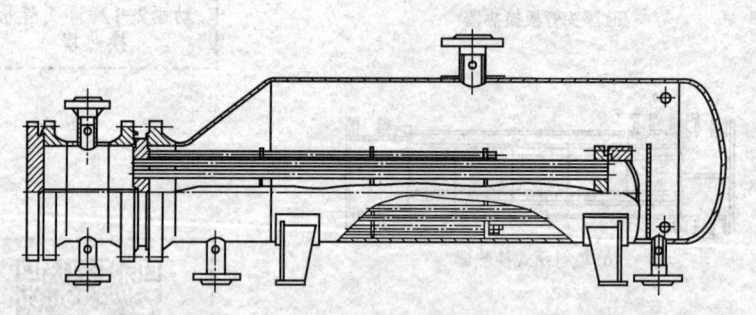

图 2-62 釜式重沸器

2. 管壳式换热器的结构特点

1) 管子与管板

排列在管板上的换热管,应在整个换热器的截面上均匀地分布。换热管在管板上的排列方式通常有正三角形(等边三角形)、旋转正三角形、正方形、正方形旋转 45°等几种,如图 2-63 所示。其中正三角形排列和正方形排列应用最多。

换热管在管板上的排列,除应考虑流体的性质外,还应考虑排列紧凑、制造和清洗方便等因素。当壳程流体是较清洁介质时,可采用等边三角形排列。等边三角形排列法应用很普遍,因管间距相等,故在同一管板面积上配置的管子数最多。但管间无法进行机械清洗。当壳程流体特别混浊,管外需要进行机械法清洗时,一般采用正方形排列。这样管束在任意横截面上都有纵横两条直通通道,确保了管外侧清理通道的畅通。但正方形排列法在单位管板面积上配置的管子数却最少,故管板的利用率最低。

(a) 三角形排列

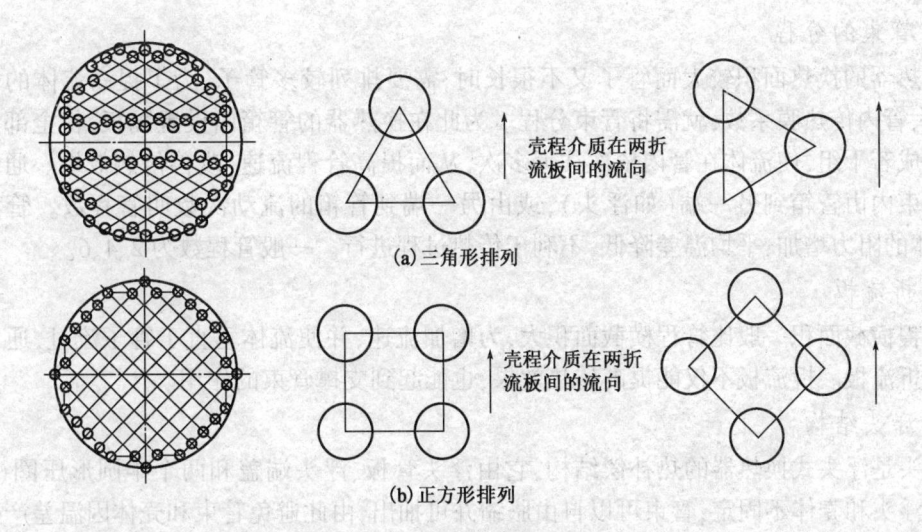

(b) 正方形排列

图 2-63 换热管的布置方式

管子与管板的连接形式有三种：胀接、焊接和胀焊联合连接。胀接法工艺较简单，管子更换和修补方便，但严密性较差，适用于管程、壳程压差不大的场合。当对管子与管板连接紧密性有严格要求时，可采用焊接连接。由于焊接工艺简单，在换热器制造中所占比重日益增加。焊接连接的缺点是产生焊接应力，且管板孔与管子存在间隙，易引起应力腐蚀等。因此，对高温高压换热器可采用胀焊联合方法。该连接方法不仅能提高连接强度，还可避免应力腐蚀和间隙腐蚀，提高使用寿命，这种方法已获得广泛应用。

2）管板与壳体

管板与壳体的连接与换热器的形式有关，分可拆和不可拆两大类。固定管板换热器的管板兼做法兰，与壳体间采用不可拆的焊接连接，如图 2-64(a) 所示，也可不兼做法兰，如图 2-64(b)、(c)；而浮头管板换热器、填料函式换热器和 U 形管式换热器的固定端管板被夹持在壳体法兰和管箱法兰之间，可拆连接，见图 2-64(d)、(e)、(f)。因此，管束可以抽出进行清洗和检修。各结构的密封形式可根据使用压力、温度、介质特性、气密性要求等条件决定。

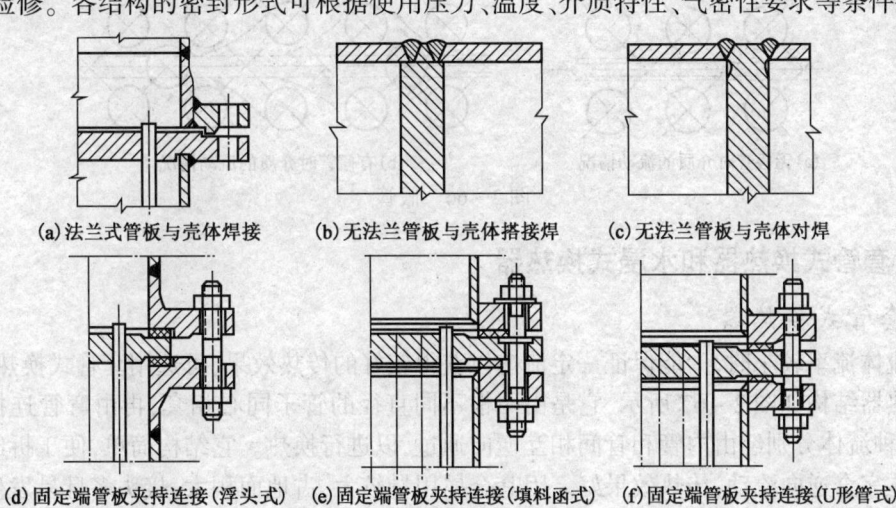

(a) 法兰式管板与壳体焊接　(b) 无法兰管板与壳体搭接焊　(c) 无法兰管板与壳体对焊

(d) 固定端管板夹持连接(浮头式)　(e) 固定端管板夹持连接(填料函式)　(f) 固定端管板夹持连接(U形管式)

图 2-64 管板与壳体的连接结构

3) 管束的分程

换热器的换热面积较大而管子又不很长时,需要排列较多管子,为了提高流体的管内流速,增大管内传热膜系数,就需将管束分程。为此在换热器的管箱内设置隔板,将全部管子平均分隔成若干组,使流体在管内依次往返多次,从而提高管程流速,改善传热效果。通常把流体在管束内由管箱到另一端(如浮头),或由另一端到管箱的流动次数叫管程数。管程数太多,流体的阻力增加,平均温差降低,不利于传热过程进行。一般管程数为2、4、6。

4) 折流板

壳程横截面积一般比管程横截面积大,为增加流速,并使流体垂直于管子流过,通常在壳程设置折流板。折流板不仅能提高传热效果,也能起到支撑管束的作用。

5) 浮头结构

浮头是浮头式换热器的热补偿结构,它由浮头管板、浮头端盖和两个半圆形压圈(钩圈)组成。浮头和壳体不固定,管束可以自由胀缩并可抽出,由此避免管束和壳体因温差产生的热应力。浮头处于壳程介质中,为保证管程和壳程两种介质隔离,就要求浮头处的密封结构工作可靠。不同的浮头结构见图2-65。

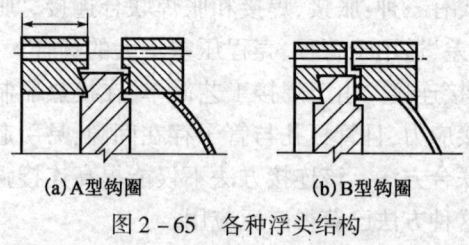

(a) A型钩圈　　(b) B型钩圈

图2-65　各种浮头结构

6) 假管

为减少流体沿隔板槽两侧管间短路,使壳程介质有效地换热,提高传热效率,在管束内设置假管,如图2-66所示。假管实际上是一种两头堵死的盲管,它不起换热作用,而是像旁路挡板一样强制介质流向换热管。假管位于两管板的隔板槽之间但不穿过管板,一般每隔4~6排管布置一根,也可安装定距管代替假管。

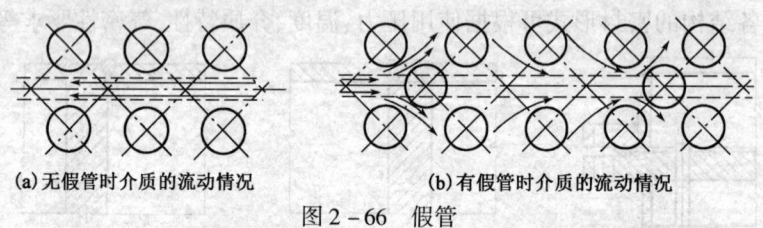

(a) 无假管时介质的流动情况　　(b) 有假管时介质的流动情况

图2-66　假管

四、套管式换热器和水浸式换热器

1. 套管式换热器

当流体流率较小时,为能保证一定流速以获得较好的传热效果,可选用套管式换热器。套管式换热器结构如图2-67所示,它是由两根不同直径的管子同心相套,再由弯管连接而成。冷、热两种流体分别经由内管和管间相互逆向通过,以进行换热。它结构简单,便于拆卸清洗;两种流体完全逆向流动,传热效果好。因其金属用量较大,占地面积大,接头多且易发生泄漏,故它多用于中小流量、热负荷不大、传热面积不大的情况;用于高黏度易凝固的重油和渣油的废热回收,且两种流体的温差应小于70℃,否则会因内外管热膨胀量不同而造成接头破裂。

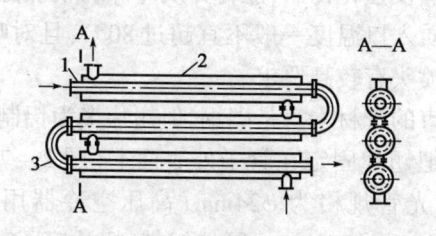

图 2-67 套管式换热器
1—内管；2—外管；3—回弯头

动画 2-14 套管式换热器

2. 水浸式换热器

水浸式换热器又称水浸式冷凝冷却器、水箱式冷却器，如图 2-68 所示。一般由矩形钢制水箱及浸在其中的蛇形冷却管组成。冷却液是在箱内流动的冷水。水浸式冷凝冷却器用作冷凝蒸汽或冷却产品，以便使其能装入产品储罐或进入下游装置。

水浸式冷凝冷却器的优点是结构简单，造价低，制造、安装、清洗和检修方便。即使出现短期停止供给冷却水的情况，该系统仍可正常工作一段时间。由于冷却管可使用壁厚、便宜的铸铁管，即使采用含盐冷却水时，也可保证管子有较长的使用寿命。缺点是单位传热面积的金属消耗量大，占用空间大，产品的冷凝及冷却热一般均不能回收。为了保护环境，需要时可在水箱上部加活动盖板。此外，由于水箱内冷却水流速较小，致使总的传热系数较低，一般不会超过 $175\sim 232W/(m^2 \cdot K)$。

五、空气冷却器

空气冷却器的结构如图 2-69 所示，管束可排为人字形，也可排为平板形。管束由翅片管组成。在管束下面用轴流式风机，强制空气吹过管束将管内流体冷凝冷却。风机也可装于管束上部，进行诱导式通风，空气自下而上流动。改变风机叶片角度就可调节风量，以控制管内流体的出口温度。由于用空气代替水作冷却剂，可节约大量用水，目前在炼油厂已被大量使用。但由于空气温度随大气温度而变化，故其最终冷却温度不会太低，有时还需在后面串联水冷却器。

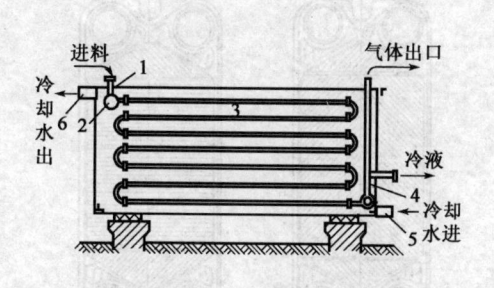

图 2-68 水浸式换热器
1—进料口；2—集合管；3—蛇管；4—出料口；
5—冷却水进口；6—冷却水出口

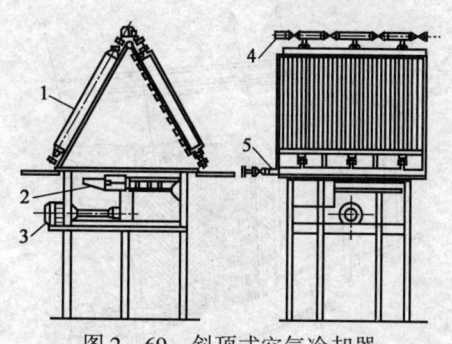

图 2-69 斜顶式空气冷却器
1—管束；2—风机；3—电动机；4—入口管；5—出口

近年来，采用湿式空气冷却器代替水后冷器，可节约水、降低操作费用。湿式空气冷却器（图 2-70）管束立置，介质水平流动，管束外侧安装喷水系统。夏季启动喷水系统，增湿降温，且水膜在翅片表面蒸发强化传热,能将介质冷却到较低温度。湿式空气冷却器介质入口温度一般不宜超过80℃,且对喷淋用水的水质和雾化喷头有较高要求。

空气冷却器管束的管材本身是碳钢,但翅片多为铝制,可用缠绕或镶嵌方法把翅片固定在管子外表面上(图2-71),也可用焊接方法。光管规格为 $\phi 24mm$(高压空冷器用)和 $\phi 25mm$ 两种,翅片为 $0.2 \sim 0.4mm$ 厚的铝带,翅片高 16mm。管束翅片管按三角形排列,管排数(沿风向排数)有4、6、8排三种。目前,已编有系列标准供空气冷却器选用。

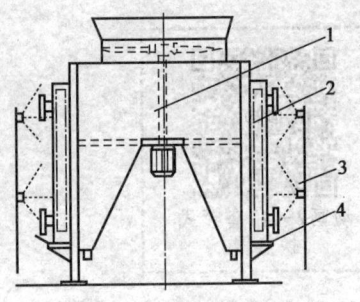

图2-70 湿式空气冷却器
1—风机;2—管束;3—喷水设施;
4—接水盘

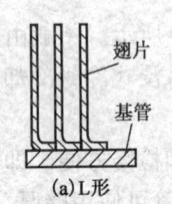

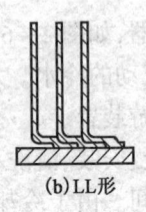

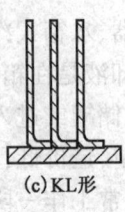

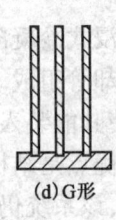

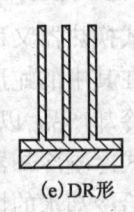

(a)L形　(b)LL形　(c)KL形　(d)G形　(e)DR形

图2-71 几种典型的翅片形式

六、板式换热器

板式换热器为紧凑、高效的换热设备之一,由薄金属板压制的板片组装而成,换热性能优异,获得广泛的推广应用。

1. 板式换热器的基本构造

板式换热器的基本构造如图2-72所示,主要由换热元件和框架组成。板片是传热元件,一般由 $0.6 \sim 0.8mm$ 的金属板压制出人字形、水平平直波形、网状及鱼鳞形波纹状流道(图2-73),波纹板片上贴有密封垫圈。板片按设计的数量和顺序安放在固定压紧板和活动压紧板之间,用压紧螺柱和螺母压紧,上、下导杆起定位和导向作用。固定压紧板、活动压紧板、导杆、螺柱、螺母、前支杆统称为板式换热器框架,众多的板片、垫片称为板束。板式换热器零部件品种少,但通用性极强,有利于批量生产及使用维修。

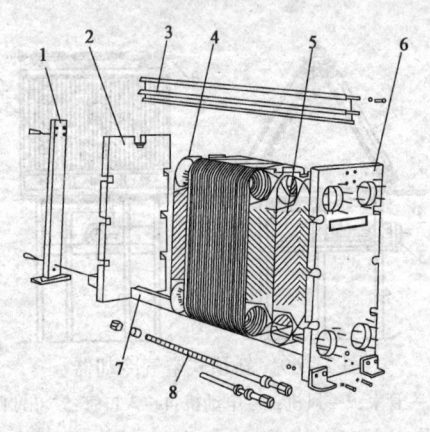

图2-72 板式换热器的构造
1—前支柱;2—活动压紧板;3—上导杆;4—垫片;
5—板片;6—固定压紧板;7—下导杆;
8—压紧螺柱、螺母

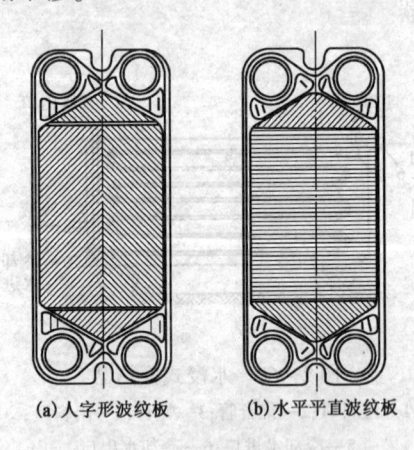

(a)人字形波纹板　(b)水平平直波纹板

图2-73 两种常见的板片示意图

根据工艺设计要求,可确定板束中的板片数量和排列方式,常用流程组合方式有串联流程(图2-74)、并联流程以及混合流程等。由于传热板片表面的特殊结构,介质即使在低流速下也能发生强烈湍动,从而大大强化传热。传热系数可达 5000~8000W/(m^2·℃)。

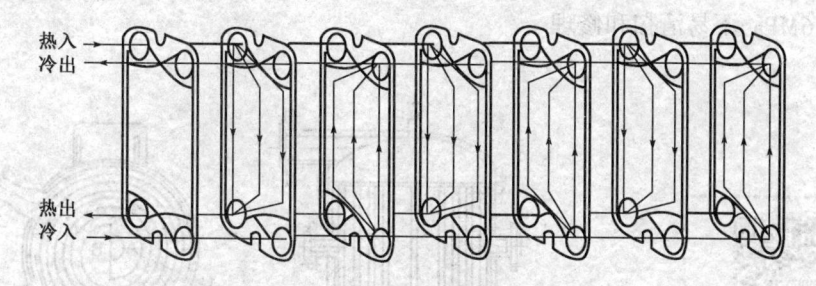

图 2-74 板式换热器介质串联流程示意图

2. 板式换热器的主要优点

(1) 总传热系数高,约为管壳式换热器的 3~5 倍。
(2) 占地面积小。同一工况下,板式换热器的占地面积约为管壳式换热器的五分之一。
(3) 多种介质换热。在板式换热器中,只要设置中间隔板,就可进行多种介质的换热。
(4) 对数平均温差大。冷、热流体在板式换热器的板间进行平行逆流换热,可使对数平均温差大于管壳式换热器。
(5) 末端温差小。末端温差是指一流体入口温度与另一流体出口温度之差。对水—水换热而言,板式换热器的末端温差可低至 1~2℃,而管壳式换热器却难以使流体末端温差降至 5℃以下。
(6) 使用方便。只要拆下压紧螺柱,即可取出板片或移开板束,不仅便于清洗、维修,且便于增加或减少板片(即增减换热面积),更改流程组合等。

3. 板式换热器的主要缺点

(1) 工作压力低。由于结构和密封原因,目前工作压力最高能达到 2.5MPa,故板式换热器在轻工、食品等行业应用较多,而在炼油厂使用较少。
(2) 工作温度低。板式换热器的工作温度决定于密封垫圈材料所能承受的温度。橡胶类垫圈的最高工作温度均不超过 200℃,石棉垫圈的最高工作温度为 250~260℃。
(3) 不适合含固体介质。因板间流道的平均间隙仅为 3~5mm,且流道曲折多变,当换热介质中含有较大颗粒或纤维时,流道极易堵塞。
(4) 介质流量小。因流道狭窄和角孔的限制,板式换热器难以实现大流量操作。目前,国内单台最大处理量只有 570m^3/h,最大传热板片尺寸为 2130mm×910mm。而国际上单台最大处理量可达 3600m^3/h。
(5) 制造困难。目前国内传热板片大都采用冲压法成型,所需的专门模具价格昂贵;垫片密封的承压能力和操作温度都受限制,焊接密封的承压能力和操作温度均较高,对焊接装备和焊接技术的要求均较高,故制造成本较高。

七、螺旋板式换热器

螺旋板式换热器是由两张平行的钢板在专门的卷板机上卷制成一对同心螺旋通道,再加上顶盖和接管制成,如图 2-75 所示。两种流体分别在两个螺旋通道内逆向流动,一种流体自中心螺旋流到周边,另一种流体由外圆周螺旋流动到中心。

这种换热器的传热效率高,可回收低温差热能。在螺旋通道中高速流动时,流体中的悬浮物不易沉淀,不易发生堵塞现象,且结构紧凑、制造简单、造价低廉。但它不耐高压,一般使用压力低于1.6MPa,不易清扫和修理。

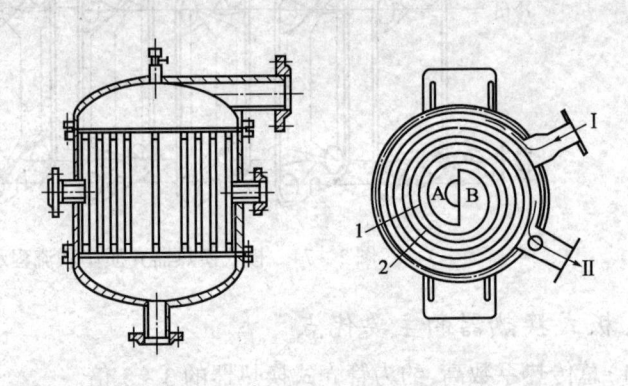

图 2-75 螺旋板式换热器
1、2—金属板;Ⅰ—冷流入口;Ⅱ—热流出口;A—冷流出口;B—热流入口

八、换热设备的强化传热途径

强化传热即指提高换热器传热速率 Q。从传热基本方程式 $Q = K \cdot A \cdot \Delta t_m$ 可以看出,增大传热系数 K、传热面积 A 和平均温度差 Δt_m 均可提高传热速率 Q。因此,在工业设计和生产实践中,主要从这三方面考虑强化措施,采用高效换热元件或高效换热器。

1. 增大传热系数 K

(1) K 值主要与两流体的流动情况、污垢层热阻及管壁热阻等有关。

(2) 增加流体流速或改变流动方向,可增加流体的湍流程度,减小边界层的厚度,可提高无相态变化流体的传热系数 K 值。例如增加管壳式换热器的管程数或壳程中的挡板数,均可使流体流速增大。此外,增加扰流元件,或将板式换热器的板片表面制出各种凸凹不平的沟槽,也可使流过沟槽的流体增大湍流程度。

(3) 减小污垢层热阻,可提高传热系数 K 值。污垢层虽薄,但热阻很大,若设法防止污垢的形成或者根据换热器的工作条件定期进行清洗,即可减小污垢层热阻,从而提高传热系数 K 值。另外,采用有相态变化的热载体,也可提高传热系数 K 值。

2. 增大传热面积 A

对于间接式换热器来说,增大设备或在既定的换热器上增加传热面积,都是不现实的。因此,就必须从改进传热面结构,设法提高单位容积内设备的传热面积来实现强化传热。采用各种异形管,如螺纹管、波纹管,或者采用翅片管换热器、板翅式换热器以及各种板式换热器等,都可以增大设备单位容积的传热面积,同时还能起到增加流体湍流程度的效果。

3. 增大平均温度差 Δt_m

Δt_m 是传热过程的推动力,Δt_m 越大,则传热速率 Q 越大。Δt_m 的大小,主要取决于加大冷、热介质的无相变温差。但两种流体的温度条件一般已为生产条件所决定,因此可能变动范围是有限的。在参加换热的两种流体均匀变温的情况下,采用逆流可得到较大的 Δt_m 值。

思 考 题

1. 换热器按用途可分为几类？按结构可分为几类？举例说明之。
2. 换热器换热的基本原理过程是什么？
3. 管壳式换热器主要有几种类型？各用于什么场合？为什么？
4. 管子在管板上的排列方式有哪两种？说明其特点及适用场合。
5. 折流板的作用是什么？
6. 管子与管板连接不紧密会发生什么不良后果？
7. 逆流换热好还是并流换热好？
8. 板式换热器和管壳式换热器各有什么优缺点？
9. 影响换热器换热效果的因素有哪些？需要采取哪些强化换热措施？
10. 螺旋板换热器的优缺点是什么？

第四节 反 应 设 备

一、提升管催化裂化反应—再生设备

提升管催化裂化是为适应分子筛催化剂的特点而发展起来的，其结构型式有多种，按沉降器和再生器相对位置和结构的不同，催化裂化装置可为并列式和同轴式两类。图 2-76 为高低并列式提升管催化裂化装置示意图，图 2-77 是同轴式提升管催化裂化装置示意图。在此主要介绍并列式提升管催化装置的结构特点。

1. 提升管反应系统结构特点

高低并列式提升管催化裂化装置的反应系统主要由沉降器壳体、提升管反应器、汽提段、集气室和旋风分离器等构成，如图 2-78 所示。油气和催化剂在提升管内流速高，反应时间短，并要求完成全部反应，所以提升管较长，一般有几十米，而沉降器只是提供了待生催化剂沉降和容纳旋风分离器的空间。

1) 沉降器壳体

沉降器壳体为圆筒形钢制焊接容器，壳体直径高度由工艺条件而定，一般直径在 5m 以上，高度为几十米。沉降器从上至下分为稀相段、密相段和汽提段三部分。壳体上部焊有半球形封头，稀相段和密相段、密相段和汽提段之间用过渡锥体连接，锥顶角为 60°。

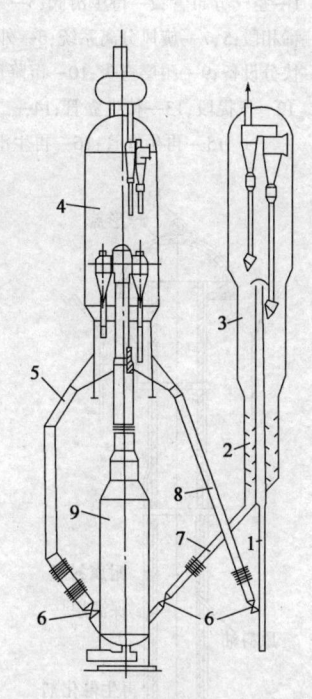

图 2-76 带烧焦罐的高低并列式催化裂化装置
1—提升管反应器；2—汽提段；3—沉降器；4—再生器；5—溢流管；6—单动滑阀；7—待生斜管；8—再生斜管；9—烧焦罐

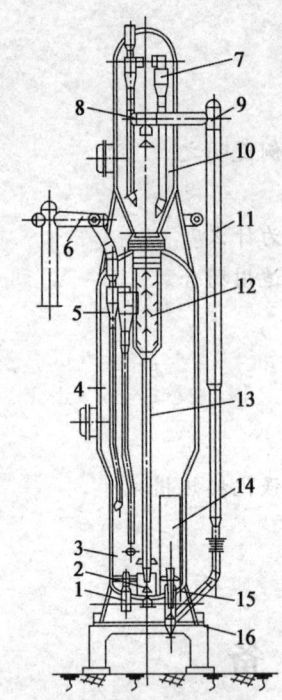

图 2-77 同轴式提升管催化裂装设置
1—空气分布管；2—待生滑阀；3——段密相床；
4—稀相段；5,7—旋风分离系统；6—外部烟气集合管；
8—快分设备；9—耐磨弯头；10—沉降器；11—提升管；
12—汽提段；13—待生立管；14—二段密相床；
15—再生立管；16—再生滑阀

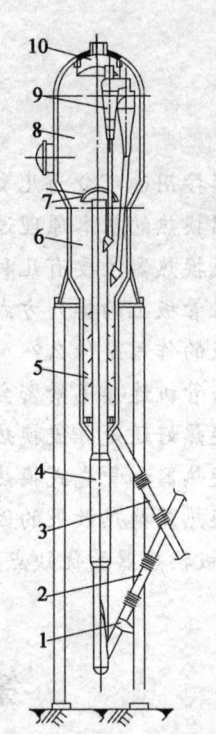

图 2-78 沉降器结构示意图
1—单动滑阀；2—再生斜管；3—待生斜管；4—提升管；
5—汽提段；6—沉降器密相段；7—快速分离器；
8—沉降器稀相段；9—旋风分离系统；
10—沉降器集气室

沉降器操作温度一般为 480～530℃，压力为 0.1～0.2MPa，为防止催化剂对壳体的磨损及降低壁温，在密相段、稀相段及球形封头内壁衬有 100mm 厚的隔热耐磨衬里，以保证壳体温度低于 200℃。考虑到局部过热的可能，设计壁温取 340℃。密相段、稀相段及球形封头一般用 18～20mm 厚的普通碳素钢板制造，如 Q235-A 等。汽提段内部构件较多，催化剂流速低，故不衬隔热耐磨衬里，而只在外壁保温，设计壁温取 475℃，钢材一般用 20g、12CrMo。

2）提升管反应器

提升管反应器是一根内径 ϕ200～1400mm，长度 25～41m 的直管，内衬隔热耐磨衬里，下部设有防震支架，如图 2-79 所示。在提升管底部或侧面装有进料喷嘴，起进料和雾化原料油的作用，如图 2-80 所示。提升管出口设有使催化剂和油气快速分离的出口结构，如图 2-81 所示。

3）汽提段

汽提段位于沉降器下部，内装有 15～20 层人字挡板，挡板间距 450～600mm；或装环盘形挡板 8～10 层，挡板间距 700～

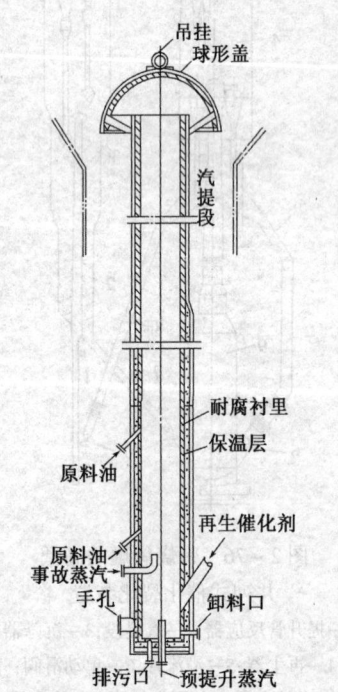

图 2-79 提升管反应器的结构

800mm,分别如图 2-82 所示。挡板之间是催化剂通道,下部挡板的下面装有蒸汽喷管,供汽提催化剂用。

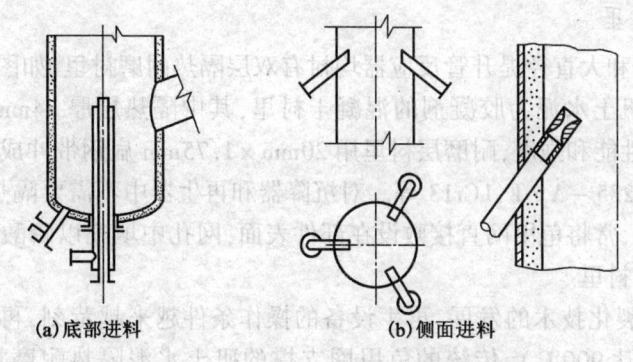

(a)底部进料　　(b)侧面进料

图 2-80　提升管的直管式喷嘴进料结构

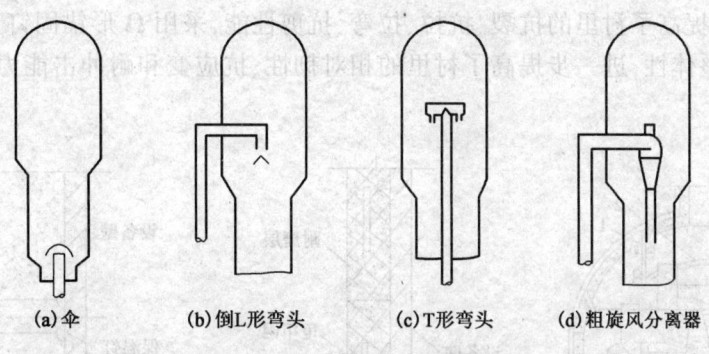

(a)伞　　(b)倒L形弯头　　(c)T形弯头　　(d)粗旋风分离器

图 2-81　提升管的各种出口结构

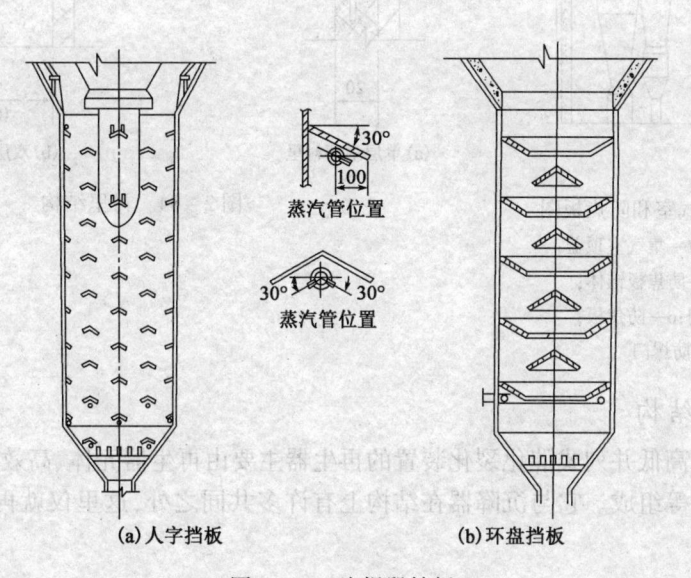

(a)人字挡板　　(b)环盘挡板

图 2-82　汽提段挡板

4)内集气室

沉降器内所有二级旋风分离器出口的油气都集中于内集气室排出。内集气室位于沉降器顶部,有集气室筒节和顶盖等组成,如图 2-83 所示。内集气室下方设有防焦板,封闭沉降器顶部,防止顶部结焦。也有的沉降器不设防焦板。因集气室顶盖受力较大,一般都做成球形盖,其半径与沉降器顶部封头相同。

5) 隔热耐磨衬里

沉降器、再生器和大直径提升管反应器均衬有双层隔热耐磨衬里,如图2-84所示。隔热层和耐磨层均是用矾土水泥为胶凝剂的混凝土衬里,其中隔热层厚74mm,耐磨层厚26mm。为提高衬里的耐磨性能和强度,耐磨层衬里用20mm×1.75mm扁钢带冲成的六角形龟甲网加固,龟甲网材料为Q235-A·F,1Cr13等。对沉降器和再生器中不需要隔热,但磨损严重的部件,如旋风分离器等,常将龟甲网直接敷设在部件表面,网孔中填充以磷酸铝溶液为胶结剂的刚玉衬里,构成耐磨衬里。

随着重油催化裂化技术的发展,再生设备的操作条件越来越苛刻,再生温度可达720~730℃(短时超温可达900℃),传统的龟甲网支撑的矾土水泥隔热耐磨衬里已不能满足需要,因而推出了新型无龟甲网钢纤维增强单层衬里。新衬里材料强度高,耐火混凝土中加入增强钢纤维,提高了衬里的抗裂、抗拉、拉弯、抗剪性能,采用Ω形锚固钉支承、固定,保证了衬里的单层整体性,进一步提高了衬里的相对韧性、抗应变和耐冲击能力,延长了衬里的使用寿命。

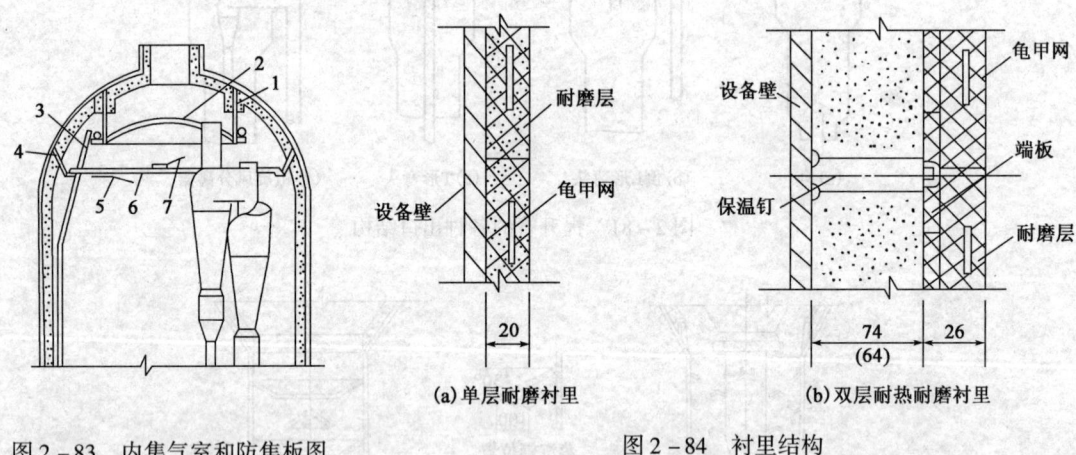

图2-83 内集气室和防焦板图
1—集气室筒节;2—集气室顶盖;
3—蒸汽管;4—防焦板锥体;
5—下开防爆门;6—防焦板;
7—上开防爆门

图2-84 衬里结构
(a) 单层耐磨衬里
(b) 双层耐热耐磨衬里

2. 再生器结构

带烧焦罐的高低并列式催化裂化装置的再生器主要由再生器壳体、高效再生烧焦罐、旋风分离器和集气室等组成。它与沉降器在结构上有许多共同之处,这里仅就再生器的特点加以说明。

1) 再生器壳体

再生器壳体也是圆筒形钢制焊接容器,从上至下分为稀相段、密相段和烧焦罐三部分。再生器操作温度为650~720℃,压力为0.1~0.24MPa,均高于沉降器。其壳体由18~20mm厚的碳素钢板制造,如Q235-A等。局部区域钢板厚34mm,隔热耐磨衬里厚20mm。

2) 烧焦罐

如图 2-85 所示,来自待生斜管和循环溢流管的催化剂,在烧焦罐下部形成密相床。主风通过分布管(图 2-86)进入烧焦罐,烧去大部分积炭,烟气和催化剂上行通过稀相输送管,在出口处由粗旋风分离器分离烟气和催化剂。分离出的催化剂进入再生器密相床进一步烧炭,随后进入再生斜管和循环溢流管。烟气则上升经再生器顶部的一、二级旋风分离器,进一步分离烟气中夹带的催化剂后,进入再生器集气室或外集合罐。烧焦罐操作温度高达 700℃ 以上,外壳用 14~18mm 厚的碳素钢板(如 Q235-A)制造,封头部分厚 24mm,内衬 100mm 厚的隔热耐磨衬里。

3) 集气室

再生器集气室的作用和结构与沉降器的内集气室相似,材质为 18-8 钢。因再生温度较高,可把内集气室改为外集气室(罐),如图 2-76 所示。其壳体用普通碳素钢制造,内衬 100mm 厚隔热耐磨衬里,这样不仅避免了高温下焊缝的裂开和变形,也节省了合金钢,维修更为方便。

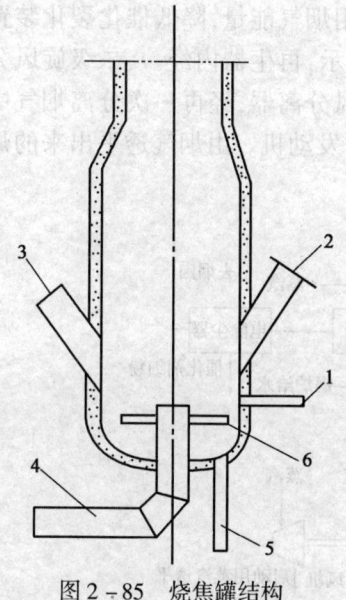

图 2-85 烧焦罐结构
1—燃烧油喷嘴;2—待生催化剂入口;
3—循环催化剂入口;4—主风入口;
5—催化剂装料口;6—树枝状分布管

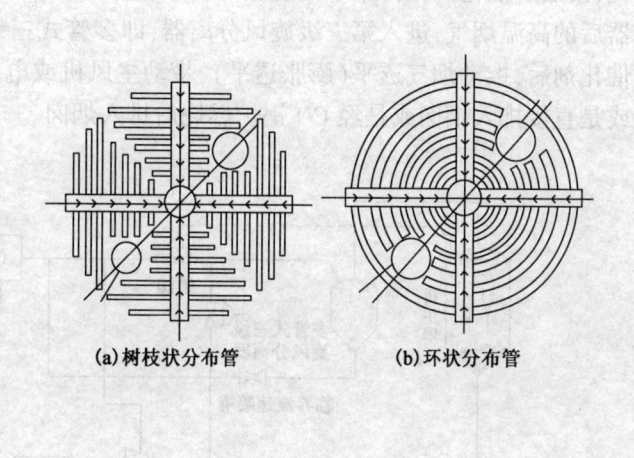

图 2-86 主风分布管
(a) 树枝状分布管 (b) 环状分布管

3. 旋风分离器

旋风分离器系统由旋风分离器、料腿和料腿的密封装置等构成(图 2-87)。旋风分离器位于沉降器和再生器上部,一般是两级多组。含有催化剂颗粒的烟气或油气高速(12~25m/s)进入旋风分离器,作旋转运动。由于离心力的作用,催化剂颗粒被甩到筒壁,并且沿着筒壁呈螺旋线状向下落入灰斗,经料腿排出。净化气体则从旋风分离器中心导管引出,进入第二级旋风分离器进一步净化。旋风分离器在沉降器中分离油气和催化剂,在再生器中分离烟气和催化剂。旋风分离器是影响催化剂损耗的关键设备,一般损耗为 0.8~1.0kg/t 原料油,最低 0.3kg/t 原料油。

动画2-16 旋风分离器

(a)沉降器布置　　　　(b)再生器布置

图2-87　旋风分离器布置图

图2-87为60×10^4t/a催化裂化装置旋风分离器的排列布置。沉降器内为三组并列,再生器为五组并列。图中旋风器为二级分离,外圈为第一级,内圈为第二级。

4.再生烟气能量回收系统

裂化催化剂再生后的烟气,温度压力都很高,为了充分利用烟气能量,降低催化裂化装置能耗,发展了催化裂化再生烟气能量回收系统。如图2-88所示,再生器内经一、二级旋风分离器后的高温烟气,进入第三级旋风分离器,即多管式三级旋风分离器,经再一次分离烟气中的催化剂后,推动烟气透平(膨胀透平),带动主风机或电动机/发动机。由烟气透平出来的烟气或是直接排入烟囱或是经CO锅炉燃烧后排入烟囱。

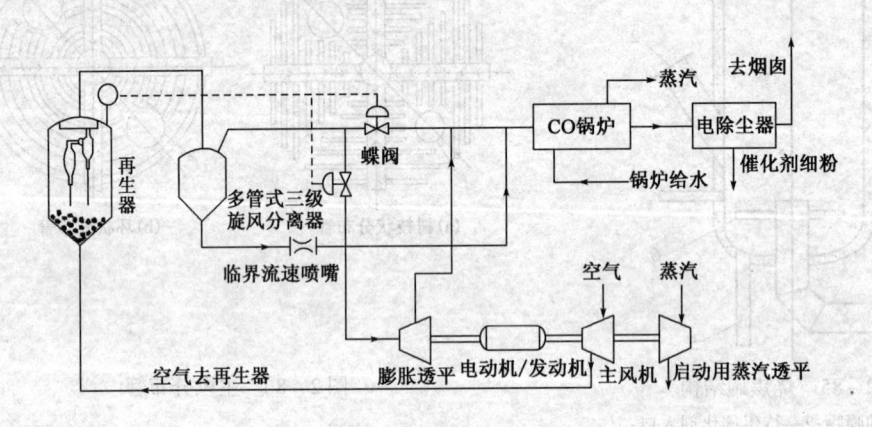

图2-88　催化裂化再生烟气能量回收系统

烟气能量回收系统的主要设备是第三级旋风分离器、烟气透平和辅助驱动机等。其中烟气透平对烟气中催化剂粉尘含量要求苛刻,一般采用三级甚至四级旋风分离器尽可能回收$10\mu m$以下的催化剂粉尘,以减少烟气透平叶片受到强烈的冲蚀磨损,提高叶片寿命,进而提高烟气透平的效率。

二、加氢反应器

催化加氢过程分为加氢精制、加氢裂化、加氢处理、临氢降凝和润滑油加氢等工艺。这些工艺的共同特点是高温、高压,工艺介质中含有硫、氢及其化合物。汽油加氢压力一般为3~4MPa,柴油加氢压力为4~8MPa,减压馏分及渣油的加氢压力一般为15MPa以上;操作温度一般在430℃以下。加氢裂化操作压力常在10~15MPa,温度在300~450℃之间。在这样苛刻的条件下,对加氢设备,尤其是对加氢反应器的设计、制造和检验均提出了严格要求。在此主要就加氢反应器的结构和选材作一简要介绍。

1. 加氢反应器的结构

1) 工艺结构

从工艺技术特点看,大部分加氢反应器属于气—液—固三相液流床反应器,因在反应条件下部分石油馏分呈液相,部分已气化的馏分和氢气呈气相,与固定床催化剂一起,形成气—液—固三相系统。

加氢反应器有固定床和沸腾床两类。国内常用的是固定床反应器,可分别用于加氢精制脱硫和加氢裂化。加氢精制的反应热较小,催化剂床层不分层,不需注入冷氢来调节反应温度,结构简单,如图2-89所示。原料油与氢气的混合物经反应器入口流经分配器,自上而下地均匀通过催化剂床层,反应产物从底部排出。在上部设有篮筐、固形物捕集器及陶瓷球等,用来防止催化剂床层被硫化铁等污物堵塞,并增加了通过催化剂床层的面积。

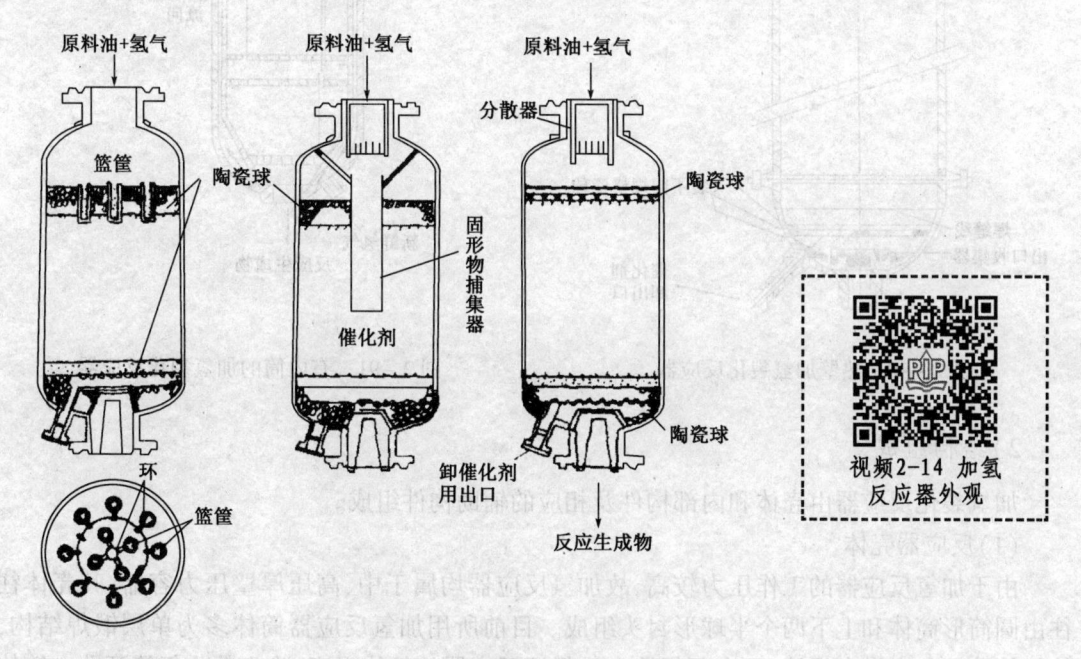

图2-89 加氢精制用固定床反应器

加氢裂化用固定床反应器用于反应热较大的场合,一般作为加氢裂化或含烯烃高的原料油(如焦化柴油等)的加氢精制。为了控制与调节催化剂床层温度,催化剂需分层设置,各层间注入冷氢,典型结构见图2-90。原料油与氢气自上而下均匀通过催化剂床层,反应产物从反应器底部排出。催化剂的分层使用斜塔板。可从壁上开孔注入冷氢,也可从顶盖上开孔注入冷氢。典型的反应器内部构件有:入口扩散器、气液分配器、去垢篮筐、催化剂支持盘、急冷氢箱及再分配器、出口集合器等。也可采用图2-91所示的结构,在反应器内设有盛催化剂的内筒,在外筒与内筒之间的空隙中通入冷氢气,同样可以达到降低外筒壁温的目的。

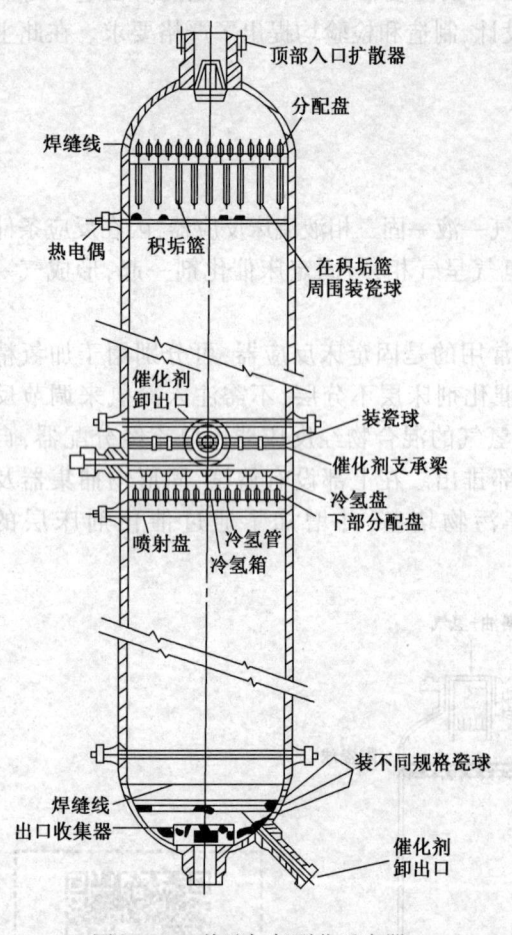

图2-90 热壁加氢裂化反应器

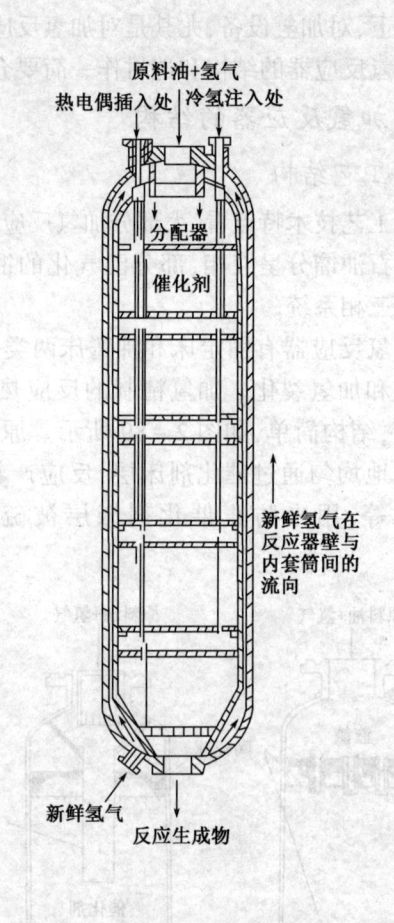

图2-91 有内筒的加氢裂化反应器

2) 结构组成

加氢裂化反应器由壳体和内部构件及相应的辅助构件组成。

(1) 反应器壳体。

由于加氢反应器的工作压力较高,故加氢反应器均属于中、高压厚壁压力容器,其壳体往往由圆筒形筒体和上下两个半球形封头组成。目前所用加氢反应器筒体多为单层锻焊结构,筒体筒节不存在纵向焊缝,只有环焊缝。为保证反应器的整体强度,除少数冷氢管开孔在筒体上外,工艺物料的进出口均开设在球形封头上。反应器壳体的开孔补强结构均为整体锻件补强,接管法兰密封结构均为八角垫高压密封结构。

根据内部介质是否直接接触金属器壁,反应器壳体分为冷壁反应器和热壁反应器两种结构。所谓冷壁反应器,就是在内壁衬有隔热衬里,筒体工作条件缓和,设计制造简单,价格较低,早期使用较多。因隔热衬里的存在会大大降低反应器容积的利用系数,一般只有50%~60%,故单位催化剂容积平均用钢量较高。此外,尽管筒体外壁涂有示温漆监视,但因衬里损坏而影响生产的事故还会时有发生。随着冶金技术和焊接制造技术的发展,热壁反应器逐渐取代冷壁反应器。热壁筒内没有隔热衬里(内保温),其保温层在器壁的外部,金属温度接近内部物料温度,内部有防止氢及其他介质腐蚀的堆焊衬里。

(2) 反应器内部构件。

加氢反应器的特点是多层绝热、中间氢冷、挥发组分携热和大量氢气循环的三相反应器。加氢反应器内部结构的设计目标是要确保气液的均匀分布。为此，要求加氢反应器不仅具有良好的反应性能，保证催化剂内外表面有足够的润湿效率，充分发挥催化剂活性，及时有效导出系统反应热，减少二次裂化反应；器内压降也不能过大，以减少循环压缩机负荷，节约能源。

2. 加氢装置的腐蚀与选材

1) 氢腐蚀

在高温高压下，氢被钢材吸附，以原子状态向钢材内部扩散，使钢材变脆，机械性能恶化，随后在晶格的晶界上与钢中的碳发生化学反应生成甲烷，聚集在晶界原有的微观缺陷内，形成局部高压，造成内部应力集中，使晶界变宽，发展为内部裂纹，这些裂纹越来越多，连成网络，使钢材变脆而发生突然断裂，这就是氢腐蚀破坏。

为防止氢腐蚀可采取以下措施：(1)采用内保温层，使壳体的壁温降到200℃以下。因为氢分压和温度越高，氢腐蚀速度越快，而在200℃以下，各种钢材几乎都没有氢腐蚀。或者是采用有内筒的加氢反应器，利用冷氢来降低筒体壁温，如图2-91所示。(2)采用抗腐蚀衬里，如不带内保温的热壁加氢反应器，母材用2.25Cr1Mo钢，并在内壁堆焊过渡层00Cr25Ni13及复层00Cr20Ni10Nb等。(3)采用多层包扎式容器，内筒为抗氢蚀钢，层板为高强度钢，可在筒壁上开排气孔，使由内筒渗出的氢气从排气孔排走。

2) 硫化氢腐蚀

在加氢装置中，因原料含有硫，故硫化氢和氢气是并存的。除加氢装置外，硫化氢在其他设备中的腐蚀也很严重，其腐蚀形态和机理迄今尚无统一定论。一般干燥的硫化氢气体在200~250℃以下对钢铁的腐蚀甚微；但当温度大于250℃时腐蚀加快，产生硫化亚铁。在氢气介质中，硫化氢对钢的腐蚀加快。

防止硫化氢腐蚀主要有以下措施：(1)降低循环氢气中硫化氢的浓度。(2)采用抗硫化氢钢材，如0Cr13、1Cr18Ni9Ti等。(3)将钢材表面渗铝，其抗硫化氢的腐蚀能力可提高许多倍。

3) 加氢装置选材

加氢装置是在高温高压下及氢气介质中工作的，一般情况下须采用抗氢及抗硫化氢钢。抗氢及硫化氢的钢材主要是CrMo合金钢和CrNi不锈钢。对单层的加氢反应器，用20CrMo9、2.25Cr1Mo、20Cr3NiMoA等；对组合式反应器，内筒用抗氢钢，外筒用低合金高强度钢。对操作温度大于350℃的管线材料，一般采用1Cr18Ni9Ti不锈钢，操作温度为200~350℃时一般采用CrMo钢，如Cr5Mo、15CrMo等；操作温度小于200℃时可用优质碳钢。

三、管式裂解炉

1. 管式裂解炉的构成

管式裂解炉是烃类裂解的主要设备，以下简称裂解炉。从外形看，裂解炉可分为方箱式、立式、门式、梯台式等；从炉管布置方式看，有横管式和竖管式；从烧嘴位置看，有底部燃烧、侧壁燃烧、顶部燃烧和底部侧壁联合燃烧等；按燃烧方式又可分为直焰式、无焰辐射式和附墙火焰式等多种形式。

裂解炉主要由对流段和辐射段两部分组成。裂解原料和稀释蒸汽先进入对流段炉管内被加热升温，然后进入辐射段炉管内发生裂解反应，生成的裂解气从炉管出来，离开炉子立刻急冷。燃料在烧嘴燃烧后生成高温燃料气，先经辐射段，然后再经对流段，烟道气从烟囱排空。

辐射段传热量约占全炉热负荷的70%~80%，是全炉的核心部分，裂解反应也主要在辐射段炉管内进行。对流段则为利用烟道气余热而设，对流段充分利用热量对提高炉子的热效率有很大作用。

图2-92为鲁姆斯公司SRT-Ⅰ型竖管裂解炉构成的示意图，图2-93为正梯台裂解炉示意图，图2-94为倒梯台式裂解炉外形透视图。

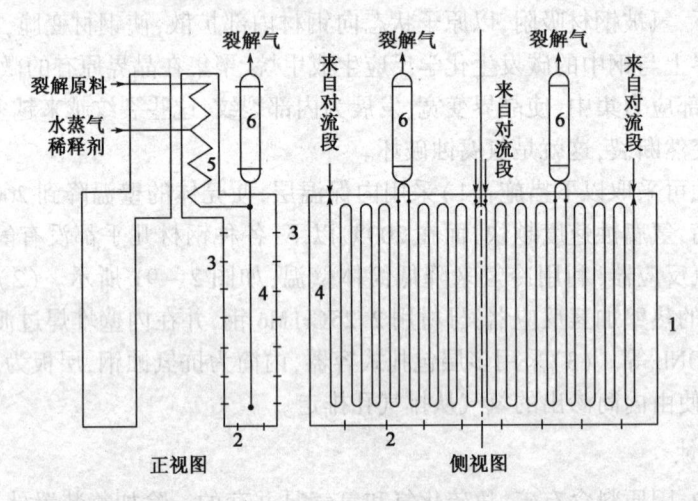

图2-92 SRT-Ⅰ型竖管裂解炉示意图
1—炉体；2—油气联合烧嘴；3—气体无焰烧嘴；4—辐射段炉管(反应管)；5—对流段炉管；6—废热锅炉

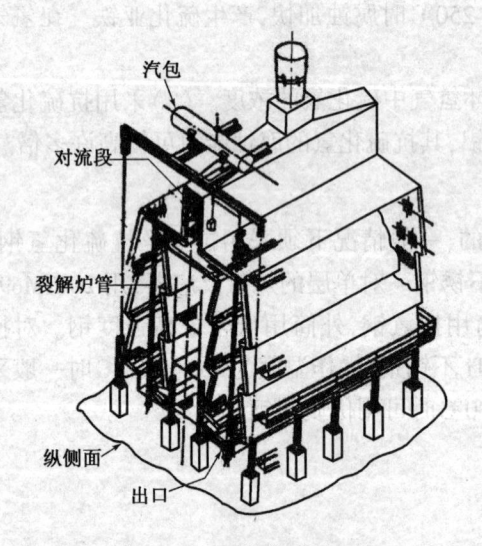

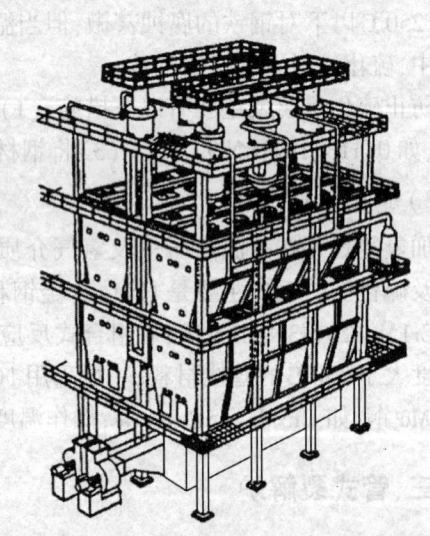

图2-93 正梯台式裂解炉　　图2-94 三菱M-TCF倒梯台式裂解炉外形透视图

竖管裂解炉与横管裂解炉比具有如下优点：(1)热辐射均匀，热强度大；(2)炉管吊架隐蔽在炉顶耐火材料深处，不会因吊架材质而限制炉膛温度的提高；(3)因炉管可自由悬挂，并随温度变化而自由胀缩，故传热极限仅取决于炉管本身材质耐温性能；(4)简单的辐射炉膛内，可布置任意程数的炉管，且不受炉子支撑高度的限制。因此，近代管式裂解炉一般均采用竖管式。

2. 辐射管

烃类裂解是在800℃以上的高温下进行，为提高烯烃产率，要求采用短停留时间、低烃分压的操作条件。因此，裂解炉管材质均为高 Cr-Ni 合金，目前应用最多的是 HP40（Cr25Ni35）。在设计裂解炉辐射管结构时，应从管径、路数和管长等方面来满足裂解反应需要。

在反应初期，因转化率较低，管内流体体积和流体线速变化不大，小管径不会引起明显的压降损失；从热强度看，因原料升温、转化率提高，需要大量吸热，而小管径的比表面积较大，故可满足热强度要求；从结焦趋势看，转化率较低时，二次反应尚不能发生，结焦倾向小，允许采用较小管径。

到反应后期，因转化率较高，管内流体体积和线速均较大，小管径会引起严重的压降损失，故宜采用较大管径；从热强度看，因转化率较高，对热强度要求降低，采用较大管径对传热影响不显著；从结焦趋势看，转化率较高时，二次反应大大增加，结焦倾向变大，采用较大管径可延长操作周期。

综上所述，反应初期宜采用较小管径，反应后期宜采用较大管径。

为缩短停留时间，可采用缩短管长的办法。如鲁姆斯公司的 SRT-Ⅰ 型炉发展到 SRT-Ⅲ 型炉，管长由73m缩至51m，相应的停留时间由 0.6~0.7s 降低到 0.3~0.45s。毫秒炉管长仅12m，停留时间达0.1s以下。缩短管长，可以同时降低炉管中物料的压降，由于烃分压降低，可使裂解选择性提高。但缩短管长也会带来传热面不足的问题。为此，一方面缩小管径，以增加比表面，另一方面寻求耐更高温度的炉管材质，以增加炉管表面热强度。

为了提高炉管处理能力，且能确保管径和质量流速不超过允许范围，就需要增加管子的路数和组数。

裂解炉的台数应根据装置生产能力、原料种类和工艺技术来选定。考虑到裂解炉的清焦周期和日常维修，原则上应设一台备用裂解炉。

思 考 题

1. 提升管催化裂化装置的再生器有哪几部分组成？各起什么作用？
2. 提升管催化裂化装置的沉降器有哪几部分组成？各起什么作用？并说明提升管反应器的特点。
3. 提升管催化裂化装置的再生反应设备中的高温催化剂对壳体的磨损问题是如何解决的？
4. 为何要在提升管催化裂化装置待生斜管和再生斜管上装设膨胀节？
5. 催化裂化装置烟气能量回收系统由哪几部分组成？
6. "三旋"的作用是什么？有哪些结构形式？
7. 旋风分离器有哪几部分组成？并说明其工作原理。
8. 旋风分离器的料腿是如何密封的？
9. 对于加氢反应器，何为热壁反应器？何为冷壁反应器？
10. 常用的加氢反应器筒体结构形式有哪几种？各有何优缺点？
11. 加氢反应器内保温衬里的作用是什么？

12. 对固定床加氢反应器,何种情况下需将催化剂分层设置?
13. 加氢反应器内注入冷氢的目的是什么?
14. 对于加氢反应器,什么是氢腐蚀?
15. 为防止氢和硫化氢的腐蚀破坏,在加氢反应器的设计中常采用哪些措施?
16. 乙烯裂解炉辐射段炉管常用的材料是什么?
17. 裂解炉为什么要定期清焦?什么情况下需要清焦?
18. 目前乙烯工业中最常见的乙烯裂解炉都有哪些?你在现场见到的裂解炉是什么型式的?

第五节 储 罐

储存与运输气体、液体、液化气等介质的设备统称为储运设备,在石油、化工、能源、环保等行业应用广泛。大多数储运设备的主体是压力容器。在固定位置使用、以介质储存为目的的容器称为储罐,如加氢站用高压氢气储罐、液化石油气储罐、战略石油储罐、天然气接收站用液化天然气储罐等;没有固定使用位置、以介质运输为目的的压力容器称为移动式压力容器,如汽车罐车、铁路罐车及罐式集装箱上的罐体等。

储罐有多种分类方法,按几何形状分为卧式圆柱形储罐、立式平底筒形储罐、球形储罐;按温度划分可分为低温储罐、常温储罐(<90℃)和高温储罐(90~250℃);按材料划分可分为非金属储罐、金属储罐和复合材料储罐;按所处的位置又可分为地面储罐、地下储罐、半地下储罐和海上储罐等。单罐容积大于 $1000m^3$ 的可称为大型储罐。金属制焊接式储罐是应用最多的一种储存设备,目前国际上最大的金属储罐的容积已达到 $2 \times 10^5 m^3$。

一、卧式圆柱形储罐

卧式圆柱形储罐简称卧式储罐或卧67罐,可分为地面卧式储罐与地下卧式储罐。

1. 地面卧式储罐

地面卧式储罐属于典型的卧式压力容器,基本结构如图2-95所示,主要由筒体、封头、支座、接管、安全附件等组成,其中支座通常采用鞍式支座。因受运输条件等限制,这类储罐的容积一般在 $100m^3$ 以下,最大不超过 $150m^3$;若是现场组焊,其容积可更大一些。图2-95所示为 $100m^3$ 液化石油气储罐结构示意图。

2. 地下卧式储罐

地下卧式储罐主要用于储存汽油、液化石油气等易挥发油料。将储罐埋于地下,既可减少占地面积,缩短安全防火间距,也可避开环境温度对储罐的影响,维持地下储罐内介质压力的基本稳定。$30m^3$ 地下丙烷储罐结构示意图如图2-96所示。

地下卧式储罐与地面卧式储罐的形状极为相似,所不同的是管口的开设位置。为了适应埋地情况下的安装、检修和维护,一般将地下卧式储罐的各种接管集中安放,即设置在一个或几个人孔盖板上。在图2-96中,件2在不同方位有4根接管,其中液相进口管、液相出口管和回流管插入液体中,末端距筒体下方内表面约100mm,气相平衡管不插入液体,其末端在人孔接管内。

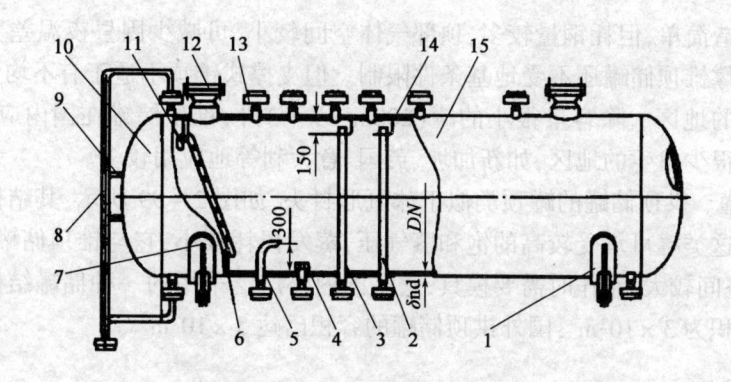

图 2-95　100m³ 液化石油气储罐结构示意图

1—活动支架；2—气相平衡引入管；3—气相引入管；4—液相防涡器；5—进液口引入管；6—支撑板；7—固定支架；
8—液位计连通管；9—支撑；10—椭圆形封头；11—内梯；12—人孔；13—法兰接管；14—管托架；15—筒体

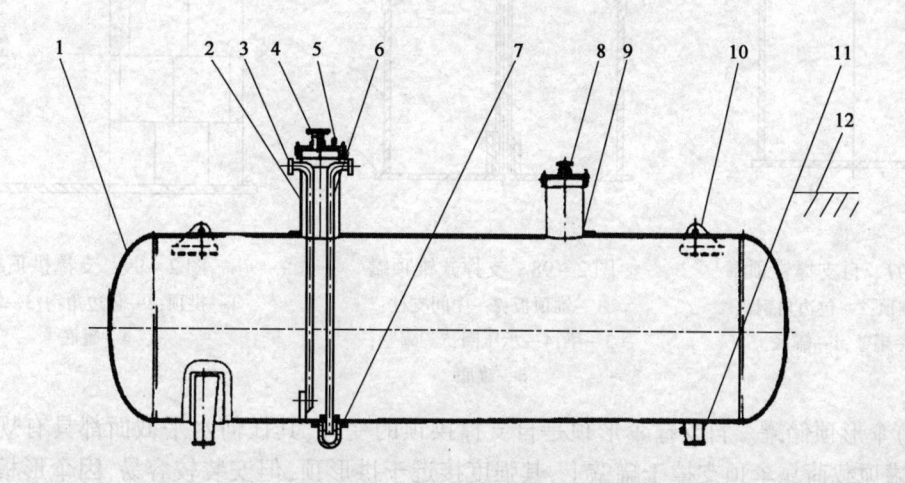

图 2-96　30 m³ 地下丙烷储罐结构示意图

1—罐体；2—人孔；3—液相进口、液相出口、回流口和气相平衡口(共 4 根管子)；4—液面计接口；
5—压力表与温度计接口；6—排污及倒空管；7—聚污器；8—安全阀；9—人孔Ⅱ；10—吊耳；11—支座；12—地平面

二、立式平底筒形储罐

立式平底筒形储罐属于大型仓储式常压或低压储存设备，主要用于储存压力不大于 0.1MPa 的消防水、石油等常温条件下饱和蒸气压较低的物料。立式平底筒形储罐按其罐顶结构可分为固定顶储罐和浮顶储罐两大类。

1. 固定顶储罐

固定顶储罐按罐顶的形式可分为锥顶储罐、拱顶储罐、伞形顶储罐和网壳顶储罐。

(1) 锥顶储罐。锥顶储罐可分为自支撑锥顶和支撑锥顶两种。锥顶坡度最小为 1/16，最大为 3/4。锥形罐顶是一种形状接近于正圆锥体表面的罐顶。

自支撑锥顶其锥顶荷载靠锥顶板周边支撑在罐壁上，如图 2-97 所示。自支撑锥顶分无加强肋锥顶和有加强肋锥顶两种结构。储罐容量一般小于 1000m³。

对于支撑锥顶，其锥顶载荷主要靠梁和檩条及柱来承担，如图 2-98 所示。其储罐容量可大于 1000m³。

锥顶储罐制造简单，但耗钢量较多，顶部气体空间较小，可减少因昼夜温差变化引起的小呼吸损耗。自支撑锥顶储罐还不受地基条件限制。但支撑式锥顶不适于有不均匀沉陷的地基或地震载荷较大的地区。除容量很小的罐（200m³以下）外，锥顶储罐在国内应用很少，在国外特别的是地震很少发生的地区，如新加坡、英国、意大利等地应用较多。

（2）拱顶储罐。拱顶储罐的罐顶类似于球冠形封头，如图2-99所示，其结构一般只有自支撑拱顶一种。这类罐可承受较高的饱和蒸气压，蒸发损耗较小，它与锥顶储罐相比，耗钢量少，但罐顶气体空间较大，制作时需要模具，它是国内外广泛采用的一种储罐结构。国内最大的拱储顶储罐容积为$3 \times 10^4 m^3$，国外拱顶储罐的容积已达$5 \times 10^4 m^3$。

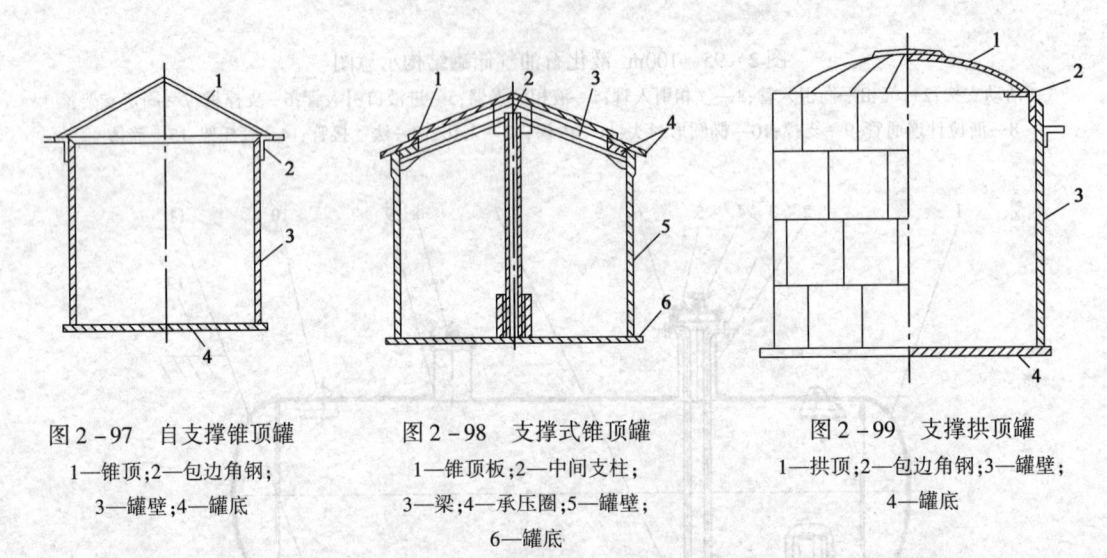

图2-97 自支撑锥顶罐
1—锥顶；2—包边角钢；
3—罐壁；4—罐底

图2-98 支撑式锥顶罐
1—锥顶板；2—中间支柱；
3—梁；4—承压圈；5—罐壁；
6—罐底

图2-99 支撑拱顶罐
1—拱顶；2—包边角钢；3—罐壁；
4—罐底

（3）伞形顶储罐。自支撑伞形顶是自支撑拱顶的变种，其任何水平截面都具有规则的多边形。罐顶载荷靠伞顶支撑于罐壁上，其强度接近于拱形顶，但安装较容易，因伞形板仅在一个方向弯曲。这类罐我国很少采用，美国、日本应用较多。

（4）网壳顶储罐。网壳顶储罐（球面网壳）如图2-100所示，其主体结构是一个与罐壁相连并置于罐顶钢板内单层球面网壳（即网格），类似于大型体育馆屋顶的网架结构。国内在20世纪90年代就已建成多台$(2 \sim 3) \times 10^4 m^3$的大型油罐，国外的油罐容积则更大。

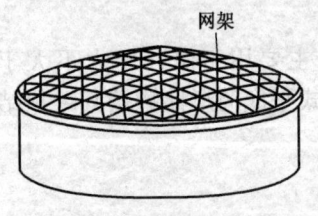

图2-100 网壳顶储罐

2. 浮顶储罐

浮顶储罐可分为外浮顶储罐和内浮顶储罐（带盖浮顶罐）。

（1）外浮顶储罐。外浮顶储罐的浮动顶（简称浮顶）漂浮在储罐内的液面上，随着储液上下浮顶，使罐内液体与大气完全隔开，减少储存过程中介质的蒸发损耗，既保证了安全，又减少了大气污染。浮顶的形式有单盘式（图2-101）、双盘式、浮子式等结构。一般情况下，原油、汽油、溶剂油等需要控制蒸发损耗、大气污染及有着火灾危险的液体化学品均可采用外浮顶储罐。

（2）内浮顶储罐。内浮顶储罐是在固定罐的内部加了一个浮动顶盖，主要由罐体、内浮盘、密封装置、导向和防转装置、静电导线、通气孔、高低位液体报警器等组成，如图2-102所示。

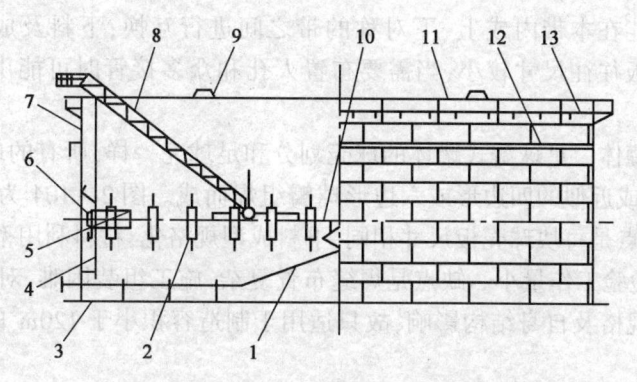

图 2-101　单盘式浮顶罐
1—中央排水管；2—浮顶立柱；3—罐底板；4—量液管；5—浮船；6—密封装置；7—罐壁；8—转动扶梯；
9—泡沫消防挡板；10—单盘板；11—包边角钢；12—加强圈；13—抗风圈

与外浮顶储罐相比，内浮顶储罐可大量减少储液的蒸发损耗，降低内浮盘上雨雪荷载，省去浮盘上的中央排水管、转向扶梯等附件，并可在各种气候条件下保证储液的质量，因而有"全天候储罐"之称，特别适用于储存汽油和喷气燃料以及有毒易污染的液体化学品。

三、球形储罐

球形储罐通常可按照外观形状、壳体制造方式和支承方式的不同进行分类。从形状上看，有圆球形和椭球形之分；从壳体层数看，有单层球壳和双层球壳之分；从球壳组合方案看，有桔瓣式、足球瓣式和两者组合的混合式之分；从支座结构看，有支柱式支座、筒形或锥形裙式支座之分。

图 2-103 为赤道正切柱式支承单层壳球罐示意图。这种球罐由罐体（包括上下极板、上下温差板和赤道板）、支柱、拉杆、操作平台、盘梯以及各种附件（包括人孔、接管、液面计、压力计、温度计、安全泄放装置）等组成。在某

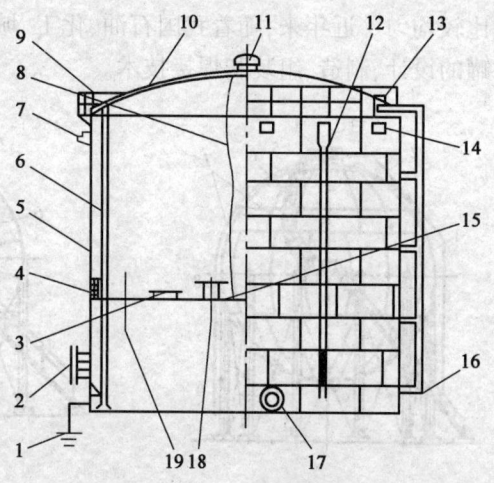

图 2-102　内浮顶储罐
1—接地线；2—带芯人孔；3—浮盘人孔；4—密封装置；
5—罐壁；6—量油管；7—高液位报警器；8—静电导线；
9—手工量油口；10—固定罐顶；11—罐顶通气口；
12—消防口；13—罐顶人孔；14—罐壁通气孔；
15—内浮盘；16—液面计；17—罐壁人口；
18—自动通气阀；19—浮盘立柱

些特殊场合，球罐内还设有内部转梯、外部隔热或保温层、隔热或防火水幕喷淋管等附属设施。

罐体是球形储罐的主体，它是储存物料、承受物料工作压力和液柱静压力的重要构件。罐体按其组合方式常分为纯桔瓣式罐体、足球瓣式罐体及混合式罐体三种形式。

（1）纯桔瓣式罐体。纯桔瓣式罐体是指球壳全部按桔瓣瓣片的形状进行分割，成型后再组合的结构，如图 2-103 所示。纯桔瓣式罐体的特点是球壳拼装焊缝较规则，施焊组装容易，加快组装进度并可对其实施自动焊。由于分块分带对称，便于布置支柱，因此罐体焊接接头受力均匀，质量较可靠。这种罐体适用于各种容量的球罐，为世界各国普遍采用。我国自行设计、制造和组焊的球罐多为纯桔瓣式结构。这种罐体的缺点是球瓣在各带位置

尺寸大小不一,只能在本带内或上、下对称的带之间进行互换;下料及成型较复杂,板材的利用率较低;球极板往往尺寸较小,当需要布置人孔和众多接管时可能出现接管拥挤,有时焊缝不易错开。

(2)足球瓣式罐体。足球瓣式罐体的球壳划分和足球壳一样,所有的球壳板片大小相同,它可以由尺寸相同或近似的四边形或六边形球瓣组焊而成。图2-104为足球瓣式罐体示意图。这种罐体的优点是每块球壳板尺寸相同,下料成型规格化,材料利用率高,互换性好,组装焊缝较短,焊接及检验工作量小。缺点是焊缝布置复杂,施工组装困难,对球壳板的制造精度要求高,因受钢板规格及自身结构影响,故只适用于制造容积小于120m³的球罐,目前在国内很少采用。

(3)混合式罐体。混合式罐体的组成是赤道带和温带采用桔瓣式,而极板采用足球瓣式结构,图2-105为混合式球罐。因这种结构取桔瓣式和足球瓣式两种结构之优点,故材料利用率较高,焊缝长度缩短,球壳板数量减少,特别适合于大型球罐。极板尺寸比纯桔瓣式大,容易布置人孔及接管,与足球瓣式罐体相比,可避开支柱搭在球壳板焊接接头上,使球壳应力分布比较均匀。近年来,随着我国石油、化工、城市煤气等行业的迅速发展,我国已全面掌握该种球罐的设计、制造、组装和焊接技术。

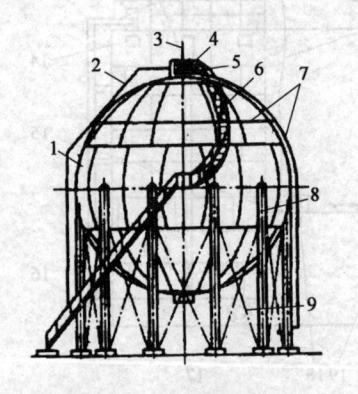

图2-103 赤道正切柱式支承单层壳球罐
1—球壳;2—液位计导管;3—避雷针;
4—安全泄放阀;5—操作平台;
6—盘梯;7—喷淋水管;8—支柱;
9—拉杆

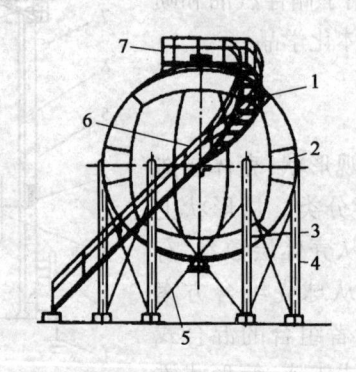

图2-104 足球瓣式罐体
1—顶部极板;2—赤道板;3—底部极板;
4—支柱;5—拉杆;6—扶梯;
7—顶部操作平台

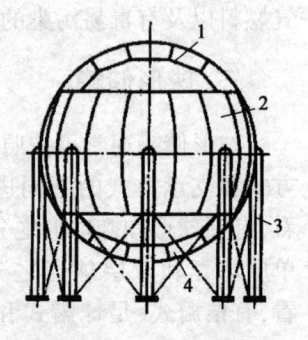

图2-105 混合式球罐
1—上极;2—赤道带;
3—支柱;4—下极

四、低温储槽

具有双层金属壳体的低温绝热储存容器,一般称为低温储槽。低温储槽的内容器是由与介质相容的耐低温材料制成,多为低温容器用钢(如奥氏体不锈钢、奥氏体—铁素体双向不锈钢等)、有色金属及其合金,设计温度可低至-253℃,主要用于储存或运输低温低压液化气体。低温储槽的外容器壳体是在常温下工作,一般为普通碳素钢或低合金钢制造。在内、外容器壳体之间通常填充有多孔性或细粒型绝热材料,或填充具有高绝热性能的多层间隔防辐射材料,同时将夹层空间再抽至一定的真空,以最大限度地减少冷量损失。

根据绝热类型,低温储槽可分为非真空绝热型低温储槽和真空绝热型低温储槽。前者主要用于储存液氧、液氮和液化天然气,工作压力较低,大多数采用正压堆积绝热技术,常制成平底圆柱形结构,可大规模储存低温液体,容积可达数千至数万立方米;后者也可称为杜瓦容器,主要用于中小型液氧、液氮、液氩和液氮的储存与运输。而真空型低温绝热容器又可分为高真空绝热容器、真空粉末(或纤维)绝热容器、高真空多层绝热容器。

图2-106所示为典型的低温真空粉末储槽结构示意图。图中件1和件3是设置在内外壳之间的支撑构件,主要用于固定内容器,这些构件和内容器的进出管件应采用导热系数较低的材料制作,或在结构上尽可能设计成较为柔性的连接方式。

低温储槽的总体结构一般包括:(1)容器本体,包括储液内容器,绝热结构,外壳体和连接内、外壳体的支撑构建等;(2)低温液体和气体的注入、排出管道与阀门及回收系统;(3)压力、温度、液面等检测仪表;(4)安全设施,如内、外壳体的防爆膜、安全阀、紧急排液阀等;(5)其他附件,如底盘、把手、抽气口等。

在低温环境下长期运行的容器,最容易产生的是低温性断裂。由于低温脆断是在没有明显征兆的情况下发生的,危害很大。为此,在容器的选材、结构设计和制造检验等方面应采取严格措施,并选择良好的低温绝热结构和密封结构。

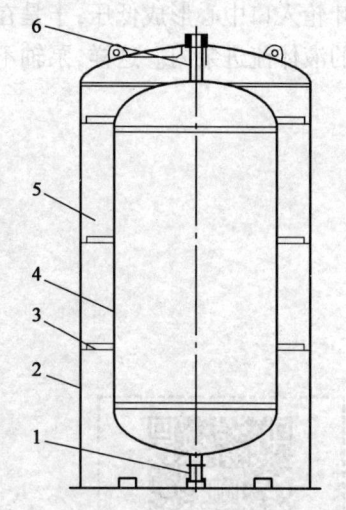

图2-106 低温真空粉末储槽
1—底部支撑;2—外壳体;
3—拉杆;4—内容器;
5—绝热层;6—进出口管

思 考 题

1. 卧式设备的支座形式有哪几种?为何只能有一个支座是固定的?
2. 储罐按几何形状可分为哪几类?
3. 立式平底筒形储罐按其罐顶结构可分为哪些类型?
4. 与外浮顶储罐相比,内浮顶储罐具有哪些优点?
5. 从球壳的组合方案看,球罐罐体的组合方式有哪几种?
6. 低温储槽在低温环境下长期运行,最容易产生的失效形式是什么?

第六节 常用流体输送机械

在石油化工生产中,常用流体输送机械包括泵和压缩机。一般来说,泵的工质为液体,压缩机的工质为气体。按工作原理,可分为容积式和速度式两大类,具体来说容积式和速度式中又有多种类型。在此,仅介绍几种最常用的流体输送机械。

一、离心泵

1. 离心泵的工作原理

图2-107为一简单的离心泵装置,图2-108为离心泵基本结构示意图。离心泵运转之

前,泵壳内先要灌满液体,称为灌泵。在灌满液体的泵中,原动机通过泵轴带动叶轮旋转,叶片强迫液体随之转动,液体在离心力作用下向四周甩出至蜗壳,再沿排出管流出。与此同时,在叶轮入口中心形成低压,于是在吸入罐液面与泵叶轮入口压力差的推动下,由吸入管吸入罐中的液体流进泵内。这样,泵轴不停地转动,叶轮源源不断地吸入和排出液体。

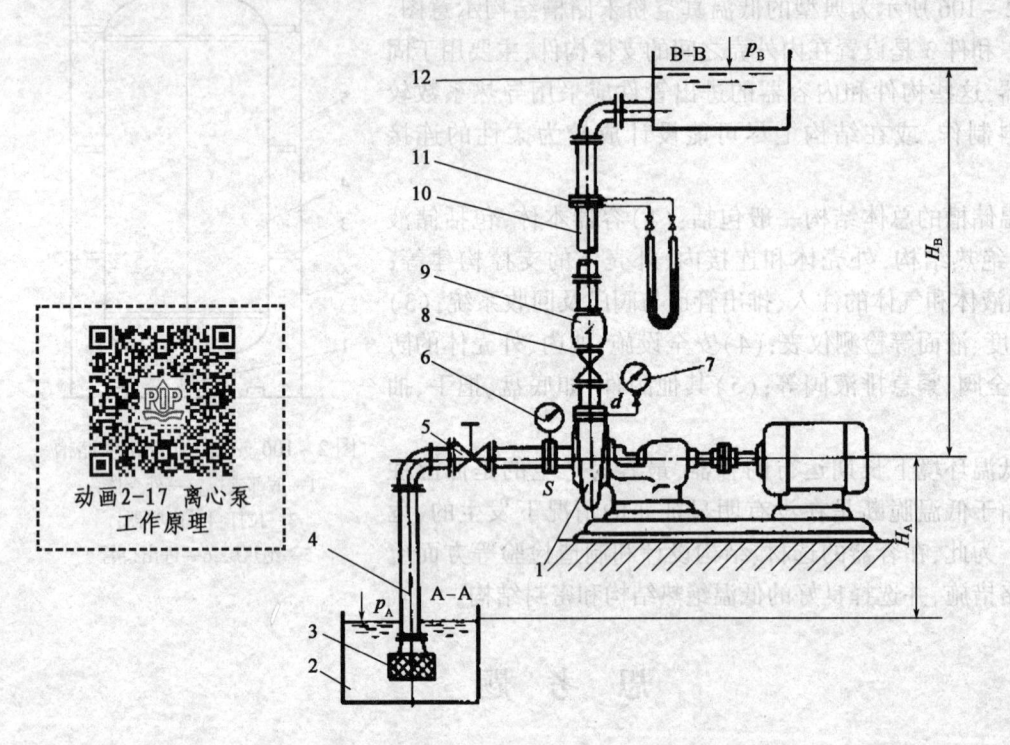

动画2-17 离心泵工作原理

图2-107 离心泵的简易结构
1—泵;2—吸入罐;3—底网;4—吸入管;5—吸入管调节阀;6—真空表;7—压力表;
8—排出管调节阀;9—单向阀;10—排出管;11—流量计;12—排出罐

动画2-18 离心泵基本结构

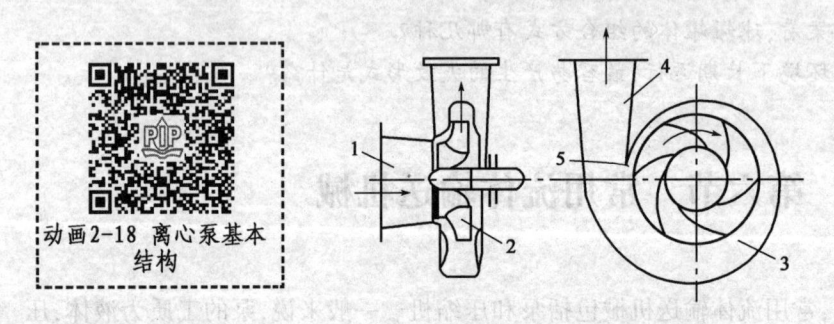

图2-108 离心泵基本结构
1—吸入室;2—叶轮;3—蜗壳;4—排出管;5—泵舌

图2-107是吸入罐液面低于泵中心线的情况,称为吸入头(H_A)。石油化工企业更多情况是吸入罐液面高出泵中心线。因液体的重力,使叶轮入口存在一定压力,称此为灌注头。此时液体的重力将驱使液体不断流进叶轮中心。

·76·

2. 离心泵的结构

离心泵的主要部件有叶轮、轴、吸入室、蜗壳、轴封箱和口环等,如图2-109所示,有些离心泵还装有导叶、诱导轮和平衡盘等。叶轮的作用是吸入液体转换能量,使液体获得压力能和动能。吸入室位于叶轮进口前,其作用是把液体从吸入管导入叶轮。蜗壳也称压出室,位于叶轮之后,其作用是把叶轮流出的液体收集起来以便送入排出管。

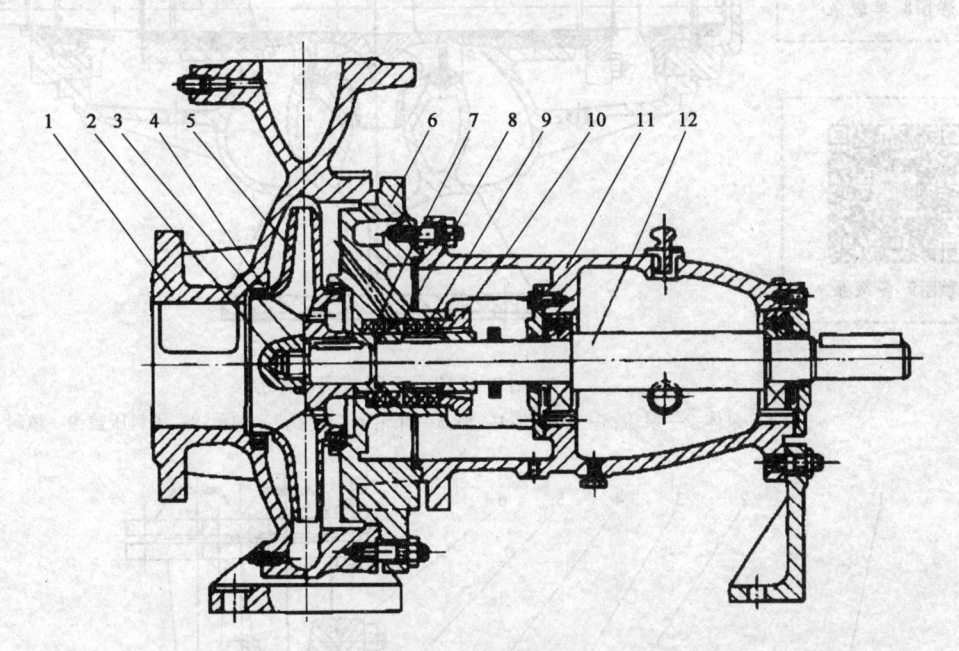

图2-109 IS型单级单吸离心水泵
1—泵体;2—叶轮螺母;3—制动垫片;4—密封环;5—叶轮;6—泵盖;
7—轴套;8—填料环;9—填料;10—填料压盖;11—轴泵架;12—轴

要确保离心泵高效工作,要求液体流过吸入室的流动损失要小,液体流入叶轮时速度分布均匀,同时要求流出叶轮的液体在蜗壳中减速增压,尽可能减少流动损失,使吸入或流出的液体获得更多能量。

3. 离心泵的分类

根据结构和使用目的不同,离心泵有很多种类型,常见分类方法有以下几种。

(1)按液体吸入叶轮的方式,可分为单吸泵和双吸泵。单吸泵叶轮只有一侧有吸入口,液体从叶轮一侧进入(图2-109)。双吸泵叶轮两侧都有吸入口(图2-110),双吸泵适用于排量较大的场合。

(2)按叶轮级数,可分为单级泵和多级泵。多级泵是在同一根泵轴上串联了两个以上叶轮。图2-111为两级单吸泵。级数增多时,泵的扬程会提高,压力也随之提高。级数更多的泵体一般制成分段式,其结构特点是壳体分为吸入段、中段和压出段,各段之间用拉紧螺栓固紧(图2-112)。

(3)按壳体剖分方式,可分为水平中开式和分段式。图2-110为水平中开式双吸泵,壳体在通过泵轴中心线的水平面上分开。多级分段式的壳体是以与泵轴相垂直的平面剖分(图2-112)。

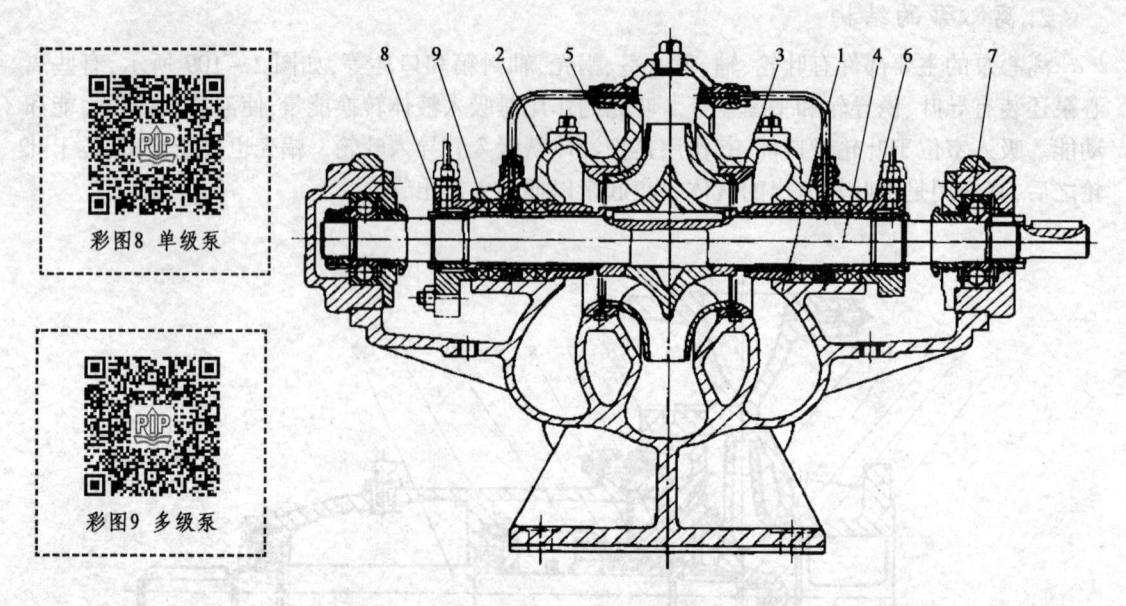

图 2-110 双吸式离心水泵
1—泵体；2—泵盖；3—密封环；4—轴；5—叶轮；6—轴套；7—轴承；8—填料压盖；9—填料

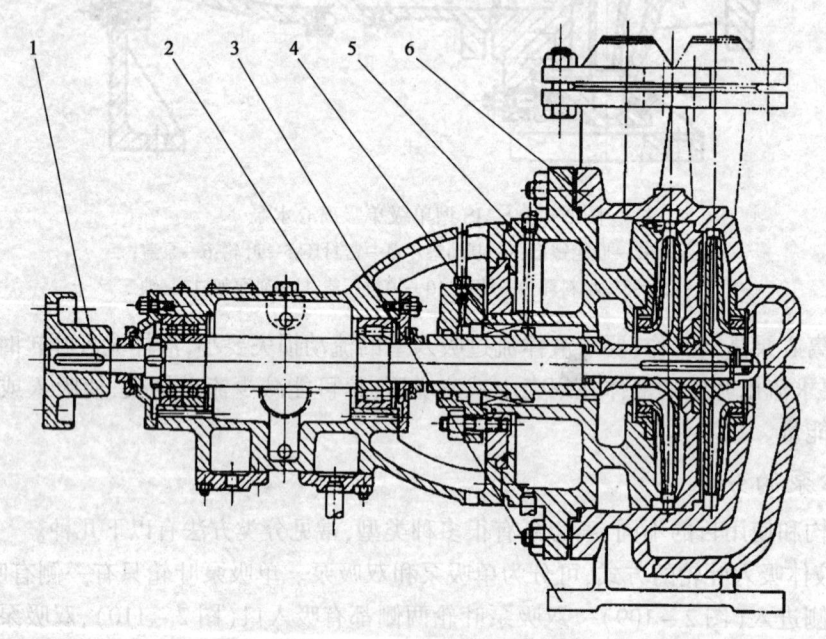

图 2-111 双级悬臂 Y 型油泵
1—转子部件；2—托架部件；3—泵支架；4—机械密封部件；5—泵盖；6—泵体

(4) 按输送介质，可分为水泵、油泵、酸泵、碱泵等。图 2-109、图 2-110、图 2-112 均为水泵，图 2-111 是油泵。水泵的轴封一般采用填料密封，油泵则因油类易挥发，同时泄漏后容易引起火灾，故对密封要求严格，通常采用密封效果较好的机械密封(图 2-111)。图 2-111 油泵的进出口接管均垂直向上，以便于排出泵壳中的气体。

(5) 根据油品温度的高低，油泵又分为冷油泵和热油泵。因热油泵输送油品的温度一般在 200℃ 以上，故在结构上需要考虑热膨胀问题，如中心支撑、支架冷却、底座中央常装有滑动导块。此外，热油泵对材料要求更高，如冷油泵壳体可用铸铁，而热油泵壳体则要用铸钢。图2-113为分段式多级高压热油泵，其结构上的显著特点是有双层壳体，以保证使用安全，图中轴封为早期结构填料密封，现均已改用机械密封结构。

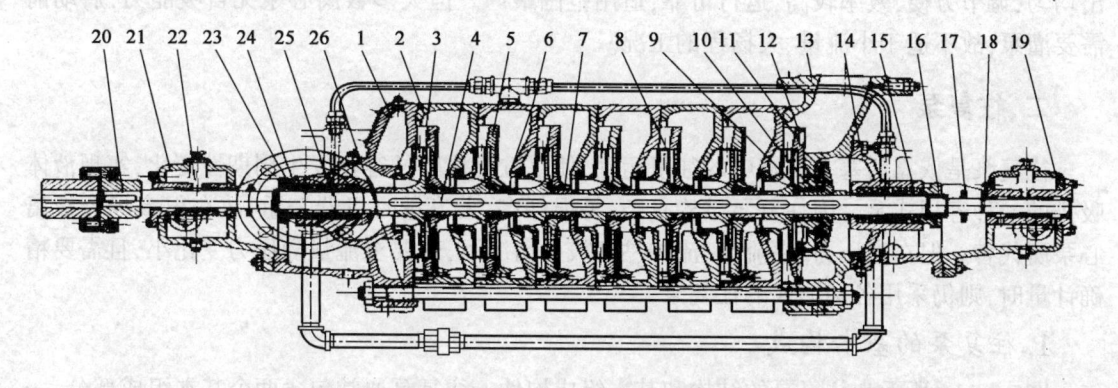

图2-112 DA型离心水泵

1—吸入段；2—中段；3—叶轮；4—轴；5—导轮；6—密封口环；7—叶轮挡套；8—导轮；9—平衡盘；10—平衡套；11—平衡板；12—压出段导轮；13—压出段；14—尾盖；15—轴套乙；16—锁紧螺母；17—挡水圈；18—平衡盘指针；19—轴承乙部件；20—联轴器；21—轴承甲部件；22—油杯；23—轴套甲；24—填料压盖；25—液封环；26—拉紧螺栓

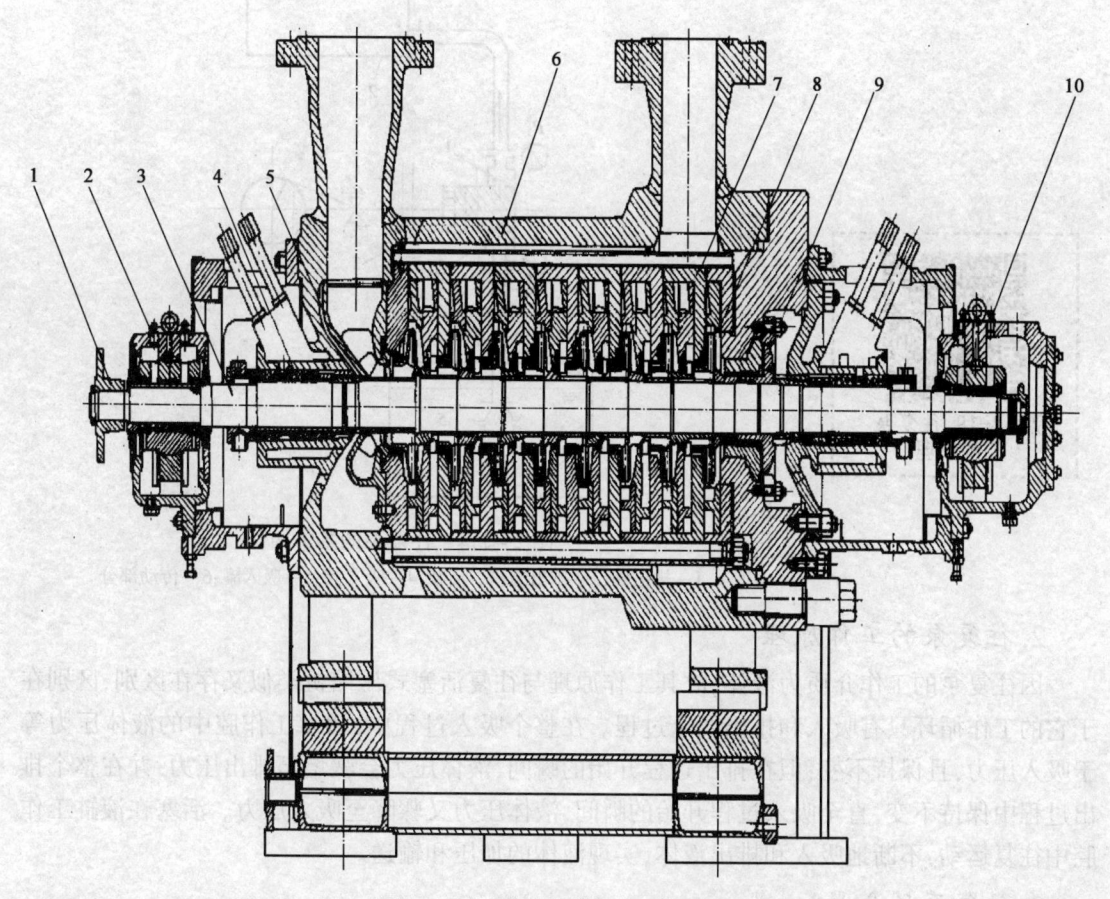

图2-113 分段式多级高压热油泵

1—联轴器；2—滑动轴承；3—轴；4—密封软填料；5—端盖；6—泵外壳；7—中间导叶；8—叶轮；9—平衡盘；10—轴承架

4. 离心泵的性能特点

离心泵构造简单,能与电动机直接相连,转速范围广,不易磨损,运行平稳,噪声小,介质排出均匀,调节方便,效率较高,运行可靠,适用范围最广。但大多数离心泵无自吸能力,启动前需要灌泵,故不适于小流量、大扬程的工况。

二、往复泵

往复泵是依靠活塞在泵缸中的往复运动,使泵缸工作腔的容积发生周期性变化,实现液体吸排的一种容积式泵。因往复泵结构复杂、易损件多、大流量时机器笨重,故在很多场合被离心泵所代替。但在高压力、小流量、流体黏度较大情况下,若要求流量随压力变化小,且需要精确计量时,则仍采用各种形式的往复泵。

1. 往复泵的基本构成

图 2-114 所示为往复泵的结构和基本组成构件。往复泵通常包含两个基本组成部分,一部分是实现机械能向压力能转换并直接输送液体的部分,称为液缸部分;另一部分是动力或传动部分,称为动力端。

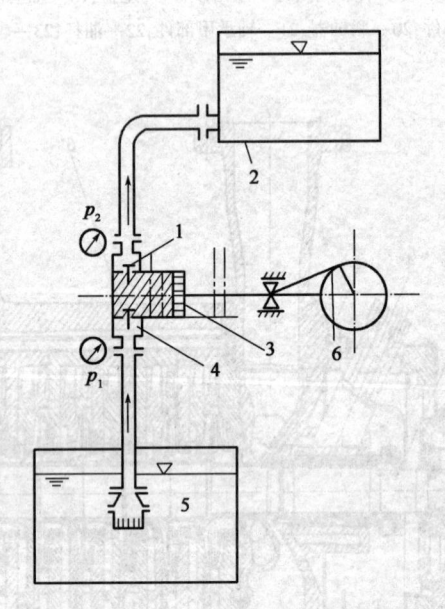

动画2-19 往复泵工作原理

图 2-114 往复泵的基本构件
1—排出阀;2—排出罐;3—活塞;4—吸入阀;5—吸入罐;6—传动部分

2. 往复泵的工作原理

因往复泵的工作介质为液体,故其工作原理与往复活塞式压缩机类似又存在区别,区别在于它的工作循环只有吸入和排出两个过程。在整个吸入过程中,活塞工作腔中的液体压力等于吸入压力,且保持不变;但在排出过程开始的瞬间,液体压力会骤增至排出压力,并在整个排出过程中保持不变,直至吸入过程开始的瞬间,液体压力又骤降至吸入压力。活塞在液缸工作腔中往复运动,不断地吸入和排出液体,实现液体的加压和输送。

3. 往复泵的分类

根据往复泵的液缸形式、动力及传动方式、缸数及液缸布置方式等,可将往复泵分为活塞式、柱塞式和隔膜式等类型,具体的分类见表2-1。

表2-1 往复泵的分类

动力		传动及调节方式	液缸结构
往复泵	电动	曲柄传动	活塞式
			柱塞式
		凸轮传动	柱塞式
	流体动力	蒸汽作用	活塞式
		气体作用	柱塞式
		液压作用	
	隔膜式	机械传动	单隔膜
		液压传动	双隔膜

图2-115所示为几种常见的往复泵的结构型式。柱塞泵一般为单作用结构,活塞泵一般为双作用结构,隔膜泵也有单隔膜和双隔膜之分。活塞泵只有单缸及双缸结构,而柱塞泵有单缸及多缸结构,以三缸柱塞泵最常见,最多有采用十二缸的。液缸布置方式有卧式及立式,偶数缸的多缸柱塞泵也有水平对置式结构。

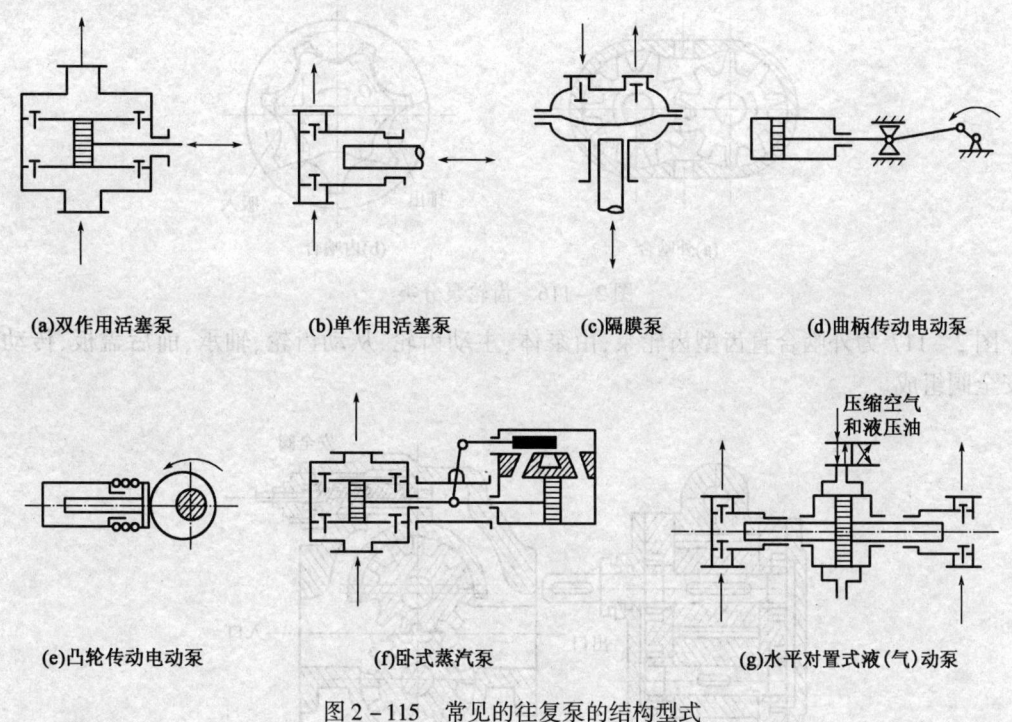

(a)双作用活塞泵　(b)单作用活塞泵　(c)隔膜泵　(d)曲柄传动电动泵

(e)凸轮传动电动泵　(f)卧式蒸汽泵　(g)水平对置式液(气)动泵

图2-115 常见的往复泵的结构型式

在实际生产中,往复泵常以其用途冠名,如注水泵、油泵、液态烃泵、酸泵、碱泵、计量泵、氨泵、酮液泵、清焦泵和试压泵等。按排量、压力的要求也可做成不同的型式。

4. 往复泵的性能特点

往复泵是容积泵的一种型式,是利用部件(活塞)在液缸中作往复运动时的容积变化来吸入或排出液体。与其他泵相比有以下特点:

(1)往复泵的瞬时流量有脉动,会引起吸入和排出管路内液体的非匀速流动,从而产生加速度和惯性力,还会导致管路压力脉动及管路振动。

(2)往复泵排出的液体压力取决于管路特性压力,泵结构部件的强度、密封性能和驱动机械的功率。

(3)往复泵排量基本与压力无关,排量取决液缸的结构尺寸、活塞行程往复次数。

(4)往复泵大多用于高压、小流量和高黏度的流体。

(5)具有自吸能力,启动前可以不灌泵。

(6)能采用适当调节方法和调节机构控制往复泵流量,且能精确计量,可省去计量仪表。

三、齿轮泵

1.齿轮泵的基本构成

齿轮泵的工作机构是一对互相啮合的齿轮,根据啮合特点,可分为外啮合和内啮合两种,如图2-116所示。齿轮泵的齿形有渐开线齿形和圆弧—摆线齿形。常见的外啮合齿轮泵多采用渐开线齿形,有直齿、斜齿、人字齿几种。在相同流量下,内啮合齿轮泵尺寸小于外啮合齿轮泵。内啮合齿轮泵的流量也比外啮合齿轮泵均匀,但制造加工比外啮合齿轮泵复杂。外啮合齿轮泵的齿轮数目为2~5个,以两个齿轮者最常见。内啮合齿轮泵只有两个齿轮。

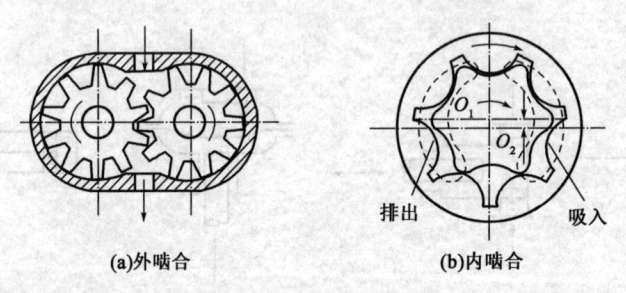

图2-116 齿轮泵分类

图2-117为外啮合直齿型齿轮泵,由泵体、主动齿轮、从动齿轮、轴承、前后盖板、传动轴及安全阀组成。

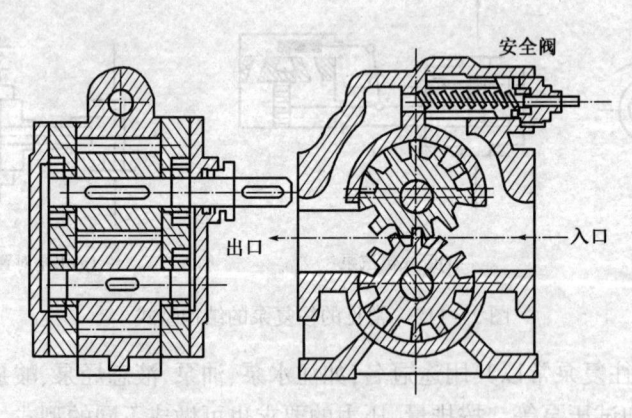

图2-117 外啮合直齿型齿轮泵

2.齿轮泵的工作原理

齿轮泵是一种容积式泵,它依靠两齿轮相互啮合过程中所形成的工作容积的变化来输送液体,如图 2-118 所示。工作容积由泵体、侧盖及齿轮的各齿间槽构成,啮合齿 A、B、C 将此空间分隔成吸入腔和排出腔两部分。当一对齿按图示方向转动时,位于吸入腔的 C 齿逐渐退出啮合,使吸入腔容积逐渐增大,压力降低,液体沿管道进入吸入腔,并充满齿间容积。随着齿轮转动,进入齿间的液体被带到排出腔。因齿的啮合占据了齿间容积,使排出腔容积变小,液体被排出。

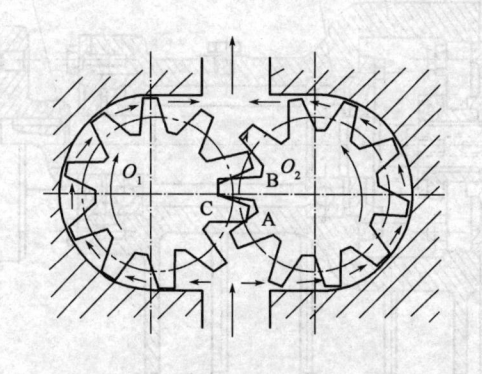

图 2-118 齿轮泵工作原理图

动画 2-20 齿轮泵工作原理

3. 齿轮泵的特点

齿轮泵具有容积式泵转子泵的特点,流量与排出压力基本无关;流量和压力有脉动;无进、排液阀,结构比往复泵简单,制造容易,维修方便,运转可靠,流量比往复泵均匀。因齿轮泵在工作过程中,输送介质会与啮合齿接触,故对输送介质的清洁度要求较高,因此,齿轮泵一般适用于不含固体杂质的高黏度液体。

四、水环真空泵

1. 水环真空泵的典型结构

液环式泵和压缩机均属于容积式流体输送机械。在液环式泵和压缩机的工作过程中,因常用水作密封液,且大多用作真空泵,故习惯上称为水环真空泵。

图 2-119 为 SZB 型水环真空泵结构。泵盖与泵体用螺栓紧固形成工作室,上方有进、排气口,下部有放水螺塞。叶轮可沿轴向滑动,自动调节间隙。叶轮上有六个平衡孔,以平衡轴向力。轴封采用软填料密封。为使水温不超过 40～50℃,并节约用水,在泵体上附有气水分离器,使水循环使用。

2. 水环真空泵的工作原理

液环式泵和压缩机有两种不同的结构,其中缸体制成圆筒形,转子偏心配置于缸体内的结构称为单作用式;缸体制成椭圆形,转子置于中心的结构,称为双作用式。双作用式结构的机器,在其对称两侧均能形成若干工作腔进行工作,具有较大排量。

在液环式泵(压缩机)工作过程中,当工作轮旋转且达到一定转速时,离心力的作用将液体甩向四周,形成一个贴在缸体内表面的液环,如图 2-120 所示,叶片、轮毂及壳体端面与液体共同形成若干工作腔(或称为基元容积)。工作轮旋转一周,每个基元容积扩大、缩小一次,并依次与吸入、排出口各连通一次,实现吸气、压缩、排气及可能有的膨胀过程。随着气体的排出,同时也夹带一部分液体排出,所以必须在吸入口补充一定量的液体,使液环保持恒定体积,并借以带走热量,起到冷却作用。

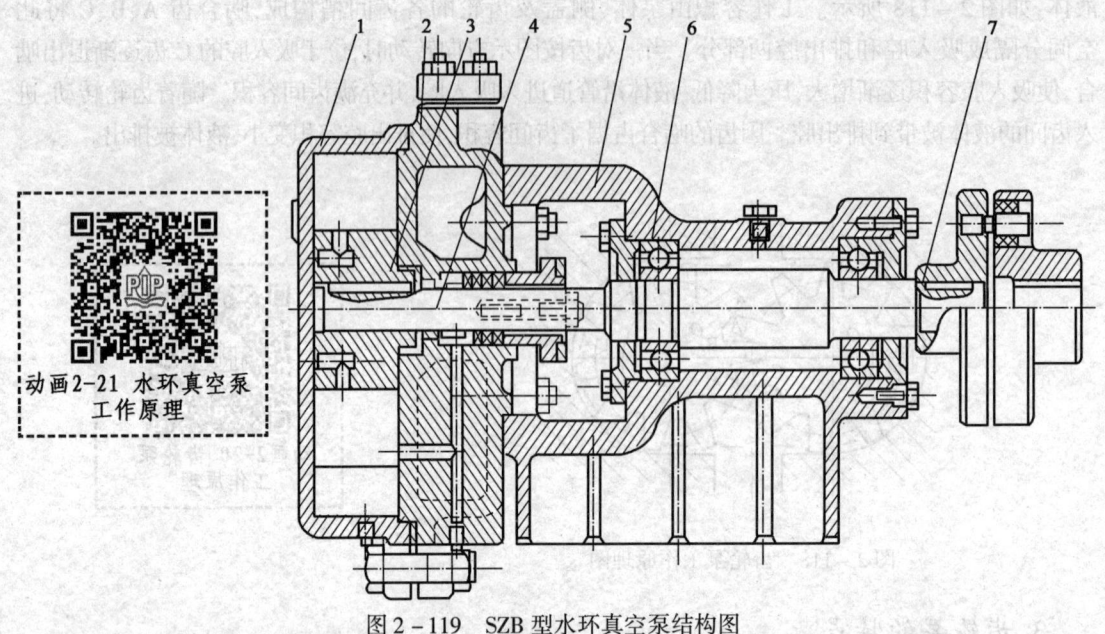

图 2-119　SZB 型水环真空泵结构图

1—铸铁泵盖；2—铸铁泵体；3—铸铁或青铜叶轮；4—钢轴；5—托架；6—轴承；7—弹性联轴器

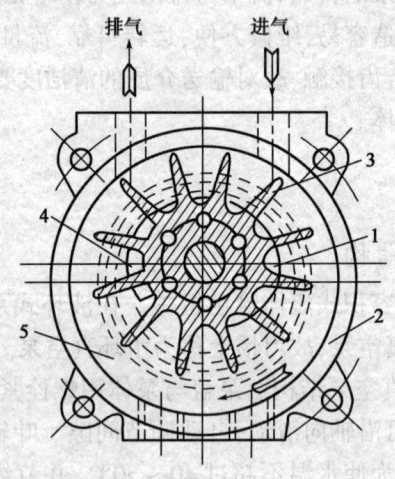

图 2-120　液环压缩机工作原理图

1—吸入室；2—泵体；3—叶轮；4—排出室；5—液环

液环式泵和压缩机工作轮叶片有后弯叶片、径向叶片和前弯叶片多种形式。试验证明，后弯叶片的液环泵和压缩机工作性能较差，而前弯叶片和径向叶片的工作性能较好。

3. 水环真空泵的性能特点

液环式流体输送机械结构简单，不需要吸、排气阀，工作平稳可靠，气量均匀。但因工作过程中叶片不断搅动液体，故能量损失（水力损失）较大，损失的能量几乎等于压缩气体所耗之功。因此，液环式流体输送机械的效率很低。该机械适合输送易燃、易爆、高温易分解及具有强烈腐蚀性的气体，如乙炔、硫化氢、氯气等，也可输送含有蒸汽、水分或固体微粒的气体。

此外，因工作液体与输送介质的直接接触而吸收的热量会使工作液体挥发成气体，并混入被压缩气体，致使输送介质受到污染，故在介质纯度要求较高的场合使用液环式泵和压缩机时，必须在排气侧安装气液分离装置。

五、离心式压缩机

根据输送气体时排出压力的不同,输送气体的机器可分为通风机、鼓风机和压缩机。排出压力小于 0.01~0.015MPa 者称为通风机,排出压力约 0.015MPa 至 0.3~0.35MPa 的称为鼓风机,排出压力在 0.3~0.35MPa 以上者称为压缩机。离心式压缩机与离心式风机的作用原理和结构部件相似,属同一类机器。

离心式压缩机在炼油厂主要用来输送催化裂化装置的富气、延迟焦化装置的焦化富气及加氢精制装置的循环氢气等。催化裂化装置的主风机也属于离心式压缩范畴,因其排出压力低,一般划归为离心式鼓风机。

在大型合成氨生产厂采用的原料气压缩机、合成气压缩机、氨压缩机、空气压缩机及合成尿素工艺的二氧化碳压缩机均采用离心式压缩机。

在乙烯厂采用的氯气压缩机、裂解气压缩机、氢气压缩机、乙烯压缩机、丙烯压缩机、甲烷压缩机、燃料气压缩机、循环气压缩机等均属于离心式压缩机。

1. 离心式压缩机的基本结构

图 2-121 为离心式压缩机剖面图,该压缩机用于压缩及输送催化裂化富气。由图 2-121 可看出,该机由一个带有 7 个叶轮的转子及与其相配合的固定元件所组成,其主要构件有:

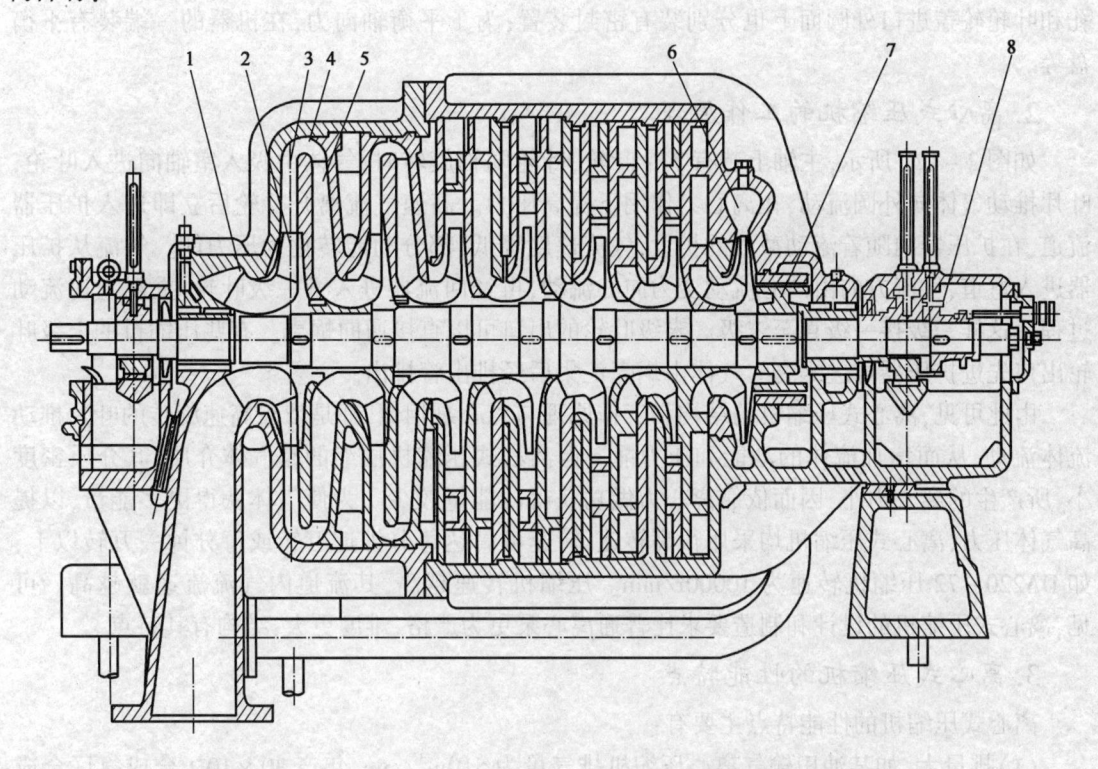

图 2-121 DA220-72 离心式压缩机
1—吸气室;2—叶轮;3—扩压器;4—弯道;5—回流器;6—蜗壳;7—平衡盘;8—推力盘

(1)叶轮。它是离心压缩机唯一的做功部件。叶轮对气体做功,增加气体能量,使气体流出叶轮时的压力和速度明显提高。

(2)扩压器。它是离心压缩机的转能装置。因气体从叶轮流出的速度很大,为了将速度能有效地转变为压力能,故需要在叶轮出口后设置流通截面逐渐扩大的扩压器。

(3)弯道。它是设置于扩压器后的气流通道。其作用是将扩压后的气体由离心方向改为向心方向,以便引入下一级叶轮中去继续进行压缩。

(4)回流器。其作用是使气流按一定方向均匀地进入下一级叶轮入口。在回流器中一般都装有导向叶片。

(5)吸气室。其作用是将进气管(或中间冷却器出口)中的气体均匀地导入叶轮。

(6)蜗壳。其作用是将从扩压器(或直接从叶轮)出来的气体收集起来,并引出机器。在蜗壳收集气体的过程中,因蜗壳外径及流通截面的逐渐扩大,故也起着降速扩压的作用。

除了上述组件外,为减少气体向外泄漏,在机壳两端装有轴封;为减少内部泄漏,在隔板内孔和叶轮轮盖进口外圆面上也分别装有密封装置;为了平衡轴向力,在机器的一端装有平衡盘等。

2. 离心式压缩机的工作原理

如图2-121所示,主轴上装有7个叶轮,叶轮随轴旋转时,气体由吸入室轴向进入叶轮,叶片推动气体向外圆流动,在离心力作用下提高压力。高速气流离开叶轮后立即进入扩压器流道,在扩压器内随着流动截面的扩大,气流速度降低,部分动能转化为压力能。气流从扩压器进入弯道,气流方向由离心流动变为向心流动,再经回流器进入下一级叶轮,重复上述流动过程。这样一级接一级直至末级。末级叶轮的出口可以直接通向蜗壳。有些压缩机的末级叶轮出口先进扩压器再进蜗壳。气体由蜗壳汇集后经排出管排出。

由此可见,离心式压缩机的结构和工作原理与离心泵相似,都是依靠高速旋转的叶片推动流体流动,从而增加流体的动能和压力能。但离心式压缩机压缩的是气体介质,其介质密度小,所产生的离心力小,因而依靠离心力做功获得的能量较少。为使气体获得更多能量,以提高气体压力,离心式压缩机均采用很高转速,转速可高达每分钟近万转或每分钟一万转以上,如DA220-72压缩机转速为10000r/min。压缩机转速越高,其流道内气流流速就越高。可见,离心式压缩机的设计和制造要求比普通离心泵更为严格、难度更大,结构有其特点。

3. 离心式压缩机的性能特点

离心式压缩机的性能特点主要有:

(1)排量大,如某油田输气离心压缩机排气量为510m^3/min,年产30×10^4t合成氨厂合成气压缩机排气量达2000~3000m^3/min;

(2)结构紧凑、尺寸小,机组占地面积及质量均比同一气量活塞压缩机小得多;

(3)运转平稳,操作可靠,运转效率较高,易损件少,维修方便;

(4)气体不与机器润滑系统的油接触,可以做到压缩气体过程绝对不带油,有利于防止气体发生化学反应；

(5)转速高，适宜用工业汽轮机或燃气轮机直接驱动，故可充分利用生产装置的热能，节能降耗。

但离心式压缩机还存有一些缺陷需改进，如不适用于气量太小及压力比过高的场合，效率低于活塞压缩机，稳定工况区较窄等。

六、往复活塞式压缩机

1. 往复活塞式压缩机的结构

往复活塞式压缩机广泛用于中、小流量且压力较高的场合，如空气压缩机、氢气压缩机，空气分离装置中的空气、氧气、氮气压缩机，中、小型合成氨装置的合成气压缩机、循环气压缩机等。

图 2－122 所示是一台我国自行设计与制造的 L 型空气压缩机总图。如图所示，往复活塞式压缩机主要由运动机构(曲轴、轴承、连杆、十字头、皮带轮或联轴器等)、工作机构(气缸、活塞、气阀等)、机身三大部分组成。此外，它还有三个辅助系统，即润滑系统、冷却系统、调节系统。

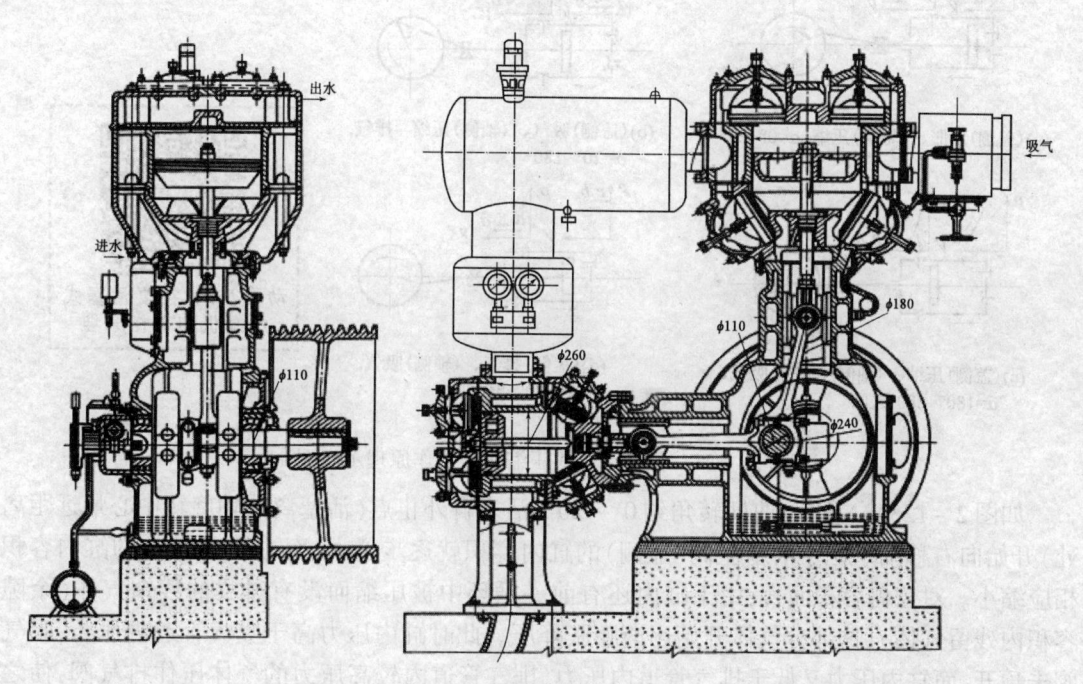

图 2－122　L 型空气压缩机

运动机构是一种曲柄连杆机构，把曲轴的旋转运动变为十字头的往复运动。在 L 型压缩机中，电动机经皮带轮或联轴器带动曲轴旋转。曲轴与两个连杆的大头相连，两个连杆的小头分别与两个十字头连接，而两个十字头分别被限定在垂直列和水平列两个滑道内，只能作往复运动。这样，旋转的曲轴使连杆作平面摆动，传到十字头则变为往复运动，十字头再通过活塞杆带动活塞在气缸内作往复运动。

工作机构是实现压缩机工作原理的主要部件。气缸呈圆筒形，两端都装有若干吸气阀与排气阀，活塞在气缸中间作往复运动。如图 2－122 所示的 L 型压缩机中有两个气缸，垂直列为一级缸,水平列为二级缸。机身是用来支承和安装整个运动机构和工作机构,又兼作润滑油箱用,曲轴用轴承支承在机身上。机身上的两个滑道又支托着十字头,两个气缸分别固定在L型机身的两臂上。

2. 往复活塞式压缩机的工作原理

空气由一级缸吸入,经过压缩升压至约 2×10^5 Pa(表压)排出,经中间冷却器降温后被二级缸吸入,再经压缩升压至 8×10^5 Pa(表压)后,排出到输气管路中供使用。这种气体分两次或更多次压缩升压的情况称多级压缩。不论有多少级缸,在每个气缸内都要经历膨胀、吸气、压缩、排气四个过程,其工作原理是相同的。现以 L 型压缩机的二级缸为例来分析说明。

图 2-123 为 L 型空气压缩机二级缸工作原理示意图。设曲轴的曲柄半径为 r,则活塞从左到右移动的最大距离就为 $2r$,称为行程 S。若以二级缸中心线与曲柄之间的夹角为曲柄转角 α,则 α 在 $0°\sim180°$ 之间,活塞从左向右移动 $S=2r$;在 $\alpha=180°\sim360°$ 之间,活塞又从右向左移动 $S=2r$,返回原来的位置。曲轴每转一周,活塞完成一左一右的循环,即走了两个行程。对活塞每一侧气体而言,则完成了一次循环,包括膨胀、吸气、压缩、排气四个过程。

(a)(盖侧)膨胀、(轴侧)压缩,$\alpha=0°\sim20°$

(b)(盖侧)吸气、(轴侧)压缩—排气,$\alpha=20°\sim180°$

(c)(盖侧)压缩、(轴侧)膨胀—吸气,$\alpha=180°\sim280°$ 之间

(d)(盖侧)排气、(轴侧)吸气,$\alpha=280°\sim360°$

动画2-24 往复活塞式压缩机的工作原理

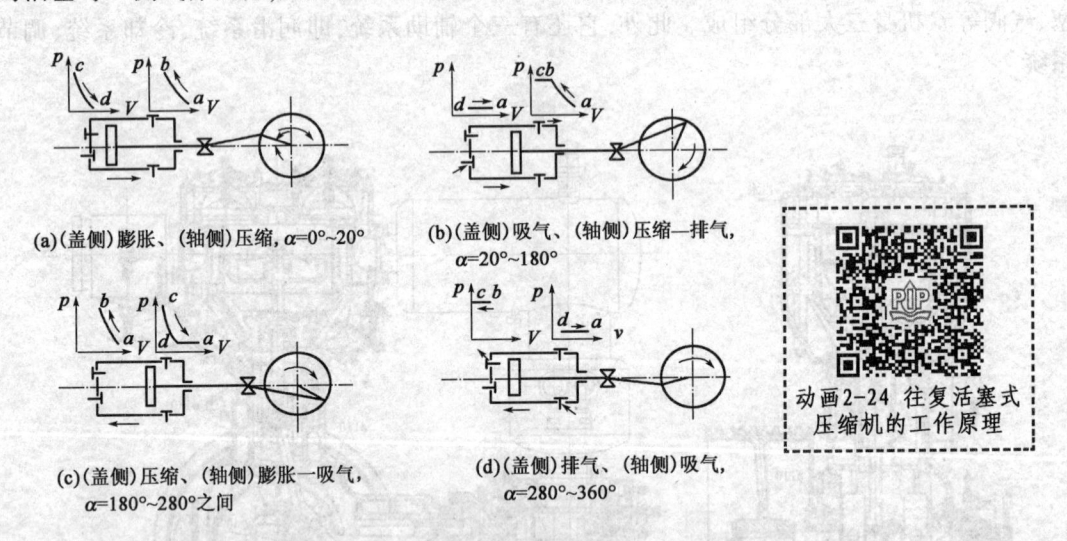

图 2-123 往复活塞式压缩机的工作原理示意图

如图 2-123(a)所示,曲柄转角约 $0°\sim20°$,活塞自外止点(活塞离曲轴旋转中心最远距离处)开始向右移动。位于活塞左侧(盖侧)的缸内容积就逐步增大,而右侧(轴侧)的缸内容积相应缩小。对盖侧容积而言,由于缸内还有前一循环中被压缩而没有排尽的残余气体(余隙容积内残留气体),这部分气体开始逐渐膨胀降压。此时缸内压力高于吸气管道内压力,吸气阀未顶开,而缸内压力又低于排气管道内压力,排气管道内较高压力的气体压住排气阀,使之关死。两阀均在关闭状态,缸内残余气体随活塞的右移而不断膨胀降压,在 p—V 图上表示为过程 c—d,称为膨胀过程。与此同时,对轴侧容积而言,活塞右移而容积缩小,缸内气体被压缩而压力升高,在 p—V 图上表示为过程 a—b,称为压缩过程。

如图 2-123(b)所示,曲柄转角约 $20°\sim180°$,活塞继续右移,盖侧容积继续增大,缸内压力继续下降,直到略低于吸气管压力时,吸气阀被顶开,空气不断被吸入气缸,直到活塞到达内止点(活塞离曲轴旋转中心最近位置)时为止。这称为吸气过程,在 p—V 图上表示为过程 d—a。对轴侧容积而言,则处于压缩接着排气过程。

如图2-123(c)所示,曲柄转角约180°~280°,活塞自内止点开始向左移动,盖侧容积逐步缩小而轴侧容积却相应增大。对盖侧容积而言,被吸入的空气就逐步被压缩升压。此时由于缸内压力已高于吸气压力而又低于排气压力,吸气阀已关闭,排气阀尚顶不开,故缸内气体随活塞左移而不断被压缩升压。这称为压缩过程,在 p—V 图上表示为过程 a—b。对轴侧容积而言,则处于膨胀接着吸气过程。

如图2-123(d)所示,曲柄转角约280°~360°,活塞继续左移,盖侧容积继续缩小,缸内压力继续上升直到略高于排气管压力时,排气阀被顶开,于是压缩空气就不断被排出,直到活塞到达外止点为止。这称为排气过程,在 p—V 图上表示为过程 b—c。对轴侧容积而言,则处于吸气过程。

由以上分析可知,曲轴旋转一周,活塞左右往复一次,盖侧与轴侧容积各自完成一个循环,但两侧同一时刻的工作过程恰好相反,这种结构称为双作用气缸。这种气缸的盖侧与轴侧都分别布置有相同数量的吸气阀及排气阀,这些气阀控制气流只作单向流动。吸气阀只能吸气,排气阀只能排气,不能同时动作。气阀的启闭由缸内外的压力差决定。一般吸气或排气管道内的压力是维持恒定的。因此,只有依靠活塞的往复运动,改变缸内容积,才能使缸内压力发生变化,并在缸内外造成一定压差,该压差可使气阀时开时闭。

综上所述,活塞在气缸内的来回运动与气阀相应的开闭动作相配合,使缸内气体依次实现膨胀、吸气、压缩、排气四个过程,如此不断循环,即可将低压气体升压后源源输出。

3.往复活塞式压缩机的分类

往复活塞式压缩机类型繁多,可按不同的方法分类,见表2-2。气缸的不同工作容积示意图及排列方式分别见图2-124、图2-125。

表2-2 往复活塞式压缩机的分类

分类	名称			说明
按排量	微型			排气量 <1m³/min
	小型			排气量为 1~10m³/min
	中型			排气量为 10~100m³/min
	大型			排气量 >100m³/min
按排气压力	鼓风机			排气压力 <3×10⁵Pa
	低压	压缩机		排气压力为 (3~10)×10⁵Pa
	中压			排气压力为 (10~100)×10⁵Pa
	高压			排气压力为 (100~1 000)×10⁵Pa
	超高压			排气压力 >1 000×10⁵Pa
按压缩级数	单级			气体经一次压缩即达排气终压
	多级			气体经多次压缩达排气终压
按气缸排列方式	直列式	立式		气缸中心线与地面垂直,机型代号 Z
		卧式		气缸中心线呈水平,且气缸只布置在机身的单侧,机型代号 P
	角式			气缸中心线互成一定角度,分别以其气缸排列的方式呈 L、V、W 形为其机型代号,扇形用 S 表示
	对置式	对动型(或对称平衡型)		气缸水平置于机身的两侧,且相邻的曲拐相差180°,其中气缸在电动机的单侧者,机型代号为 M;气缸在电动机的两侧者,机型代号为 H
		对置型		气缸水平置于机身的两侧,且相邻的曲拐相差为180°,机型代号为 DZ

续表

分类	名称	说明
按气缸的工作容积	单作用式	仅活塞的一侧气缸为工作容积
	双作用式	活塞的两侧气缸均为工作容积,并实现同一级次的压缩
	级差式	同一气缸与活塞各端面形成几个工作容积,并实现不同级次的压缩
按冷却方式	风冷	气缸用空气冷却
	水冷	气缸用水套冷却
按润滑方式	气缸有油润滑	气缸内注油润滑,简称有油润滑
	气缸无油润滑	气缸内不注油润滑,简称无油润滑
按用途	动力用	提供动力或仪表压缩气源
	工艺用	在工艺流程中输送工艺气体

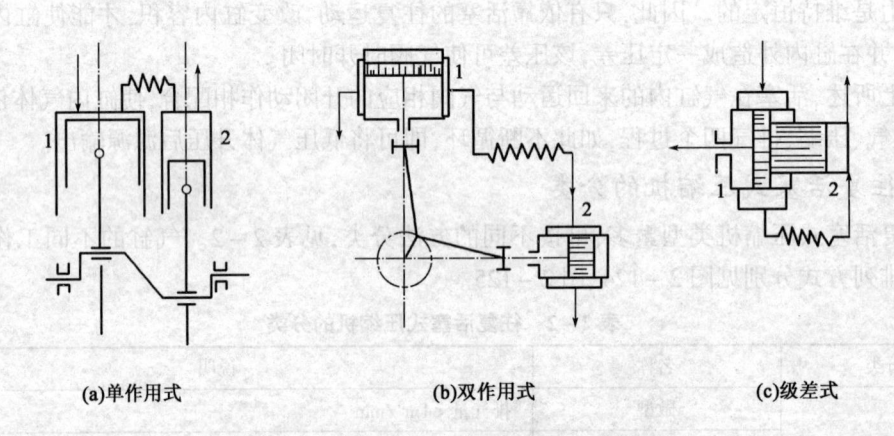

(a)单作用式　　　(b)双作用式　　　(c)级差式

图 2-124　气缸的不同工作容积示意图

七、螺杆压缩机

螺杆压缩机具有结构简单、工作可靠和操作方便等一系列独特优点,因此在空气动力、制冷空调及各种工艺流程中获得了广阔应用。在中等容积流量的空气动力装置及中等制冷量的制冷装置中,螺杆压缩机占据了市场优势份额。在石油、化工、食品、医药等行业,无油螺杆压缩机的市场应用前景也十分广阔。

1. 螺杆压缩机的基本结构

通常所称的螺杆压缩机是指双螺杆压缩机,与活塞压缩机等其他类型的压缩机相比,螺杆压缩机是一种比较新颖的压缩机,其基本结构如图 2-126 所示。在压缩机机体中,平行配置着一对相互啮合的螺旋形转子。通常把节圆外具有凸齿的转子,称为阳转子或阳螺杆;把节圆内具有凹齿的转子,称为阴转子或阴螺杆。一般阳转子与原动机连接,由阳转子带动阴转子转动。因此,阳转子又称为主动转子,阴转子又称为从动转子。转子上的球轴承使转子实现轴向定位,并承受压缩机的轴向力。同样,转子两端的圆柱滚子轴承使转子实现径向定位,并承受压缩机的径向力。在压缩机机体两端,分别开设一定形状和大小的孔口,一个供吸气用,称作吸气孔口;另一个供排气用,称作排气孔口。

(a)立式　　　(b)卧式　　　(c)角式L型

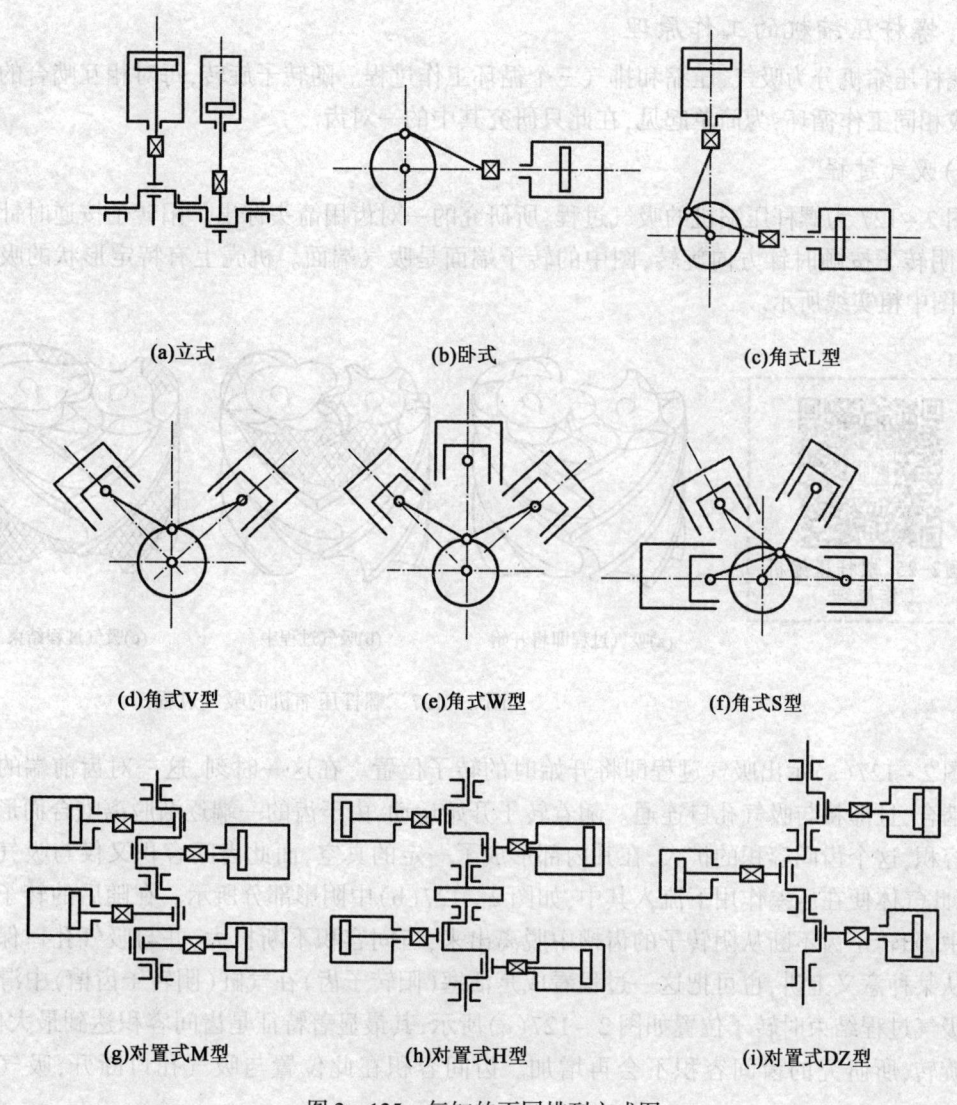

(d)角式V型　　　(e)角式W型　　　(f)角式S型

(g)对置式M型　　　(h)对置式H型　　　(i)对置式DZ型

图 2-125　气缸的不同排列方式图

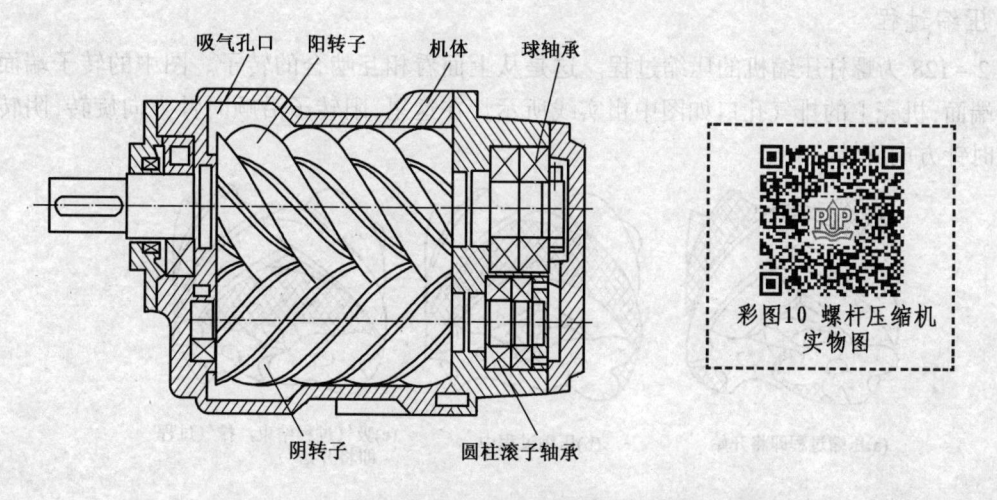

图 2-126　螺杆压缩机结构示意图

彩图10　螺杆压缩机实物图

2. 螺杆压缩机的工作原理

螺杆压缩机分为吸气、压缩和排气三个循环工作过程。随转子旋转，每对相互啮合的齿相继完成相同工作循环，为简单起见，在此只研究其中的一对齿。

1) 吸气过程

图2-127为螺杆压缩机的吸气过程，所研究的一对齿用箭头标出。阳转子按逆时针方向旋转，阴转子按顺时针方向旋转，图中的转子端面是吸气端面。机壳上有特定形状的吸气孔口，如图中粗实线所示。

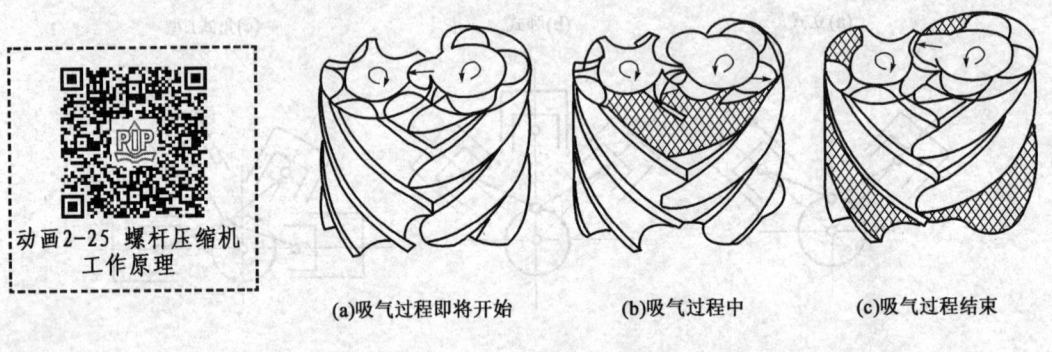

(a) 吸气过程即将开始　　(b) 吸气过程中　　(c) 吸气过程结束

图2-127　螺杆压缩机的吸气过程

图2-127(a)示出吸气过程即将开始时的转子位置。在这一时刻，这一对齿前端的型线完全啮合，且即将与吸气孔口连通。随着转子开始运动，由于齿的一端逐渐脱离啮合而形成了齿间容积，这个齿间容积的扩大，在其内部形成了一定的真空，而此齿间容积又仅与吸气口连通，因此气体便在压差作用下流入其中，如图2-127(b)中阴影部分所示。在随后的转子旋转过程中，阳转子齿不断从阴转子的齿槽中脱离出来，齿间容积不断扩大，并与吸气孔口保持连通。从某种意义上讲，也可把这一过程看成是活塞(阳转子齿)在气缸(阴转子齿槽)中滑动。

吸气过程结束时转子位置如图2-127(c)所示，其最显著特征是齿间容积达到最大值，随转子旋转，所研究的齿间容积不会再增加。齿间容积在此位置与吸气孔口断开，吸气过程结束。

2) 压缩过程

图2-128为螺杆压缩机的压缩过程。这是从上面看相互啮合的转子。图中的转子端面是排气端面，机壳上的排气孔口如图中粗实线所示。在这里，阳转子沿顺时针方向旋转，阴转子沿逆时针方向旋转。

(a) 压缩过程即将开始　　(b) 压缩过程中　　(c) 吸气过程结束，排气过程即将开始

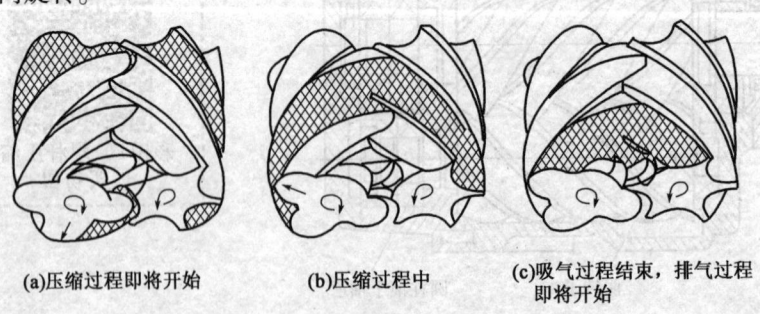

图2-128　螺杆压缩机的压缩过程

图 2-128(a)示出压缩过程即将开始时转子的位置。此时,气体被转子齿和机壳包围在一个封闭空间,齿间容积因转子齿的啮合而开始减小。

随着转子的旋转,齿间容积因转子齿的啮合而不断减小。被密封在齿间容积的气体所占据的体积也随之减小,导致压力升高,从而实现气体的压缩过程,如图 2-128(b)所示。压缩过程可一直持续到齿间容积即将与排气孔口连通之前,如图 2-128(c)所示。

3) 排气过程

图 2-129 为螺杆压缩机的排气过程。齿间容积与排气孔口连通后,即开始排气过程。随齿间容积不断缩小,具有排气压力的气体逐渐通过排气孔口被排出[图 2-129(a)]。这一过程一直持续到齿末端的四线完全啮合[图 2-129(b)]。此时,齿间容积内的气体通过排气孔口被完全排出,封闭的齿间容积的体积将变为零。

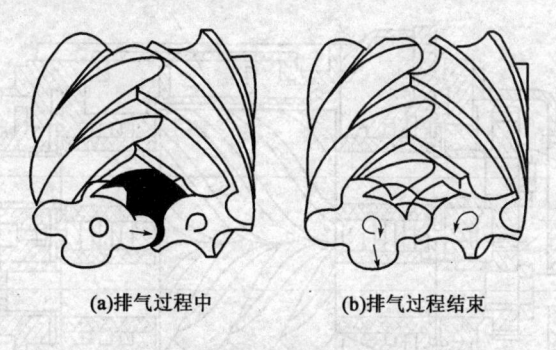

(a)排气过程中　　(b)排气过程结束

图 2-129　螺杆压缩机的排气过程

从上述工作原理看出,螺杆压缩机是一种工作容积作回转运动的容积式气体压缩机械。气体压缩依靠容积变化来实现,而容积变化又是借助压缩机的一对转子在机壳内作回转运动来达到。与活塞式压缩机的区别,在于它的工作容积在周期性扩大和缩小的同时,其空间位置也在变更。只要在机壳上合理地配置吸、排气孔口,就能实现压缩机的基本工作过程,即吸气、压缩及排气过程。

3. 螺杆压缩机的分类

常见的螺杆压缩机分类如图 2-130 所示。

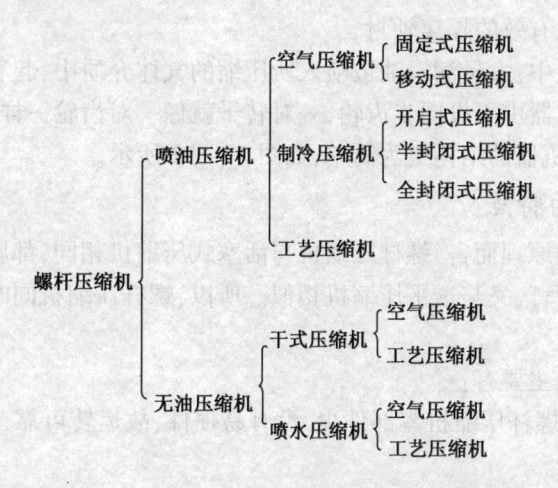

图 2-130　常见螺杆压缩机的分类

由图2-130看出,按运行方式的不同,螺杆压缩机可分为无油压缩机和喷油压缩机两类;按被压缩气体种类和用途不同,可分为空气压缩机、制冷压缩机和工艺压缩机三种;按结构形式的不同,可分为移动式和固定式、开启式和封闭式等。

图2-130中各种螺杆压缩机的工作原理完全相同,但在某个主要特征上也会有明显区别。每一种螺杆压缩机均有其固有的特点,满足一定功能,并适用于一定范围。

在无油螺杆压缩机中,气体在压缩时不与润滑油接触。图2-131为无油螺杆压缩机的结构示意图,无油机器的转子并不直接接触,相互间存在一定间隙。阳转子通过同步齿轮带动阴转子高速旋转,同步齿轮在传输动力的同时,还确保了转子间的间隙。

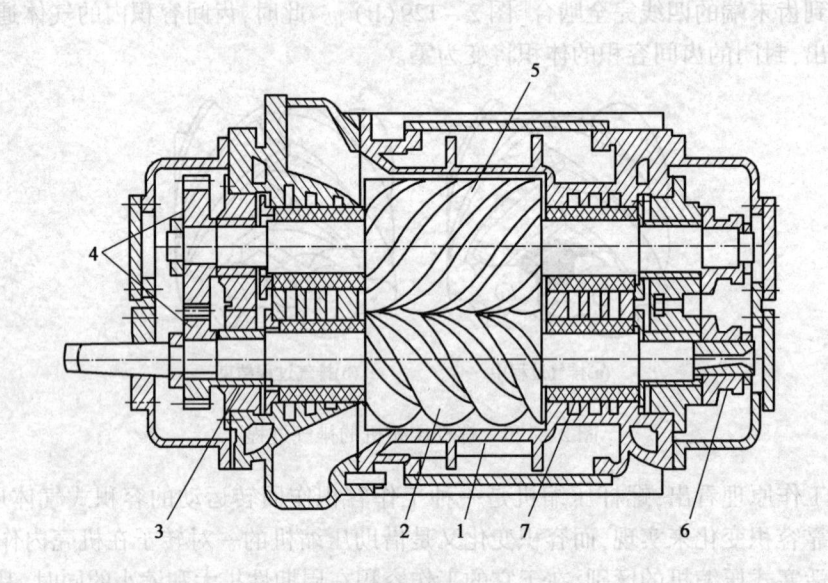

图2-131 无油螺杆压缩机结构示意图

所谓无油,是指气体在被压缩过程中,完全不与油接触,即压缩机的压缩腔或转子之间没有油润滑。但压缩机的轴承、齿轮等零部件仍采用普通润滑方式进行润滑,只是在这些润滑部位和压缩腔之间采取了有效的隔离轴封。

在喷油螺杆压缩机中,大量润滑油被喷入所压缩的气体介质中,起着润滑、密封、冷却和降低噪声等作用。喷油机器中不设同步齿轮,一对转子就像一对齿轮一样,由阳转子直接带动阴转子旋转。所以,喷油机器的结构更为简单,如图2-132所示。

4. 螺杆压缩机的特点

就提高气体压力的原理而言,螺杆压缩机与活塞式压缩机相同,都属于容积式压缩机。就主要部件的运动形式而言,又与透平压缩机相似。所以,螺杆压缩机同时兼有上述两类压缩机的特点。

螺杆压缩机的优点主要有:

(1)可靠性高。因螺杆压缩机零部件少,没有易损件,故运转可靠,寿命长,大修间隔期可达$(4 \sim 8) \times 10^4 h$。

(2)操作维护方便,可实现无人值守运转。

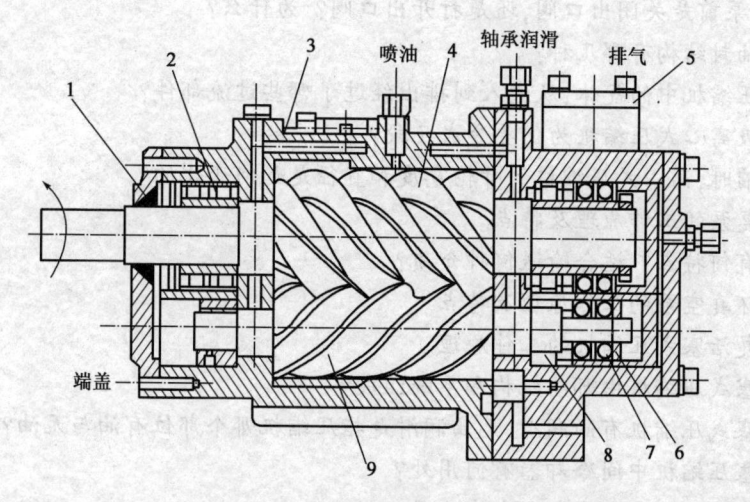

图 2-132 小型喷油螺杆空气压缩机结构
1—轴封；2、8—圆柱滚子轴承；3—机体；4—阳转子
5—排气端盖；6—锁紧螺母；7—角接触球轴承；9—阴转子

(3)动力平衡性好。螺杆压缩机没有不平衡惯性力，机器可平稳地高速工作，可实现无基础运转，特别适合用作移动式压缩机，体积小、重量轻、占地面积少。

(4)适应性强。螺杆压缩机具有强制输气的特点，排气量几乎不受排气压力影响，在宽广范围内能保持较高效率。

(5)多相混输。螺杆压缩机的转子齿面间实际上留有间隙，因而能耐液体冲击，可压送含液气体、含粉尘气体、易聚合气体等。

但螺杆压缩机也存有以下不足：

(1)造价高。这是因为螺杆压缩机对气缸的加工精度要求较高，转子齿面需利用特制刀具，并在价格昂贵的专用设备上进行加工。

(2)不能用于高压场合。由于受到转子刚度和轴承寿命等方面的限制，螺杆压缩机只能适用于中、低压范围，排气压力一般不能超过 4.5MPa。

(3)不能制成微型。螺杆压缩机依靠间隙密封气体，目前一般只有容积流量大于 $0.2m^3/min$ 时，螺杆压缩机才具有优越性能。

思 考 题

1. 离心泵在什么情况下吸水时应装有底阀，该阀属于何种阀？
2. 离心泵装置上离心泵出口设有单向阀，其作用为何？
3. 如何识别离心泵的进出口？
4. 离心泵进出口压力表应安装在何处？
5. 如何确认蜗壳泵和多级分段泵的级数？
6. 热油泵、冷油泵分界温度为多少？
7. 对于离心泵，冷油泵和热油泵的口环间隙哪个大？
8. 离心泵在启动前如何排尽气体？在结构上如何考虑？

9. 离心泵开泵前是关闭出口阀,还是打开出口阀？为什么？
10. 离心泵轴封结构有哪几种？
11. 离心式压缩机中的气体,从进入到排出经过了哪些过流部件？
12. 有些多级离心式压缩机为何要分成几段？
13. 多级压缩时,离心式压缩机的叶轮宽度和直径是如何变化的？
14. 简述往复泵的工作原理及特点。
15. 齿轮泵有何特点？适合输送何种介质？
16. 简述水环真空泵的工作原理及特点。
17. 简述往复活塞式压缩机的工作原理。
18. 往复活塞式压缩机由哪些机构和系统组成？
19. 往复活塞式压缩机有油润滑、无油润滑是指压缩机哪个部位有油与无油？
20. 往复活塞压缩机中间冷却器有何用处？
21. 往复活塞压缩机气缸冷却方式有几种？
22. 活塞式压缩机启动时应注意什么问题？
23. 活塞压缩机排气量降低可能由哪些原因造成？
24. 简述螺杆式压缩机的工作原理及工作过程。
25. 螺杆式压缩机的优缺点主要有哪些？
26. 螺杆式制冷压缩机由哪些主要零部件组成？
27. 向螺杆压缩机中喷润滑油的目的是什么？

第三章 典型的炼油生产装置

我国炼化企业有许多炼油生产装置，本章重点介绍几种典型的炼油生产工艺，主要包括常减压蒸馏、延迟焦化、催化裂化、催化加氢、催化重整等炼油装置的基本情况，为学生下现场实习提供指导。

第一节 常减压蒸馏装置

常减压蒸馏（也称原油蒸馏）是原油加工中必不可少的第一道工序，也称原油的一次加工过程或"龙头"工艺，在炼油厂的原油加工工艺流程中占有重要的经济地位。原油蒸馏装置面对各种不同性质的原油，不仅要直接生产部分产品（如直馏喷气燃料、直馏柴油等，一般需要精制后才能作为产品），而且还要为下游诸多加工装置（如催化重整、催化裂化、加氢裂化、延迟焦化、渣油加氢、润滑油基础油生产装置等）提供合格或优质的原料。由此看出，原油蒸馏装置不但是重要的油品生产装置，而且还是下游几乎所有二次生产装置的原料供应和保障装置，在炼化企业的位置十分重要。同时，原油蒸馏装置的规模是炼化企业加工规模的重要标志。

将液体混合物加热使之汽化，然后再将蒸气冷凝和冷却，使原液体混合物达到一定程度的分离，这个过程叫作蒸馏。原油通过蒸馏可将其分成汽油、喷气燃料、柴油等各种油品和后续加工过程的原料，因而又叫原油的初馏。蒸馏是炼化企业最基本的一种分离方法，因为几乎所有炼油厂的第一道加工工序就是原油蒸馏，所以原油蒸馏过程的生产方案选择是否合理、生产操作是否稳定优化、产品质量是否良好、工艺流程设备是否先进等，对炼化企业的整个生产来说是一个全局性的问题，会直接影响后续加工生产装置的处理量、产品产率和全厂的生产均衡性以及加工能耗、经济效益等。

一、原油及直馏产品特点

在现代石油加工发展历史进程中，原油始终是石油加工的主要原料。原油是一种极其复杂的混合物，不同地区、不同产地原油之间的性质差别较大，这种差别不仅反映在轻质油收率的差别，而且还反映在产品性质的差异及其对下游装置的不同影响。因此，在对原油进行加工之前，必须充分认识和了解原油的宏观性质和微观特征，再根据不同原油的特性及对产品和二次加工原料的需求，制定出合理的蒸馏加工方案。

原油的特性可以从两大方面进行了解：一是原油的物理和化学性质，即原油的一般性质，如密度、运动黏度、凝点、闪点、残炭、水含量、盐含量、硫氮含量、金属含量及蒸发特性等；二是原油的元素组成、烃类组成、非烃类组成及馏分组成。

原油的密度几乎与所有原油性质有关，是原油最重要的指标。按密度或 API 度大小，可将原油划分为轻质油、中质油、重质油及特稠油四大类。国内的轻质原油主要有新疆原油、长庆原油、延长原油及惠州原油等；中质原油主要有大庆原油、胜利原油、中原原油、青海原油、江汉原油、玉门原油、塔里木原油及华北原油等；重质原油主要有渤海原油、辽河原油、大港原油及冀东原油等。密度小的轻质原油，不但轻质油的收率较高，且原油的运动黏度、凝点、酸值、残炭、硫含量及金属含量均较低，原油的加工性能较好。而密度较大的重质原油，上述原油的性质恰好相反。与国外原油相比，我国原油具有轻质油收率较低、蜡含量较高、硫含量偏低、氮含量偏高、镍含量比钒含量高等特点。

原油的蒸发特性可以通过实沸点蒸馏、恩氏蒸馏、平衡汽化及模拟蒸馏四种实验数据进行描述，进而了解原油及其馏分油或产品的沸程分布，了解原油的馏分组成及其特性，为原油常减压蒸馏装置的设计和原油加工方案的制定提供重要依据。

从原油中直接蒸馏切割分离的馏分称为直馏馏分。直馏馏分常冠以汽油、喷气燃料、柴油、润滑油等石油产品的名称，又称为直馏产品。但这些直馏馏分并不是石油产品。因石油产品必须满足产品质量标准的所有技术要求，但直馏馏分油却很难满足所有质量标准的要求。因此，需要将馏分油进行精制，去除馏分油中的非理想组分或利用化学反应将其转化成所需要的组分，再通过油品调合后成为合格产品，或者作为二次加工过程的原料（如减压馏分油、减压渣油等）进行进一步的深加工处理。由于原油蒸馏是炼油厂的第一道工序，因此炼化企业的产品均直接或间接来自原油常减压装置。

从原油常压蒸馏塔顶可以切割分离出小于 200℃ 石脑油馏分，即直馏汽油。该馏分油因含芳香烃少，基本不含烯烃，故辛烷值很低，一般不作为汽油调合组分，而是用作重整芳香烃原料或乙烯裂解原料。若馏分油的芳香烃潜含量高，则适宜作芳香烃原料；若馏分油的相关指数 BMCI 值低，则适宜作乙烯裂解原料。

从原油常压蒸馏塔侧线可以切割分离出喷气燃料馏分和柴油馏分。由原油蒸馏得到的喷气燃料和柴油馏分中以饱和烃为主，芳香烃含量不多，也基本不含烯烃，故燃烧性及安定性较好，一般经适当加氢精制处理除去非理想组分后，可以生产合格产品。

从原油减压蒸馏塔侧线可以得到 350～500℃ 减压馏分油。该馏分油视其性质特点，可以提供润滑油基础油料或作为催化裂化及加氢裂化原料。

从原油减压蒸馏塔底部分出的是大于 500℃ 减压渣油。因减压渣油是从原油中分离出的最重的馏分油，故其密度、黏度、残炭、硫氮含量及金属含量比其他馏分油都高，加工性能差，一般用作焦化、减黏裂化及溶剂脱沥青的原料，或作为催化裂化掺兑料，或送去渣油加氢装置处理。

二、工艺流程概况

在原油常减压蒸馏工艺流程中，原油经历的加热汽化蒸馏的次数，称为汽化段数。如只有一个常压蒸馏（也称拔头蒸馏），就是所谓的一段汽化；工艺流程中如有常压蒸馏和减压蒸馏则为两段汽化；工艺流程中如有初馏塔、常压蒸馏和减压蒸馏则为三段汽化。一段汽化只有一个常压塔，两段汽化有常压塔和减压塔。可见，汽化段数和流程中的精馏塔数是直接相关的。

目前炼化企业最常采用的原油蒸馏流程有二段汽化流程和三段汽化流程，也称为双塔流程和三塔流程。两种流程均未包括原油的预处理。大型炼油厂的原油蒸馏装置多采用三塔流程。尽管不同的原油蒸馏装置有不同的工艺流程,但典型的原油蒸馏装置一般包括电脱盐、初馏塔(或闪蒸塔)、常压炉、常压塔、减压炉、减压塔、减压塔顶抽真空、换热网络、能量利用、机泵及控制等系统,加工轻质原油时还可能设有轻烃回收系统。

典型的三段汽化原油常减压蒸馏工艺流程如图3-1所示。由图3-1可见,原油经过脱盐脱水,通常使原油达到含水量<0.2%,含盐量<3mg/L后,用泵输送原油,使其通过由一系列换热器构成的换热网络,与温度较高的蒸馏产品换热,使原油温度达200~250℃。此时原油中所含水分已全部汽化,原油中轻组分也已部分汽化。油气、水蒸气和尚未汽化的原油一起进入初馏塔进行精馏,水蒸气和油的轻组分从塔顶以气相馏出,经冷凝冷却后的初馏塔顶产品——轻汽油一般作催化重整原料,也可作汽油组分。

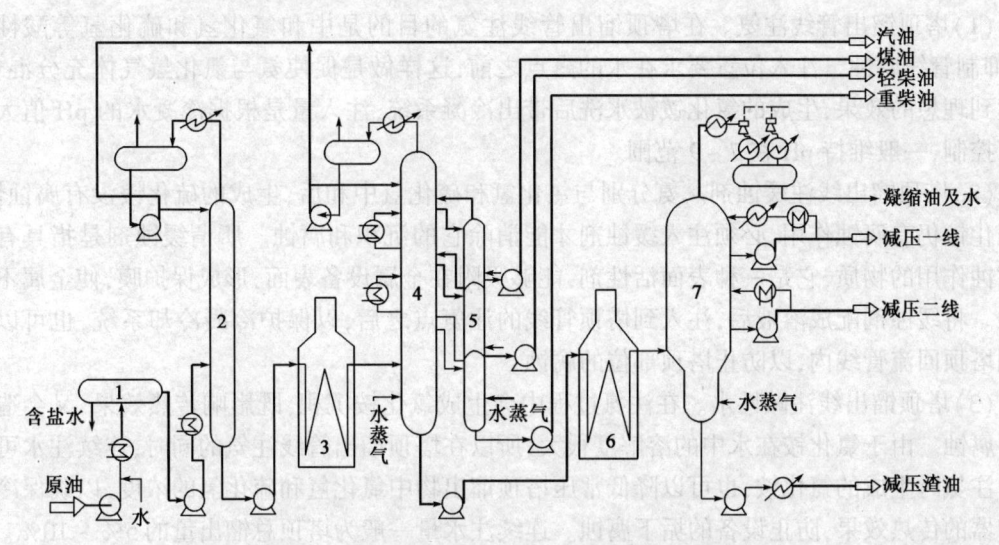

图3-1 典型的三段汽化常减压蒸馏工艺流程图
1—脱盐罐;2—初馏塔;3—常压炉;4—常压塔;5—汽提塔;6—减压炉;7—减压塔

初馏塔底的液相油称为拔头原油,初馏塔底泵将拔头原油送经管式加热炉加热到350~370℃,此时拔头原油也已部分汽化,经过转油线送入设有3~4个侧线抽出口的常压塔,相应加热炉称为常压炉。

拔头原油在常压塔中进行精馏,从塔顶馏出汽油馏分(或重整原料油),从塔侧的各侧线抽出口依次引出煤油、轻柴油和重柴油馏分等侧线产物,塔底产物是原油中沸点高于350℃的重组分,称为常压重油或常压渣油。

常压渣油经减压炉加热到390~420℃,进入减压塔,减压塔顶残压一般可达8kPa左右,深拔减压塔塔顶的残压则更低、真空度更高。减压塔顶逸出的主要是水蒸气、裂化气和少量油气。馏分油由侧线抽出,减压塔底是沸点高达500℃(或560℃)以上的减压渣油,原油中的绝大部分胶质和沥青质都集中于减压渣油中。它可以作为焦炭化和减黏裂化的原料,也可以进一步经溶剂脱沥青得到残渣润滑油料、沥青或催化裂化原料等。减压塔内的真空度由塔顶抽真空系统形成。

为减少常减压蒸馏装置的设备腐蚀,目前国内炼油厂普遍采取"一脱三注"(也叫化学防腐)的防腐措施,已取代过去的"一脱四注"方法,停止向原油中注入纯碱(碳酸钠)或烧碱(氢氧化钠),以减少对后续二次加工过程的不利影响。如注碱中的钠离子(Na^+)若残留在减压馏分油及减压渣油中,则会造成裂化催化剂中毒失活,使延迟焦化装置的炉管更易结焦、焦炭灰分增加、换热器结垢等。

在"一脱三注"防腐工艺中,"一脱"是指深度电脱盐。原油的脱盐脱水是蒸馏装置防腐工艺的基础和关键,因为脱盐效果的好坏将直接关系到常压塔顶冷凝水中氯离子的含量,而氯离子含量的高低与设备的金属腐蚀密切相关。为了确保蒸馏装置长周期安全稳定运行,一般要求深度电脱盐后原油的水含量(质量分数)降至 0.1% ~0.2%,盐含量小于 5mg/L,而对渣油加氢或重油催化裂化过程而言,则要求原油的盐含量低于 3 mg/L。可见,作为原油预处理的电脱盐技术,不仅是蒸馏装置重要的工艺防腐手段,也是为下游二次加工装置(如重油催化裂化、加氢裂化、渣油加氢等)提供优质原料必不可少的重要环节。

防腐工艺中的"三注"是指注氨、注缓蚀剂和注碱性水。

(1)塔顶馏出管线注氨。在塔顶馏出管线注氨的目的是中和氯化氢和硫化氢等酸性物质,抑制管线腐蚀。注入位置要求在水的露点之前,这样做是促使氨与氯化氢气体充分混合,以达到理想的效果,生成的氯化铵被水洗后带出冷凝系统,注入量是根据冷凝水的 pH 值大小进行控制,一般维持 pH 在 7~9 范围。

(2)塔顶馏出线注缓蚀剂。氨分别与氯化氢和硫化氢中和后,生成的硫化铵没有腐蚀性,但氯化铵仍有腐蚀作用,必须注入缓蚀剂才能消除它的沉积和腐蚀。所谓缓蚀剂是指具有延缓腐蚀作用的物质,它是一种表面活性剂,能够吸附在金属设备表面,形成保护膜,使金属不被腐蚀。将缓蚀剂配成溶液后,注入到塔顶管线的注氨点之后,以保护冷凝冷却系统,也可以注入到塔顶回流管线内,以防止塔顶部位的腐蚀。

(3)塔顶馏出线注碱性水。在注氨过程中会生成氯化铵沉积,既影响传热效果,又会造成垢下腐蚀。由于氯化铵在水中的溶解度很大,所以在塔顶馏出管线注氨的同时,连续注水可以洗去注氨时生成的氯化铵,也可以降低常压塔顶馏出物中氯化氢和硫化氢的浓度,以确保冷凝冷却器的传热效果,防止设备的垢下腐蚀。连续注水量一般为塔顶总馏出量的 5%~10%。

原油在电脱盐过程中需要注入洗涤水,其主要目的是充分溶解原油中的盐分,使原油中的盐分转移到洗涤水中,并形成了原油与水的乳化液,再送入电脱盐罐,在高压电场作用下,实现油水分离。在蒸馏塔顶馏出管线上也需要注水,其主要作用有:一是控制和调节塔顶馏出线上的露点部位,使腐蚀发生在预定部位上;二是稀释初凝水中 HCl 的浓度,减缓 HCl 的腐蚀作用;三是提高冷凝冷却器中的物流速度,冲洗掉注氨后生成的铵盐(NH_4Cl),避免管线和设备的堵塞,即减少垢下腐蚀。

三、主要操作条件及影响因素分析

1. 主要操作条件

表 3-1 给出了原油蒸馏装置的主要操作条件,具体数值由学生下装置实习时填入。

表 3-1 常减压蒸馏装置的主要操作条件

常 压 塔			减 压 塔		
项目	单位	数值	项目	单位	数值
塔顶压力	kPa		塔顶残压	kPa	
塔顶温度	℃		塔顶温度	℃	
塔顶冷回流温度	℃		塔顶回流抽出温度	℃	
塔顶冷回流量	kg/h		塔顶回流入塔温度	℃	

续表

常 压 塔			减 压 塔		
项目	单位	数值	项目	单位	数值
常一线抽出温度	℃		减一线抽出温度	℃	
常二线抽出温度	℃		减二线抽出温度	℃	
常三线抽出温度	℃		减三线抽出温度	℃	
顶循环出口温度	℃		减四线抽出温度	℃	
顶循环入口温度	℃		减一中抽出温度	℃	
顶循环回流量	kg/h		减一中入塔温度	℃	
常一中抽出温度	℃		减二中抽出温度	℃	
常一中入塔温度	℃		减二中入塔温度	℃	
常二中抽出温度	℃		塔顶循环回流量	kg/h	
常二中入塔温度	℃		减一中循环回流量	kg/h	
一中循环回流量	kg/h		减二中循环回流量	kg/h	
二中循环回流量	kg/h		塔底温度	℃	
塔底温度	℃		减压炉出口温度	℃	
常压炉出口温度	℃		减压塔真空度	kPa	
过热蒸汽温度	℃		原油进料量	t/h	
过热蒸汽压力	kPa		装置年处理能力	10^4 t/a	

注：计算装置处理量时，1年可按8400h计。

通过对装置现场主要操作条件的统计，既可以了解蒸馏装置的生产操作状况，加深对蒸馏装置主要操作条件及其工艺过程原理的认识，也可以为完成现场实习报告收集装置操作基础数据。此外，还可以通过收集常压塔塔顶产品和侧线产品的馏程数据，计算常压塔的分馏精确度，依此了解蒸馏装置主要产品的分离效果。若计算的分离精确度不合要求，则可以利用所学专业知识对导致分离效果差的可能原因进行分析，进而锻炼和提高分析问题和解决问题的实践技能。

2. 影响因素分析

原油常减压蒸馏装置的操作状况及运行水平如何，一般可从以下三个方面进行考察：一是分馏精确度，二是原油拔出率，三是装置能耗。装置的分馏精确度高低关键取决于常压塔操作的好坏；原油拔出率的高低则与减压塔的真空度有关；装置能耗则主要取决于全装置换热流程网络系统的优化设计及装置能量的利用水平。

在蒸馏装置操作中，影响装置操作及产品质量的因素主要有：操作温度、操作压力、回流比以及汽提蒸汽用量等。这些操作参数对生产过程的影响以及它们之间的相互关系是原油蒸馏装置设计和生产操作时必须考虑的重要因素。

1) 操作温度

操作温度包括塔顶温度、侧线抽出温度、进料段温度和塔底温度等。

常压塔的塔顶温度为塔顶产品在其油气分压下的露点温度。它可以灵敏地反映常压塔内的热平衡状况，因塔顶温度变化会引起塔内气液相负荷发生变化，故必须平稳控制好塔顶温度，才能控制好塔顶产品的质量，确保常压塔的平稳操作。而减压塔顶温度仅表征塔顶气相负荷的变化，因减压塔顶不出产品，塔顶温度主要是水蒸气和不凝气离开塔顶的温度，该温度一般比循环回流进塔温度高20～40℃。在实际操作中，减压塔顶温度可以通过塔顶循环回流来控制，也可以通过中段循环回流来调整。

常压塔和减压塔的侧线抽出温度均是侧线产品在该侧线抽出板处油气分压下的泡点温度。在进料温度及其性质稳定的情况下，侧线抽出温度的高低与塔内气液相负荷的大小有关，侧线抽出量会直接影响塔内气液相负荷的平衡，当侧线抽出量变化时，会引起侧线抽出板下方塔板的内回流量发生变化，导致抽出板的气相温度和液相温度也随之发生变化。因此，在实际操作中，可以根据侧线产品抽出温度判断产品质量的变化情况。

常压塔进料段温度是进料（如原油）在进料段汽化时的气相温度，而减压塔进料段温度是常压渣油在进料段汽化时的气相温度，进料温度均与加热炉出口温度有关。进料段温度是由进料在进料段汽化吸热和与塔内过汽化油的换热共同决定的，是真正决定产品收率重要参数。在实际生产中，因对常压加热炉及减压加热炉出口温度均有所限制，且减压加热炉比常压加热炉更为敏感和严格，故进料段温度主要由转油线温降来决定，温降越大，进料段温度就越低，进而影响进料段油品的汽化率。因此，在原油蒸馏装置工艺管线设计时，要尽可能缩短转油线，同时做好管线保温。

对原油蒸馏装置而言，加热炉出口温度和进料段温度均是关键的控制参数，只有维持平稳的进料温度，才能提供稳定的汽化率，各侧线抽出温度才不会波动，也才容易控制和确保产品的质量。

常压塔底温度是指常压渣油从常压塔底抽出的温度，减压塔底温度是指减压渣油从减压塔底抽出的温度。由于汽提段的作用，塔底温度一般比进料段温度低5～10℃。在实际操作中，可以根据塔底温度与进料段温度的差值来判断汽提效果的好坏。

对于减压深拔装置，为了防止减压渣油温度过高以及在塔底停留时间过长造成裂解和结焦，还需要在塔外部打入冷的减压渣油作为急冷油，并控制减压塔底温度在360℃左右。

2）操作压力

操作压力主要包括塔顶压力和进料段压力。

塔顶压力的高低会影响塔内不同馏分之间的相对挥发度，进而影响两个馏分之间的分离效果。一般来说，降低塔顶压力，不仅会提高两个馏分之间的分离精确度，且在蒸馏出同样组分的油品时所需的温度也低，但整个塔的操作温度会下降，导致侧线的干点下降，馏出产品变轻、拔出率下降。原油蒸馏一般在稍高于常压的条件下操作，常压塔的名称由此而来。但对于轻质馏分含量很高的原油或原油中含较多不凝气时，采取较高的塔压是可取的，因提高塔顶压力可以减少轻汽油的损失或随惰性气体排放时轻汽油的损失。

常压塔顶压力受制于在塔顶产品罐温度下的塔顶产品的泡点压力。为确保塔顶产品基本全部冷凝，产品接受罐的压力接近常压；为了克服塔顶馏出物流经管线和设备的流动阻力，常压塔顶压力必须稍高于产品接受罐的压力，即稍高于常压；目前国内多数常压塔顶的操作压力大约为0.07MPa。常压塔顶压力的变化不仅受进料温度、回流量等因素影响，还受塔顶冷凝冷却系统能力的制约。

减压塔顶压力是由减压塔顶抽真空系统消耗大量能量（如水蒸气、电等）得到的，它是进料段温度、塔顶冷却介质温度及水蒸气总消耗量的函数。降低减压塔塔内残压，可以提高塔的真空度，降低油气分压，会更有利于油料的汽化。

减压塔真空度的高低直接关系到减压塔的拔出率和减压侧线产品的质量，降低减压塔顶压力,有利于提高减压馏分油的收率和质量,但能量消耗也大。研究及工业实践证实,在高真空度下,每改变1.33kPa真空度,馏分油就会变动10~20℃。因此,只有尽可能提高减压塔汽化段的真空度,降低塔板或填料的压力降及减压炉至减压塔转油线的压力降,才能减少塔底渣油量,提高原油拔出率。

进料段压力是塔顶压力加上进料段以上塔板压力降而得到的。降低常压塔(或减压塔)的进料段压力,意味着在相同汽化率情况下,加热炉出口温度可以降低,从而减少燃料消耗。此外,进料段以上部位压力的降低,会增大各侧线馏分之间的相对挥发度,更有利于侧线馏分的分离。

3) 回流比

回流的主要目的有两方面:一是取走进入塔内多余的热量,使分馏塔达到热量平衡;二是在传热的同时使各塔板上的气液相充分接触,实现传质的目的。精馏操作中,由精馏塔塔顶返回塔内的回流液流量与塔顶产品流量的比值称为回流比。回流比是工艺操作中的关键因素,也是最灵敏的调节手段。

回流比的大小需满足下列要求:

(1) 能取走全部的剩余热量,保证全塔进热与出热维持平衡;
(2) 确保塔内各段的回流量大于各段产品分馏需要的最小回流量;
(3) 使各塔板上的气、液负荷处于各塔板适宜操作范围内,以保证平稳操作。

4) 汽提蒸汽用量

石油精馏塔的汽提方式主要有两种,即侧线汽提和塔底汽提。侧线汽提的目的是驱除侧线产品中的低沸点组分,以提高产品的质量(如提高产品的闪点、初馏点及和10%馏出温度等)和改善分馏精确度。塔底汽提有常压塔底和减压塔底两种情况。常压塔底汽提主要是为了降低塔底重油中350℃以前馏分的含量,以提高常压塔轻质油品收率,减轻减压塔的负荷。而减压塔底汽提的目的则主要是降低汽化段的油气分压,从而在所能达到的最高炉出口温度和真空度下,尽可能提高减压塔的拔出率。

汽提的方法有两种,一种是水蒸气汽提,称直接汽提;另一种是再沸器汽提,称间接汽提。水蒸气汽提虽具有操作简便的优点,但近年来随着环保要求的提高,人们逐渐重视并倾向于尽可能采用再沸器汽提。这主要是因为水蒸气的加入不仅需要增大塔径,还会增加塔顶冷凝冷却器的负荷,加大锅炉和污水处理的规模。

石油精馏塔的汽提蒸汽一般都是用0.3MPa、400~450℃的过热蒸汽,以保证水蒸气塔内的任何部位不致凝结成水而造成突沸等事故。一般情况下,油品经过汽提后的API度可比未汽提油品低0.5~2。

学生在装置现场实习时,可以通过收集本装置常压塔侧线及塔顶产品的恩氏蒸馏数据,计算出各相邻产品之间的分馏精确度,以考察常压塔的分馏效果及操作状况。

四、工艺流程案例分析

前知,原油蒸馏装置是炼化企业原油加工的第一个工艺装置,它是采用蒸馏方法(或精馏原理)将原油分割成不同的馏分油或渣油,这些馏分油或渣油可作为产品或后续炼油工艺装置的原料。由于原油是由种类繁多的烃类和非烃类组成的复杂混合物,含有硫、氮、氧、金属、非金属和盐类,且其组成随产地不同而发生变化,因而大大增加了原油蒸馏的复杂性。另一方面,由于炼化企业对目的产品的要求不同,所采用的加工方案和装置组成之间的联合方式也不同。因此,在进行原油蒸馏装置工艺设计时,需要根据具体情况从工艺流程、工艺设备、操作参数、目的产品等多方面因素进行综合分析比较,以确定和选择出最经济合理的原油蒸馏装置工艺流程。

由于每个原油蒸馏装置所加工的原油和加工的条件有差别,所得到的产品及产品质量的要求也不同,因此要求不同的原油蒸馏装置采用不同的工艺流程,并与全厂总加工流程相对应,以达到充分合理利用石油资源和实现最佳经济效益的目标。目前原油蒸馏装置的加工流程(也称原油加工方案)一般分为燃料型、燃料—润滑油型、化工原料型和"拔头型"四种主要类型,分述如下。

1. 燃料型蒸馏装置

图3-2为典型的燃料型常减压蒸馏工艺流程。在此流程中,常压塔侧线必须设置侧线汽提塔,以确保侧线产品质量(如闪点合格)。而减压塔侧线则不必设置侧线汽提塔,这主要是因为减压塔侧线提供裂化原料,侧线产品的分离精确度容易满足。通过降低减压塔内油气分压,尽可能提高减压侧线馏分油的拔出率。

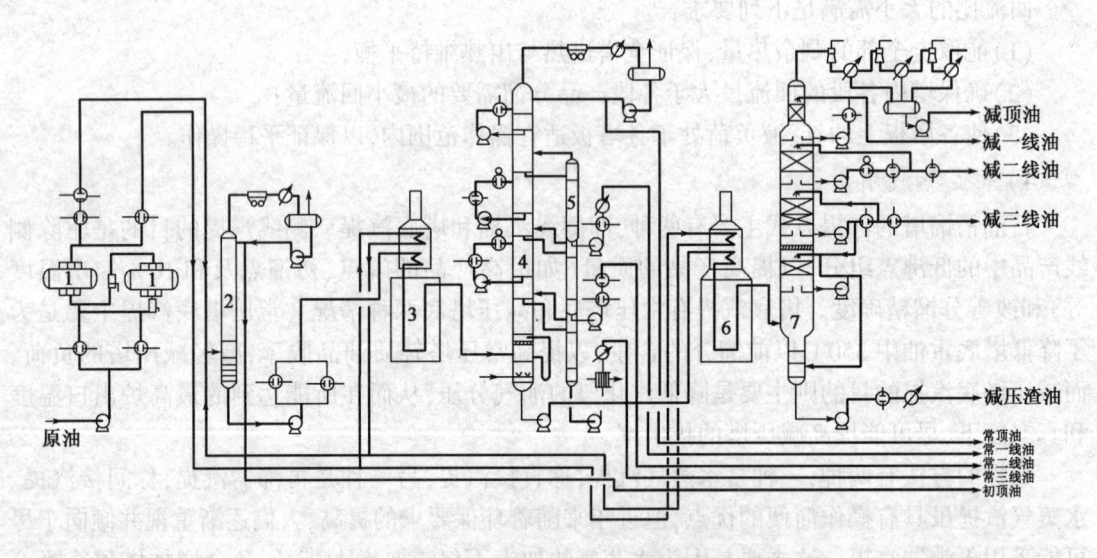

图3-2 典型的燃料型常减压蒸馏工艺流程
1—脱盐罐;2—初馏塔;3—常压炉;4—常压塔;5—汽提塔;6—减压炉;7—减压塔

彩图11 500×10⁴t 燃料型常减压蒸馏装置

如果原油中的轻馏分油较多,则常压塔前一般设置初馏塔或闪蒸塔,其主要作用是将原油换热过程中已汽化的轻油和水蒸气及时蒸出,使其不进入常压加热炉,以降低加热炉的热负荷和降低原油换热系统的操作压力,从而节约装置能耗和操作费用。同时因原油已除去轻油和水蒸气后再进入常压塔,使常压塔操作平稳,有利于保证常压塔产品的质量。初馏塔与闪蒸塔的差别在于初馏塔顶出产品(可作为催化重整原料),因而塔顶必须设置冷凝冷却和回流设备。闪蒸塔不出塔顶产品,塔顶蒸气直接进入常压塔中上部,因此闪蒸塔顶不必设置冷凝冷却及回流设备。

燃料型蒸馏装置是目前炼化企业应用最为广泛的装置。燃料型蒸馏装置除在常压塔顶生产催化重整原料或乙烯裂解原料(即石脑油或直馏汽油)外,在常压塔侧线主要生产可用作燃料的石油产品,如喷气燃料和柴油等,有可能还生产溶剂油。减压塔一般设2~3个侧线,减压馏分油和减压渣油除了生产部分重质燃料油(如船舶燃料油、残渣燃料油)外,还可以通过其他炼油工艺(如催化裂化、加氢裂化、焦化、渣油加氢、沥青等)转化为各种轻质燃料、沥青产品或提供优质后续加工原料,但不生产润滑油基础油料。

2. 燃料—润滑油型蒸馏装置

图3-3为典型的燃料—润滑油型常减压蒸馏工艺流程示意图。

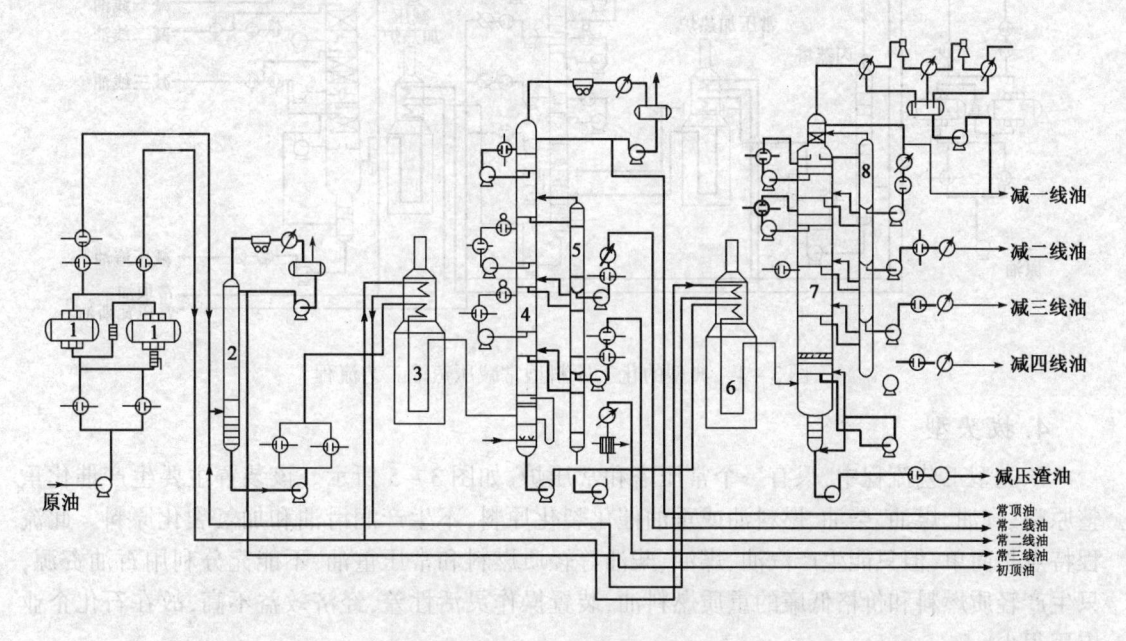

图3-3 典型的燃料—润滑油型常减压蒸馏工艺流程
1—脱盐罐;2—初馏塔;3—常压炉;4—常压塔;5—汽提塔;6—减压炉;7—减压塔

如果原油性质和常压系统产品要求与燃料型相同,则其常压流程也相同。但减压系统流程比燃料型要复杂些,该流程与燃料型的主要差别是在减压系统的配置上,因为润滑油型减压塔需要从减压塔生产各种润滑油基础油料,故一般设4~5个侧线,每个侧线作为一种润滑油的基础油料,对其黏度、闪点、馏程、颜色及残炭均有严格要求,且每个侧线均设置汽提塔,以满足润滑油原料组分对闪点和馏程的要求,并改善各馏分油的馏程范围。润滑油型减压炉管内和减压塔底均注入水蒸气(干式减压蒸馏除外),其目的是改善炉管内油流的形式,避免油料局部过热而裂化,确保润滑油原料的质量。

燃料—润滑油型蒸馏装置除了生产燃料产品外,减压馏分油和减压渣油主要用于生产各种润滑油产品。此外,燃料—润滑油型原油蒸馏装置不仅在减压部分生产润滑油基础油料,也有可能在常压部分增加一条侧线生产变压器油料。

3. 化工原料型

化工原料型工艺流程比前两类流程更为简单,如图3-4所示。常压系统一般只设闪蒸塔而不设初馏塔,闪蒸塔顶油气引入常压塔的中上部。常压塔产品作为裂解原料,不生产润滑油原料,故分离精度要求不高,因此塔板数较其他类型的常压塔要少一些,只设2~3个侧线,且常压塔和减压塔侧线均不设汽提塔,减压系统与燃料型相类似。

化工原料型蒸馏装置一般除生产催化重整原料、裂化原料、渣油加工装置原料或燃料油外,其余轻油全部作裂解原料,即用于生产化工原料和化工产品,如某些烯烃、芳香烃、聚合物的单体等,但不生产润滑油原料。这种工艺流程能充分利用石油资源,大大提高石化企业的经济效益,被视为今后炼油化工一体化发展的方向。

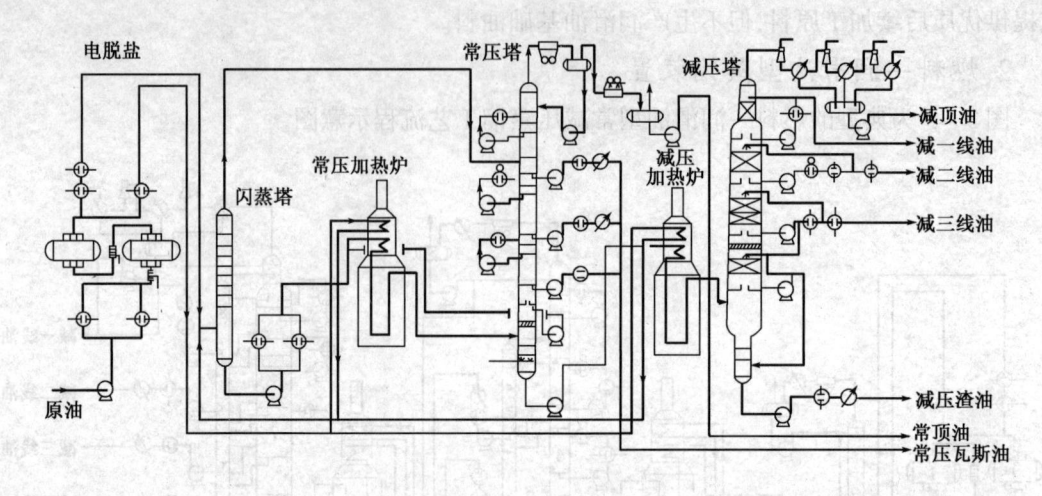

图 3-4 典型的化工原料型常减压蒸馏工艺流程

4. 拔头型

该类型工艺流程中,只有一个常压塔和常压炉,如图 3-5 所示。该装置主要生产催化重整原料、汽油、煤油、柴油、燃料油或重油催化裂化原料,不生产润滑油和加氢裂化原料。此流程特点是简单,但只能生产汽油、煤油、柴油等轻质燃料和常压重油,不能充分利用石油资源,只生产轻质燃料和价格低廉的重质燃料油,装置操作灵活性差,经济效益不高,故在石化企业应用很少。

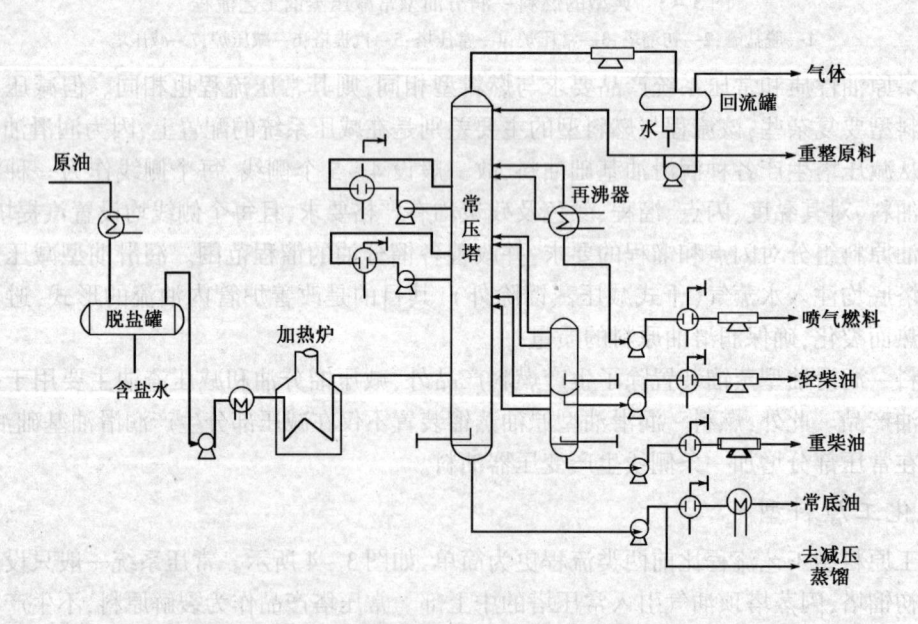

图 3-5 拔头型常压蒸馏工艺流程

从上述四种类型的蒸馏工艺看出,蒸馏装置典型的流程分为常减压蒸馏和常压蒸馏两种。由于常减压蒸馏装置的主要目的是将原油切割成各种不同沸点范围的馏分油,以满足产品要求及下游工艺装置对原料的要求,因此,不同的原油和产品要求就有不同的加工方案和工艺流程。

此外,还有一种类型的蒸馏工艺是直接生产道路沥青产品的原油蒸馏装置。由于蒸馏法是道路沥青各种生产方法(如氧化法、调合法、溶剂脱沥青法等)中加工最简单、生产成本最低的一种方法,对于加工环烷基原油和蜡含量较低的中间基原油或稠油的炼化企业,一般都会考虑采用这种类型的蒸馏装置。如国内的辽河欢喜岭稠油、胜利单家寺稠油、新疆克拉玛依稠油等均适合用蒸馏法生产优质道路沥青。

与其他类型的常减压蒸馏装置相比,直接生产道路沥青的原油蒸馏装置在工艺原理上没什么区别,只是在减压塔的设计及操作条件的选择上会有所不同,因采用蒸馏法生产道路沥青通常是通过减压蒸馏来完成的。

总之,目前炼化企业一般是根据市场需求选择合适的原油进行加工,以便以最经济的加工手段生产出高质量的石油产品。原油常减压蒸馏装置一般很少能直接生产出最终产品,除非所加工的原油种类正好可以满足产品质量要求。因此,原油蒸馏装置的主要作用是为下游二次加工装置或化工装置提供高质量的原料,即可提供催化裂化、催化重整、加氢裂化、加氢处理、延迟焦化、减黏裂化、溶剂脱沥青、润滑油等诸多炼油装置的原料,是名副其实的"龙头"工艺。

思 考 题

1. 原油常减压蒸馏装置的类型及其工艺特点有哪些?
2. 本装置加工什么属性的原油?原油的组成特点及加工性能如何?
3. 简述本装置的工艺流程、工艺特点及各主要设备的作用及操作原理。
4. 本装置原油的换热终温能达多少?该蒸馏装置换热流程网络设计有无改进之处?
5. 原油脱盐脱水的目的、要求是什么?本装置采用几级电脱盐流程?脱后原油的含盐量和含水量分别是多少?
6. 本装置常压塔和减压塔分别生产哪些直馏产品?指出这些直馏产品的性质特点及利用去向。
7. 本装置采用了哪些回流方式?各回流的作用是什么?各回流的进出口温度分别是多少?
8. 本装置采取了哪些工艺防腐措施?防腐效果如何?
9. 影响常压塔操作的主要因素有哪些?欲了解常压塔产品的分馏精确度,需要采集哪些数据?本装置常压塔的分馏效果如何?
10. 影响减压塔操作的主要因素有哪些?减压塔的真空度是多少?
11. 本装置减压塔采用了几级抽真空系统?抽真空的主要设备是什么?简述抽真空系统流程。
12. 为提高原油拔出率、改善产品质量、降低装置能耗,本装置采用了哪些技术措施?
13. 作全装置物料平衡需要采集哪些数据?试作出本装置的物料平衡。
14. 计算全装置能耗需要采集哪些数据?试计算本装置的能耗。
15. 通过对现场数据的采集和分析,提出对本装置操作的总体评价和改进意见。

第二节 延迟焦化装置

一、基本概况

延迟焦化过程是一种渣油轻质化过程,在炼油化工工业中起着非常重要的作用。该工艺可以加工残炭值及重金属含量很高的各种劣质渣油,而且过程比较简单,投资和操作费用也较低;同时所产石脑油馏分可以为乙烯生产提供原料。该工艺的主要缺点是焦炭产率高、轻质油收率受限;液体产物质量差,需要进一步的加氢精制。尽管焦化过程尚存在这些缺点,但仍然是目前加工高金属、高残炭劣质渣油的最有效手段,为催化裂化、加氢裂化和乙烯生产提供原料。随着炼化一体化和石油化工的发展,渣油热转化所产石脑油已经是我国乙烯生产的重要原料来源,从而进一步促进了渣油热加工工艺的发展。在现代炼油工业中,延迟焦化仍然是一个十分重要的提高轻质油收率的途径,目前它的处理能力已超过120Mt/a,占渣油加工总量的比例相当大,处于第一位。

在焦化过程的发展史中,曾经出现过多种工业形式,目前主要的工业形式是延迟焦化和流化焦化。世界上绝大多数的焦化处理都属延迟焦化类型,只有少数国家(如美国)的部分炼油厂采用流化焦化。

二、原料及产品特点

延迟焦化过程(简称焦化)是以渣油为原料,在高温(480~550℃)下进行深度热裂化反应的一种热加工过程。延迟焦化可以处理多种原料,如原油、常压重油、减压渣油、沥青等含硫量较高及残炭值较高的残渣原料,以至芳香烃含量很高的、难裂化的催化裂化澄清油和热裂解渣油等。焦化过程的反应产物有气体、汽油、柴油、蜡油(重馏分油)和焦炭。焦化过程的产品产率及其性质在很大程度上取决于原料的性质。

表3-2例举了两种减压渣油在常规条件下进行焦化所得产物的产率分布。表3-3列出了焦化气体的组成。

表3-2 延迟焦化的产品产率

项 目	大庆减压渣油	胜利减压渣油
密度(20℃),kg/m³	923.9	988.2
残炭(质量分数),%	7.55	13.65
产品分布(质量分数),%		
气体	8.3	6.8
汽油	15.7	14.7
柴油	36.3	35.6
蜡油	25.7	19.0
焦炭	14.0	23.9
液体收率	77.7	69.3

表 3-3 焦化气体组成

组　　分	含量(体积分数),%	组　　分	含量(体积分数),%
氢	5.40	戊烷	2.66
甲烷	47.80	戊烯	2.20
乙烷	13.60	六碳烃	0.58
乙烯	1.82	硫化氢	4.14
丙烷	8.26	二氧化碳	0.32
丙烯	4.00	一氧化碳	0.81
丁烷	3.44	氮+氧	0.25
丁烯	3.70		

从表 3-2 可以看出,减压渣油经焦化过程可以得到 70%~80% 的馏分油,而且柴汽比高,一般都大于 2。但焦化汽油和焦化柴油中不饱和烃含量高,而且含硫、含氮等非烃类化合物的含量也高,它们的安定性很差,因此必须经过加氢精制等精制过程处理后才能作为发动机燃料。目前焦化石脑油已经是我国乙烯生产的重要原料来源,也可以通过加氢精制作为催化重整的原料。焦化蜡油主要是作为加氢裂化或催化裂化的原料,有时也用于调合燃料油。焦炭(也称石油焦)除了可用作燃料外,还可用作高炉炼铁之用,如果焦化原料及生产方法选择适当,石油焦经煅烧及石墨化后,可用于制造炼铝、炼钢的电极等。

从表 3-2 的焦化气体组成分布可以看出,焦化气体中含有较多的甲烷、乙烷(体积分数占 50% 左右)以及少量的丙烯、丁烯等,它可用作燃料或制氢原料等。

三、基本原理及工艺流程概述

1. 基本原理

烃类在热的作用下主要发生两类反应:一类是裂解反应,它是吸热反应;另一类是缩合反应,它是放热反应。至于烃类的分子量不变而仅仅是分子内部结构改变的异构化反应,则在不使用催化剂的条件下一般是很少发生的。

1) 各种烃类的热反应

烷烃的热反应主要有两类:碳—碳键断裂生成较小分子的烷烃和烯烃以及碳—氢键断裂生成碳原子数保持不变的烯烃及氢。上述两类反应都是强吸热反应,烷烃的热反应行为与其分子中的各键能大小有密切的关系。

环烷烃的热反应主要是烷基侧链断裂和环烷环的断裂,前者生成较小分子的烯烃或烷烃,后者生成较小分子的烯烃及二烯烃。单环环烷烃的脱氢反应须在 600℃ 以上才能进行,但双环环烷烃在 500℃ 左右就能进行脱氢反应,生成环烯烃。

在热反应条件下,芳香环极为稳定,一般不会断裂,但在较高温度下会进行脱氢缩合反应,生成环数较多的芳香烃,直至生成焦炭。烃类热反应生成的焦炭是氢碳原子比很低的稠环芳香烃,具有类石墨状结构。带烷基侧链的芳香烃在受热条件下主要是发生侧链断裂或脱烷基反应。

虽然在直馏馏分油和渣油中几乎不含有烯烃,但是从各种烃类热反应中都可能产生烯烃。这些烯烃在加热的条件下进一步裂解,同时与其他烃类交叉地进行反应,使得反应变得极其复杂。在不高的温度下,烯烃裂解成气体的反应远不及缩合成高分子叠合物的反应来得快。但是,由于缩合作用所生成的高分子叠合物也会发生部分裂解,这样,缩合反应和裂解反应就交叉地进行,使烯烃的热反应产物的馏程范围变得很宽。在低温、高压下,烯烃的主要反应是叠合反应。当温度升高到400℃以上时,裂解反应开始变得重要,碳链断裂的位置一般在烯烃双键的β位置。

渣油中胶质、沥青质主要是多环、稠环化合物,分子中也多含有杂原子。它们是相对分子质量分布范围很宽、环数及其稠合程度差别很大的复杂混合物。缩合程度不同的分子中也含有不同长度的侧链及环间的链桥。因此,胶质及沥青质在热反应中,除了经缩合反应生成焦炭外,还会发生断侧链、断链桥等反应,生成较小的分子。同时轻、中、重胶质及沥青质的热反应行为也存在明显的差别,随着缩合程度的增大,馏分油的相对产率下降而焦炭的相对产率增大,对沥青质而言,在常规的热反应条件下大约有75%都转化为焦炭。

由以上的讨论可知,烃类在加热的条件下,反应基本上可以分成裂解与缩合两个方向。烃类的热反应是一种复杂的平行顺序反应,随着反应时间的延长,一方面由于裂解反应,生成分子越来越小、沸点越来越低的烃类(如气体烃);另一方面由于缩合反应生成分子越来越大的稠环芳香烃。高度缩合的结果就产生胶质、沥青质,最后生成碳氢比很高的焦炭。

关于烃类热反应的机理,目前一般都认为主要是自由基反应机理。根据此机理,可以解释许多烃类热反应的现象。例如,正构烷烃热分解时,裂化气中含C_1、C_2低分子烃较多,也很难生成异构烷烃和异构烯烃等。

2) 反应热和反应速率

烃类的热反应有吸热的分解、脱氢等反应,也有放热的叠合、缩合反应。由于吸热的分解反应占据主导地位,因此,烃类的热反应表现为吸热反应。

渣油的热转化反应的反应热通常是以生成每公斤汽油或每公斤"汽油+气体"为计算基准。反应热的大小随原料油的性质、反应深度等因素的变化而在较大范围内变化。根据文献资料报道,其范围在500~2000kJ/kg之间。在延迟焦化反应条件下,重质原料油比轻质原料油反应热低(指吸热效应),因为裂解反应是吸热反应,生焦反应是放热反应,具有补偿作用。

许多研究工作表明,在反应深度不太大时(例如小于20%),烃类热反应的反应速率服从一级反应的规律。当裂化深度增大时,在温度一定的条件下反应速率常数不再保持为常数,一般是反应速率常数随裂化深度的增大而下降。这种现象的出现可能有两个原因,即未反应的原料与新鲜原料相比有较高的稳定性,其次是反应产物可能对反应有一定的阻滞作用。因此,在反应深度较大时,烃类的热裂化反应不再服从一级反应的规律。

渣油的热转化反应速率与其化学组成密切相关,而且当反应深度较大时,其反应速率的变化也不再服从一级反应规律。一些研究工作者采用程序升温方法研究渣油及其亚组分(饱和分、芳香分、胶质、沥青质)的热反应动力学,发现在转化深度增大时,不仅渣油,而且各亚组分的反应行为都不再符合一级反应规律,但是可以把反应分为两个阶段,每个阶段分别用不同动力学参数值的一级反应动力学方程来近似地进行描述。进一步的研究表明,对渣油的亚组分,在反应过程中,其活化能是不断变化的。渣油的每个亚组分仍然是很复杂的混合物,都是由许多反应性能差异较大的组分所组成。渣油组成的复杂性给渣油的热反应动力学研究带来了很大的困难。

2. 工艺流程概述

延迟焦化装置的工艺流程有不同的类型,就生产规模而言,有一炉两塔(焦炭塔)流程、两炉四塔流程等。图3-6为典型的一炉两塔延迟焦化装置的工艺原理流程示意图。

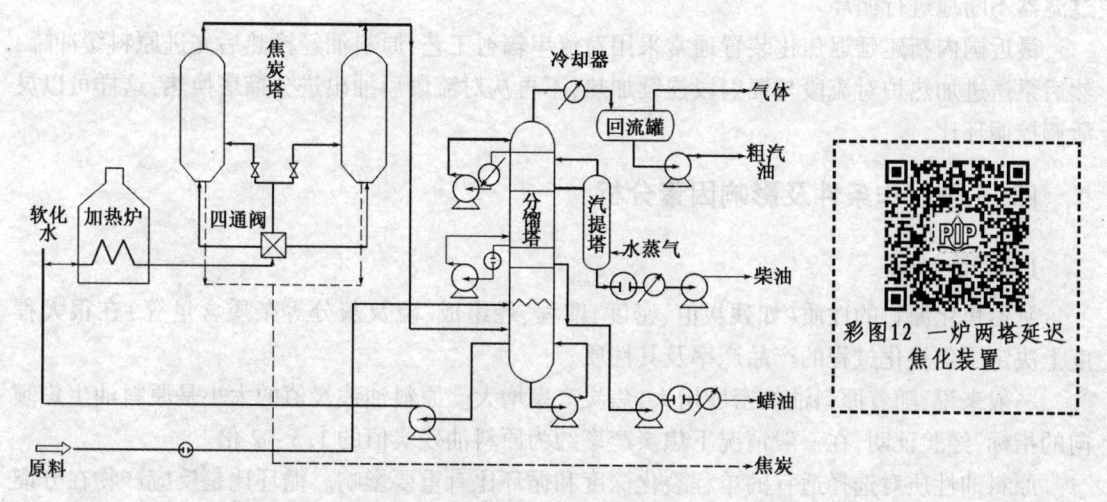

图3-6 典型的一炉两塔延迟焦化装置工艺原理流程

原料油(减压渣油)经换热及加热炉对流管加热到340~350℃,进入分馏塔下部,与来自焦炭塔顶部的高温油气(420~440℃)换热,一方面把原料油中的轻质油蒸发出来,同时又加热了原料(约380℃)及淋洗下高温油气中夹带的焦末。原料油和循环油一起从分馏塔底抽出,用热油泵送进加热炉辐射室炉管,快速升温至约500℃后,分别经过两个四通阀进入焦炭塔底部。热渣油在焦炭塔内进行裂解、缩合等反应,最后生产焦炭。焦炭聚结在焦炭塔内,而反应产生的油气自焦炭塔顶逸出,进入分馏塔,与原料油换热后,经过分馏得到气体、汽油、柴油、蜡油和循环油。焦化所产生的气体经压缩后与粗汽油一起送去吸收—稳定部分,经分离得干气、液化气和稳定汽油。

原料油反应所需高温完全由加热炉供给,因此原料油在加热炉出口温度要求达到500℃左右。为了使处于高温的原料油在炉管内不要发生过多的裂化反应以致造成炉管内结焦,就要设法缩短原料油在炉管内的停留时间,这就要求炉管内的冷油流速比较高,通常在2m/s以上。也可以采用向炉管内注水(或水蒸气)的方式以加快炉管内的流速,注水量通常约为处理量的2%左右。减少炉管内的结焦是延长焦化装置开工周期的关键。除了采用加大炉管内流速外,对加热炉炉型的选择和设计应十分注意。对加热炉最重要的要求是炉膛的热分布良好、各部分炉管的表面热强度均匀,而且炉管环向热分布良好,尽可能避免局部过热的现象发生,同时还要求炉内有较高的传热速率以便在较短的时间内向油品提供足够的热量。总的要求是要控制原料油在炉管内的反应深度,尽量减少炉管内的结焦,使反应主要在焦炭塔内进行。延迟焦化这一名称就是因此而得。

焦炭塔是循环使用的,即当一个塔内的焦炭聚结到一定高度时,进行切换,通过四通阀将原料切换进另一个焦炭塔。每个塔的切换周期包括生焦时间和除焦及辅助操作所需的时间。生焦时间与原料的性质,特别是原料的残炭值,及焦炭质量的要求有关(特别是焦炭的挥发分含量),一般约24h。目前发展趋势是缩短生焦周期,生焦时间控制在16~22h,从而提高装置利用效率。

焦化反应产物是在分馏塔中进行分馏。与一般油品分馏塔比较，焦化分馏塔主要有两个特点：(1) 塔的底部是换热段，新鲜原料油与高温反应油气在此进行换热，同时也起到把反应油气中携带的焦末淋洗下来的作用；(2) 为了避免塔底结焦和堵塞，部分塔底油通过塔底泵和过滤器不断地进行循环。

最近国内新建延迟焦化装置通常采用对流串辐射工艺，原料油经换热后先进原料缓冲罐，然后泵送进加热炉对流段与辐射段连续加热，不再从对流段后抽出进分馏塔换热，这样可以灵活调控循环比。

四、主要操作条件及影响因素分析

1. 原料性质

延迟焦化原料的性质（如残炭值、密度、馏程、烃组成、硫及灰分等杂质含量等）在很大程度上决定了焦炭化过程的产品产率及其性质。

一般来说，随着原料油的密度增大，焦炭产率增大。原料油残炭值的大小是原料油生焦倾向的指标，经验证明，在一般情况下焦炭产率约为原料油残炭值的 1.5~2 倍。

原料油性质对选择适宜的单程裂化深度和循环比有重要影响。循环比是反应产物在分馏塔分出的塔底循环油与新鲜原料油的流量之比。对于较重、易结焦的原料，由于其黏度大、沥青质含量高、残炭值大，单程裂化深度受到限制，就要采用较大的循环比。通常对于一般原料，循环比为 0.1~0.5；对于重质、易结焦原料，循环比较大，有时达 1.0 左右。循环比降低，馏分油收率增加，有些炼厂采用低循环比或超低循环比，循环比甚至降至 0.05，焦炭产率降至残炭值的 1.3 倍以下。但采用低循环比操作时，蜡油性质变劣，影响后续加工。因此，在加工劣质渣油时，焦化重瓦斯油的性质很差，有的炼厂就采用重瓦斯油全循环，以多产汽柴油馏分为目的，但是焦炭产率也会随之上升。

原料油性质还与加热炉炉管内结焦的情况有关。有的研究工作者认为，性质不同的原料油具有不同的最容易结焦的温度范围，此温度范围称为临界分解温度范围。原料油的特性因数 K(UOP) 值越大，则临界分解温度范围的起始温度越低。在加热炉加热时，原料油应以高流速通过处于临界分解温度范围的炉管段，缩短在此温度范围中的停留时间，从而抑制结焦反应。

另外，原油中所含的盐类几乎全部集中到减压渣油中。在焦化炉管里，由于原料油的分解、汽化，使其中的盐类沉积在管壁上。由此，焦化炉管内的结焦实际上是缩合反应产生的焦炭与盐垢的混合物。有些重金属盐类的存在，会促进脱氢反应，进而促进缩合生焦，为了延长开工周期，必须限制原料油中的盐含量。

2. 加热炉出口温度

加热炉出口温度是延迟焦化装置的重要操作指标，它的变化直接影响到炉管内和焦炭塔内的反应深度，从而影响到焦化产物的产率和性质。

对于同一种原料，加热炉出口温度升高，反应速度和反应深度增大，气体、汽油和柴油的产率增大，而蜡油的产率减小。焦炭中的挥发分由于加热炉出口温度升高而降低，因此使焦炭的产率有所减小。

加热炉出口温度对焦炭塔内的泡沫层高度也有影响。泡沫层本身是反应不彻底的产物，挥发分高。因此，泡沫层高度除了与原料起泡沫性能有关外，还与加热炉出口温度直接有关。

提高加热炉出口温度,可以使泡沫层在高温下充分反应和生成焦炭,从而降低泡沫层的高度。

加热炉出口温度的提高受到加热炉热负荷的限制,提高加热炉出口温度也会使炉管内结焦速度加快及造成炉管局部过热而发生变形,缩短了装置的开工周期。因此,必须选择合适的加热炉出口温度。对于容易发生裂化和缩合反应的重原料和残炭值较高的原料,加热炉出口温度可以低一些。

3. 系统压力

系统压力直接影响到焦炭塔的操作压力。焦炭塔的压力下降,不仅使液相油品易于蒸发,也缩短了气相油品在塔内的停留时间,从而降低了反应深度。一般而言,降低压力会增大蜡油产率,但柴油产率会下降。因此,要提高柴油产率,应采用较高的压力;而要提高蜡油产率,则应采用较低的压力。一般焦炭塔的操作压力在 1.2～2.8atm,但在生产针状焦时,为了使富芳香烃的油品进行深度反应,需要采用约 7atm 的操作压力。

除了反应条件外,焦炭塔的设计、加热炉的设计等都会对装置的开工周期、能耗等起直接的和重要的影响。近年来,已经可以用计算机计算加热炉中每一根炉管的温度、管内的汽化率、流速和反应速度等,使焦化加热炉的设计更为合理。

五、延迟焦化装置工艺流程案例

下面以某石化公司 160×10^4 t/a 延迟焦化装置为例详细介绍该装置的工艺流程及技术特点。

160×10^4 t/a 延迟焦化装置的原料是由加工高酸原油的常减压装置提供的减压渣油。采用"一炉两塔"工艺技术方案,可灵活调节循环比,设计循环比 0.3,年开工时间 8400h,操作弹性 60%～110%。该装置加工高酸原油时,实际进料量为 152.15×10^4 t/a,而掺炼重油(如燃料油)时实际进料量可达 159.05×10^4 t/a。因在上述两种工况下的原料性质相差较大,掺炼燃料油时生焦量增多,同时受焦炭塔高度的限制,故在加工高酸原油时的生焦周期一般为 24h,而掺炼燃料油时的生焦周期一般设计为 18h。

1. 装置技术特点

(1)采用"一炉两塔"的工艺技术,焦炭塔实现大型化,塔径采用 ϕ9400mm。焦炭塔锥体过渡段采用了整体锻件结构,可以有效降低该部位冷热变换频繁及应力集中造成的疲劳损伤,大大延长焦炭塔的使用寿命。

(2)加热炉采用双面辐射、高冷油流速、多点注汽、在线清焦等新技术,以延长加热炉的开工周期,同时设置加热炉的余热回收,提高加热炉的热效率。加热炉进料量和炉膛温度与燃料气采用联锁控制。火嘴采用扁平焰低 NO_x 火嘴,以减少环境污染。因装置加工高酸原料,故加热炉炉管选用了耐腐蚀材料 316L 和 Cr9Mo。为了提高炉管表面允许温度,延长使用寿命,加热炉设计热负荷为 48.1MW。

(3)采用"可灵活调节循环比"工艺技术。本装置采用了中石化洛阳工程有限公司 LPEC 开发的"可灵活调节循环比"工艺流程(专利技术),该技术取消了减压渣油进分馏塔流程,增加了循环油抽出设施,反应油气的热量采用循环油回流方式取走,循环比的调节直接采用循环油与减压渣油在管道混合的方式。由于取消了反应油气在塔内直接与减压渣油换热的流程,不但可以灵活调节循环比,实现小循环比操作,而且可以大大降低在低循环比或超低循环比下分馏塔下部的结焦倾向。

(4)在焦炭塔顶高温油气线上采用专利防结焦器,使急冷油雾化后与焦炭塔顶油气充分混合,快速将油气温度降至415℃,终止焦化反应,有效减缓油气线的结焦倾向。

(5)焦化部分和吸收稳定部分热联合,焦化部分的过剩热量为吸收稳定部分的重沸器提供热源。

(6)采用了改进的冷焦水密闭循环处理技术,降低了对环境的污染,采用了密闭吹汽放空系统,提高了装置的环境保护水平。

(7)干气、液化石油气脱硫均采用醇胺法溶剂吸收工艺。液化石油气脱硫醇采用了纤维膜接触脱硫醇工艺,设置碱液再生系统,采用了空气氧化再生催化剂碱液及反抽提工艺。

(8)装置的自动化程度进一步提高。装置采用了 DCS 控制和 SIS 联锁保护,采用了 LPEC 开发的除焦程序控制系统,塔顶盖自动装卸系统,实现了除焦过程和塔顶盖装卸的完全自动化。上述措施不仅提高了除焦速度和操作安全性,还大大减轻了劳动强度,提高了劳动效率。

2. 工艺过程说明

某石化公司 160×10^4 t/a 延迟焦化装置主要有焦化、分馏及吸收稳定三部分构成,各部工艺过程简述如下。

1) 焦化部分

自常减压装置来的减压渣油(150℃)首先经过原料油—柴油及回流换热器,进入原料油缓冲罐,然后由原料油泵抽出,经原料油—中段回流换热器、原料油—轻蜡油换热器、原料油—重蜡油及回流换热器、原料油—循环油及回流换热器换热后与分馏塔底循环油混合,当温度达到328℃进入加热炉进料缓冲罐,然后由辐射进料泵送入焦化加热炉,加热到500℃经过四通阀进入焦炭塔。原料及循环油在焦炭塔内进行裂解和缩合反应,生成焦炭和油气。高温油气自焦炭塔顶至分馏塔下段,经过洗涤板从蒸发段上升进入蜡油集油箱以上分馏段,分馏出富气、汽油、柴油、轻蜡油和重蜡油馏分,焦炭聚结在焦炭塔内。

焦炭塔吹汽、冷焦时产生的大量蒸汽及少量油气进入接触冷却塔洗涤,洗涤后重质污油用接触冷却塔底泵打至接触冷却塔底冷却水箱冷却至80℃,一部分作冷回流返回塔顶部,一部分送至罐区;塔顶蒸汽及轻质油气经接触冷却塔顶空冷器、接触冷却塔顶水冷却器后,进入接触冷却塔顶油气分离罐,分出的污油由污油泵送至罐区。接触冷却塔含硫污水送至酸性水罐,与其他含硫污水(包括主分馏塔顶、压缩机级间冷却和富气洗涤产生的含硫污水)汇合出装置。

自焦炭塔来的冷焦水自流到冷焦水缓冲罐,然后由冷焦水泵抽出,送至除油器进行油水分离。分出的水相经空冷冷却后进冷焦水储罐储存、回用;含水90%的油相再经沉降罐沉降隔油后,污油进入污油收集罐,水由泵送到冷焦水储罐回用。

2) 分馏部分

循环油自焦化分馏塔底抽出,经循环油及回流泵升压后分为两部分,一部分返回到原料油进料线与渣油混合后送入加热炉进料缓冲罐;一部分经换热器换热后,作为回流返回焦化分馏塔人字挡板上部和塔底部。或再经冷却水箱冷却后去污油罐区。该线正常时无量,当循环油作锅炉燃料油时,需经该线去锅炉燃料油罐。

重蜡油从蜡油集油箱中由重蜡油泵抽出,一部分作为内回流返回分馏塔;另一部分经换热器、稳定塔底重沸器换热后分为两路。一路作为重蜡油上回流返回分馏塔,另一路经过重蜡油蒸汽发生器换热至170℃后再分为两路。一路作为急冷油至焦炭塔顶,另一路与轻蜡油汇合为混合蜡油。混合蜡油经低温水—混合蜡油换热器冷却到120℃后,送至催化裂化装置;或经低温水—混合蜡油换热器进一步冷却到80℃送至罐区。

轻蜡油从分馏塔自流进入轻蜡油汽提塔,塔顶油气返回焦化分馏塔,塔底油由轻蜡油泵抽出,经轻蜡油蒸气发生器,与重蜡油汇合为混合蜡油。混合蜡油流程同上所述。

中段回流由中段回流泵抽出,经解吸塔底重沸器加热后,返回分馏塔。

柴油由柴油泵抽出后,一部分作为内回流返塔,一部分经柴油蒸汽发生器冷却至170℃后再分为两路,一路作为上回流返回分馏塔,另一路经过除氧水—柴油换热器、柴油吸收剂—柴油换热器、低温水—柴油换热器冷却至100℃。一路作为热出料分别送至加氢精制和柴油加氢,另一路经柴油空冷器冷却到50℃后,再由柴油吸收剂泵升压后经柴油吸收剂冷却器冷到40℃,作为吸收剂进入再吸收塔或冷却到50℃后作为冷出料至罐区。

分馏塔顶循环回流由顶循回流泵抽出,一部分作为内回流返回分馏塔,另一部分经低温水—顶循换热器冷却到95℃后返塔。

分馏塔顶油气经焦化分馏塔顶空冷器、焦化分馏塔顶水冷器冷却到40℃,与来自100×10^{4}t/a汽柴油加氢精制装置分馏塔、稳定塔的酸性气和稳定塔顶液态烃抽出液混合进入分馏塔顶油气分离罐,进行油、气、水三相分离。粗汽油由汽油泵送至吸收塔顶部,富气至富气压缩机升压。

压缩机级间冷却产生的含硫污水和富气洗涤产生的含硫污水送至分馏塔顶油气分离罐,然后经含硫污水泵与接触冷却塔顶含硫污水和稳定塔顶产生的含硫污水汇合出装置。

3) 吸收稳定部分

富气经过压缩升压,与解吸塔顶油气、除盐水(富气洗涤)混合。经过富气空冷器后与吸收塔底汽油混合进入混合富气冷却器冷却到40℃后,进入压缩机出口油气分离罐进行气液分离。

分离出来的气体进入吸收塔下部,分离出来的凝缩油经解吸塔进料泵进入解吸塔顶部。粗汽油由汽油泵送至吸收塔顶部作为吸收剂,稳定汽油经稳定汽油泵送至吸收塔顶部作为补充吸收剂。吸收塔设置1个中段回流取热。

解吸塔中段重沸器由稳定塔底油供热。解吸塔底重沸器由分馏塔中段回流供热,塔底温度为148℃。解吸塔底脱乙烷汽油经稳定塔进料泵送至稳定塔中部。

稳定塔顶气经稳定塔顶空冷器、稳定塔顶冷却器冷凝冷却到40℃后,进入稳定塔顶回流罐。分离出的液化石油气由液化石油气泵抽出,一部分作为稳定塔顶回流,一部分送至脱硫部分。塔底重沸器由焦化分馏塔来的重蜡油供热。塔底出来的稳定汽油经解吸塔中段重沸器、低温水—稳定汽油换热器、稳定汽油空冷器,稳定汽油冷却器冷却到40℃后分两路,其中一路作为稳定汽油出装置,另一路经稳定汽油泵送回吸收塔作补充吸收剂。

吸收塔顶部出来的贫气进入再吸收塔底部,用柴油吸收剂再次吸收,以回收贫气携带出来的汽油组分。再吸收塔底富吸收油返回分馏塔,塔顶干气送至脱硫部分。

思 考 题

1. 原料性质对焦化过程和产品有什么影响?
2. 延迟焦化中渣油热转化反应是如何进行的?
3. 焦炭的生成机理是什么?
4. 系统压力对延迟焦化反应有何影响?

5. 循环比对延迟焦化反应有何影响?
6. 影响石油焦质量的因素有哪些?
7. 控制石油焦质量的方法有哪些?
8. 什么叫燃料效率? 燃料高热值和低热值?
9. 提高焦化炉热效率有哪些手段?
10. 辐射炉管为什么要注水(汽)?
11. 影响加热炉原料入对流段温度的原因有哪些?
12. 多点注汽有何优点? 辐射炉管多点注汽有何作用?
13. 影响炉管结焦的因素有哪些?
14. 急冷油的作用是什么?
15. 焦炭反应塔的结构和特点是什么?
16. 影响焦化操作的主要因素有哪些? 这些因素对装置的产品分布和产品质量会产生什么影响?
17. 计算延迟焦化全装置物料平衡需要采集哪些数据? 试作出延迟焦化装置的物料平衡,由此了解延迟焦化装置的产品分布特点。

第三节 催化裂化装置

一、基本概况

1965 年 5 月 5 日,我国第一套自行设计、自行施工和安装的 $60 \times 10^4 t/a$ 流化催化裂化装置在抚顺石油二厂投料试车成功,标志着中国炼油技术达到当时的世界先进水平行列。催化裂化是一项重要的炼油工艺,其总加工能力已列各种转化工艺的前茅,其技术复杂程度也位居各炼油工艺之首,在炼油工业中具有举足轻重的地位。催化裂化是重质石油烃类在催化剂的作用下生产液化气、汽油、柴油等轻质油品的主要过程。在我国,目前已有 150 多套不同类型的催化裂化装置建成投产,提供了大约 70 %(质量分数)以上的车用汽油、40%(质量分数)的丙烯和 30%(质量分数)的柴油。截至 2017 年,我国催化裂化加工能力超过 $2.17 \times 10^8 t/a$,占原油加工量的 32 %(质量分数),且掺渣比例高达 30 %(质量分数),居世界之首,可将超过 $5000 \times 10^4 t$ 低价值的减压渣油转化成社会急需的轻质燃料和化工产品。因此,提高催化裂化轻质油品和低碳烯烃产率对于提高炼油行业的经济效益具有至关重要的作用。

催化裂化技术自 1936 年成功实现工业化以来,经过 80 多年的发展,已成为一项相当成熟的重质油轻质化工艺。特别是在我国,形成了炼油工业以催化裂化工艺为核心的局面,几乎任何一个炼油企业都有多套催化裂化装置。半个多世纪以来,我国流化催化裂化在炼油工业中一直处于重要地位,目前还在大力发展。预计在相当长的时期,流化催化裂化在炼油工业中的地位仍然无法取代。但是,我国石油资源的日益紧张要求提高重质油的加工深度;日益严格的环保法规要求生产低烯烃含量和硫含量的清洁汽油;石脑油不足,限制了蒸汽裂解制低碳烯烃工艺的发展,需要寻求其他原料和工艺来生产乙烯和丙烯,以实现调整炼油产品结构,降低乙烯、丙烯生产成本,使得催化裂化工艺正朝着优化操作、灵活调整和多效耦合的方向发展。因此,近些年来,针对提高轻质油收率、清洁燃料生产、调整炼油产品结构多产低碳烯烃等方面,催化裂化技术(含催化剂)呈快速多态发展趋势,一些针对性很强的催化裂化新技术竞相出现。

重油催化裂化是重质油深度加工提高炼厂经济效益的有效方法,受到很多国家的重视。受轻质原油资源短缺和原油普遍偏重的限制,我国的催化裂化装置大都采用掺炼渣油甚至全渣油的重油催化裂化技术。经过多年的研究和生产实践,我国已经掌握了原料雾化、内外取热、提升管出口快分、重金属钝化、催化剂预提升等一整套渣油催化裂化的基本技术,同时系统地积累了许多成功的操作经验。

近20年,我国汽车工业迅速发展,车用燃料的消耗量与日俱增,由此导致汽车尾气中污染物释放到大气中的总量越来越多,因汽车尾气排放而造成的大气污染问题也越来越严重。为此,我国汽油质量升级步伐不断加快。目前执行的国V车用汽油标准要求烯烃体积分数不得大于24%,且烯烃+芳香烃体积分数不得大于60%,硫含量不高于10 ug/g。将于2019年1月1日开始执行的国Ⅵ车用汽油标准将烯烃的体积分数进一步限制为不大于15%。而我国的车用汽油大部分来自催化裂化汽油,催化裂化汽油含有较高的烯烃和硫。因此降低催化裂化汽油中的烯烃含量和硫含量是我国催化裂化工艺进入21世纪后面临的第一个挑战。国内催化裂化研究开发和设计单位基于自身的积累和优势,相继开发出几种独特的降低催化裂化汽油烯烃和硫含量的催化裂化技术,如中国石油大学(华东)开发的两段提升管催化裂化技术(TSRFCC—Two-Stage Riser Fluid Catalytic Cracking)、中国石化石油化工科学研究院开发的多产异构烷烃的催化裂化技术(MIP—Maximizing Iso-Paraffins)、中国石油大学(北京)开发的灵活多效催化裂化技术(FDFCC—Flexible Dual-riser Fluid Catalytic Cracking)等。

随着低碳烯烃需求量,尤其是丙烯需求量的不断增加,以重质油为原料催化裂化生产低碳烯烃的技术不断涌现,如以多产丙烯为目标的两段提升管催化裂解工艺(TMP—TSRFCC for Maximizing Propylene)、以多产低碳烯烃为目标的深度催化裂化工艺(DCC—Deep Catalytic Cracking)、以最大限度生产高辛烷值汽油和气体烯烃为目标的MGG工艺(Maximum Gas and Gasoline)、以多产气体异构烯烃为目标的MIO工艺(Maximum Iso-Olefins)及以常压重油为原料的多产气体和汽油为目标的ARGG工艺(Atmospheric Residuum Maximum Gas and Gasoline)等。这些新技术的出现为我国炼油工业提高轻质油收率、清洁燃料生产、调整炼油产品结构多产低碳烯烃做出了重要贡献。

二、原料及产品特点

传统的催化裂化原料是重质馏分油,主要是直馏减压馏分油(VGO),也包括焦化重馏分油(CGO,通常须经加氢精制)。由于对轻质油品的需求不断增长及技术进步,近30年来,一些重质油或渣油也作为催化裂化的原料,例如减压渣油、溶剂脱沥青油、加氢处理重油等。一般都是在减压馏分油中掺入上述重质原料,其掺入的比例主要受限制于原料的金属含量和残炭值。对于一些金属含量很低的石蜡基原油也可以直接用常压渣油作为原料。当减压馏分油中掺入更重质的原料时则通称为重油催化裂化。

原料油在500℃左右、$0.2 \sim 0.4$ MPa及与裂化催化剂接触的条件下,经裂化反应生成气体、汽油、柴油、重质油(可循环作原料)及焦炭。反应产物的产率与原料性质、反应条件及催化剂性能有密切的关系。在一般工艺条件下,气体产率约10%~20%(质量分数),其中主要是C_3、C_4,且其中的烯烃的质量分数可达50%左右;汽油产率约30%~60%(质量分数),其研究法辛烷值约80~90,安定性也较好;柴油产率约20%~40%(质量分数),由于含有较多的芳香烃,其十六烷值较直馏柴油低,由重油催化裂化所得的柴油的十六烷值更低,而且其安定性也较差;焦炭产率约6%~7%(质量分数),原料中掺入渣油时的焦炭产率则更高些,可达8%~10%(质量分数)。焦炭是反应过程的缩合产物,碳氢比很高,其原子比约为1.0:(0.3~1.0),它沉积在催化剂的表面上,只能用空气烧去而不能作为产品分离出来。催化裂化气体富含烯烃,是宝贵的化工原料和合成高辛烷值汽油的原料。例如,丁烯与异丁烷经烷基化反应可合成高辛烷值汽油,异丁烯与甲醇可合成高辛烷值调合组分MTBE等,丙烯是合成聚丙烯及丙烯腈等的原料,干气中的乙烯可用于合成乙苯等,C_3、C_4还可以作为民用液化气。

从催化裂化的原料和产品可以看出催化裂化过程在炼油工业乃至国民经济中的重要地位。因此,在一些原油加工深度较大的国家,例如中国和美国,催化裂化的处理能力达原油加工能力的30%以上。在我国,由于多数原油偏重,但氢碳比相对较高,金属含量相对较低,催化裂化过程尤其是重油催化裂化过程的地位就显得更为重要。

三、工艺流程概况

催化裂化工艺系统一般由三个部分组成,即反应—再生系统、分馏系统、吸收—稳定系统。对于处理量较大、反应压力较高(例如>0.25MPa)的装置,常常还有再生烟气的能量回收系统。图3-7是高低并列式提升管催化裂化装置反应—再生系统和分馏系统的工艺流程。

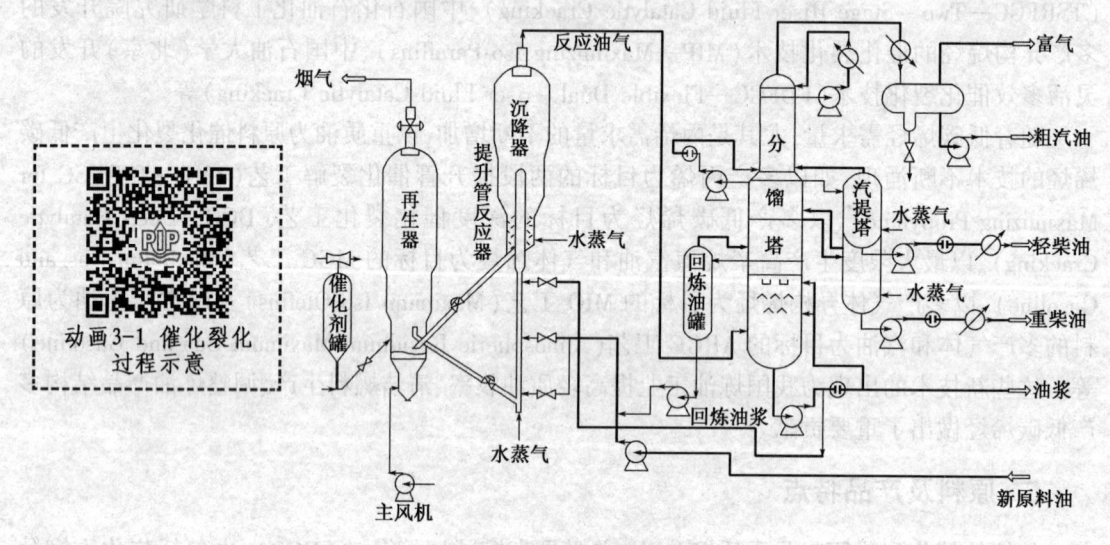

图3-7 催化裂化装置反应—再生和分馏系统工艺流程示意图

1.反应—再生系统

新鲜原料油经换热后与回炼油混合,经加热炉加热至200~400℃后至提升管反应器下部的喷嘴,原料油由蒸汽雾化并喷入提升管内,在其中与来自再生器的高温催化剂(600~750℃)接触,随即汽化并进行反应。油气在提升管内的停留时间很短,一般只有几秒钟。反应产物经旋风分离器分离出夹带的催化剂后离开沉降器去分馏塔。

积有焦炭的催化剂(称待生催化剂)由沉降器落入下面的汽提段。汽提段内装有多层人字形挡板并在底部通入过热水蒸气。待生催化剂上吸附的油气和颗粒之间的空间内的油气被水蒸气置换出而返回上部。经汽提后的待生剂通过待生斜管进入再生器。

再生器的主要作用是烧去待生催化剂上因反应而生成的积炭,使催化剂的活性得以恢复。再生用空气由主风机供给,空气通过再生器下面的辅助燃烧室及分布管进入流化床层。对于热平衡式装置,辅助燃烧室只是在开工升温时才使用,正常运转时并不烧燃料油。再生后的催化剂(称再生催化剂)落入淹流管,再经再生斜管送回反应器循环使用。再生烟气经旋风分离器分离出夹带的催化剂后,经双动滑阀排入大气。在加工生焦率高的原料时,例如加工含渣油的原料时,因焦炭产率高,再生器的热量过剩,须在再生器设取热设施以取走过剩的热量。再生烟气的温度很高,不少催化裂化装置设有烟气能量回收系统,利用烟气的热能和压力能(当设能量回收系统时,再生器的操作压力应较高些)做功,驱动主风机以节约电能,甚至可对外输出剩余电力。对一些不完全再生的装置,再生烟气中含有体积分数为5% ~ 10% 的 CO,可以设 CO 锅炉使 CO 完全燃烧以回收能量。

在生产过程中,催化剂会有损失及失活,为了维持系统内的催化剂藏量和活性,需要定期地或经常地向系统补充或置换新鲜催化剂。为此,装置内至少应设两个催化剂储罐。装卸催化剂时采用稀相输送的方法,输送介质为压缩空气。

在流化催化裂化装置的自动控制系统中,除了有与其他炼油装置相类似的温度、压力、流量等自动控制系统外,还有一整套维持催化剂正常循环的自动控制系统和在发生流化异常时的自动保护系统。此系统一般包括多个自保系统,例如反应器进料低流量自保、主风机出口低流量自保、两器差压自保,等等。以反应器低流量自保系统为例,当进料量低于某个下限值时,在提升管内就不能形成足够低的密度,正常的两器压力平衡被破坏,催化剂不能按规定的路线进行循环,而且还会发生催化剂倒流并使油气大量带入再生器而引起事故。此时,进料低流量自保就自动进行以下动作:切断反应器进料并使进料返回原料油罐(或中间罐),向提升管通入事故蒸汽以维持催化剂的流化和循环。

催化裂化装置的反应—再生系统还有其他多种型式,如同高并列式、同轴式等。图 3 – 7 中的高低并列式只是其中的一种类型。

2. 分馏系统

典型的催化裂化分馏系统如图 3 – 7 所示。由反应器来的反应产物油气从底部进入分馏塔,经底部的脱过热段后在分馏塔分割成几个中间产品:塔顶为富气及粗汽油,侧线有轻柴油、重柴油和回炼油,塔底产品是油浆。轻柴油和重柴油分别经汽提后,再经换热、冷却后出装置。

催化裂化装置的分馏塔与一般分馏塔相比有几个特点:

(1)进料是450℃以上、带有催化剂粉尘的过热油气,因此分馏塔底部设有脱过热段。从塔底抽出油浆,经换热和冷却后返回塔内和上升的油气逆流接触,油气冷却到饱和状态并洗下夹带的粉尘以便进行分馏,避免结焦和堵塞塔盘。为保持循环油浆中的固体含量低于一定数值,需要有一定的油浆回炼或作为产品排出装置。

(2)全塔的剩余热量大而且产品的分离精确度要求比较容易满足。进入分馏塔的绝大部分热量是由反应油气在接近反应温度的过热状态下带入分馏塔的,除塔顶产品以气相状态离开分馏塔外,其他产品均以液相状态离开分馏塔,在分馏过程中需要取出大量显热和液相产品的冷凝潜热,因此一般设有多个循环回流:塔顶循环回流、一至两个中段循环回流和油浆循环。

(3)塔顶回流采用循环回流而不用冷回流,其主要原因是:进入分馏塔的油气含有相当大数量的惰性气体和不凝气,它们会影响塔顶冷凝冷却器的效果;采用循环回流代替冷回流可以降低从分馏塔顶至气压机入口的压降从而提高了气压机的入口压力、降低气压机的功率消耗。

随着催化剂和催化裂化工艺的发展,不少炼油厂成功地在催化裂化原料中掺炼渣油。与馏分油催化裂化不同,渣油催化裂化生成的油浆中饱和烃减少约40%(质量分数),油浆回炼的生焦率约40%(质量分数),所以趋向于单程裂化和外甩油浆。美国近几年设计的渣油催化裂化装置就采用这种工艺,相应的分馏系统原则流程图如图3-8所示。它有以下的特点:

(1)由于渣油催化裂化的原料油雾化蒸汽量比馏分油催化裂化约大1倍,反应产物中水蒸气的量大大增加,而且干气和液化气产率增加,汽油的产率减少,因此分馏塔顶流出物中汽油的分压降低,水蒸气的分压增加。为此塔顶采用两段冷凝,以热回流取代了典型流程中的顶循环回流,可确保水蒸气在塔内不冷凝,操作比较稳定。

(2)在塔顶和轻循环油抽出板之间设立重石脑油循环回流。

(3)由于采用单程裂化,因而没有回炼油抽出口,油浆也不回炼,在轻循环油抽出板下只设一个中段回流,即重循环油回流。

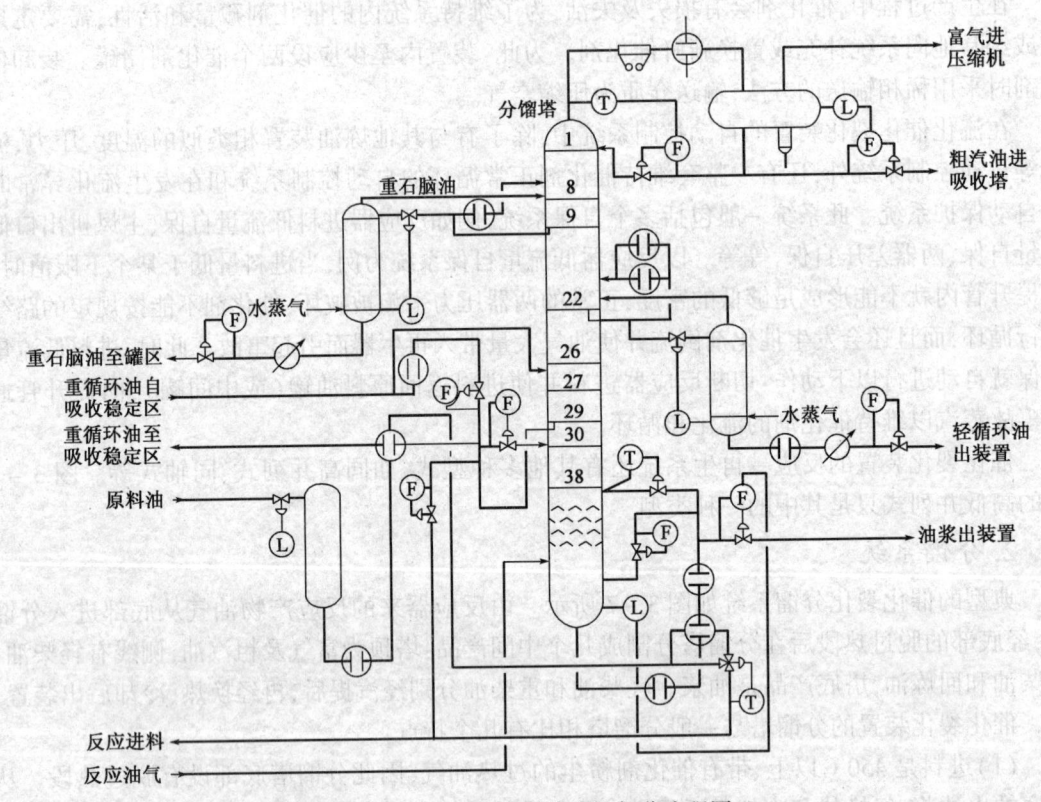

图3-8 渣油催化裂化分馏部分流程图

3. 吸收—稳定系统

催化裂化装置吸收—稳定系统的任务是加工来自催化裂化分馏塔顶油气分离器的粗汽油和富气,目的是分离出干气(C_2及以下),并回收汽油和液化气。吸收—稳定系统主要由吸收塔、再吸收塔、解吸塔及稳定塔组成。图3-9为吸收—稳定系统流程示意图。

从分馏塔顶油气分离器出来的富气中带有汽油组分,而粗汽油中则溶解有C_3、C_4组分。吸收—稳定系统的作用就是利用吸收和精馏的方法将富气和粗汽油分离成干气($\leqslant C_2$)、液化气(C_3、C_4)和蒸气压合格的稳定汽油。其中的液化气再利用精馏的方法通过气体分馏装置将其中的丙烯、丁烯分离出来,进行化工利用。如丙烯主要用于生产聚丙烯、丙烯腈、异丙醇等;丁烯主要是通过催化烷基化制成工业异辛烷或高辛烷值汽油组分,或与甲醇催化醚化合成甲基叔丁基醚,还可利用正丁烯来生产丁二烯、顺丁二烯酸酐基甲基乙基酮等。

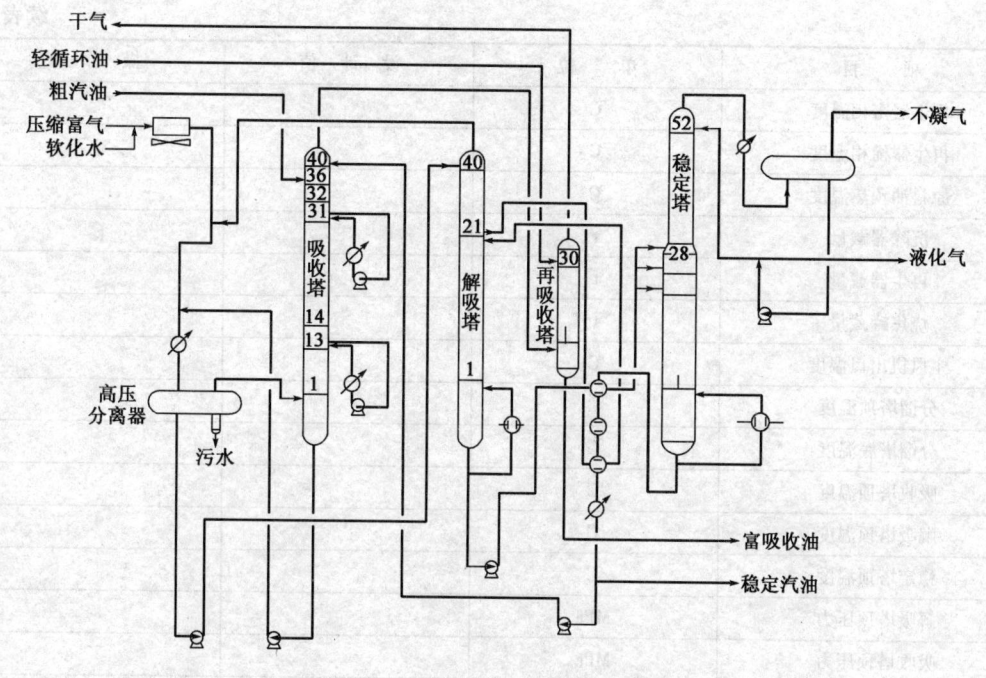

图 3-9　吸收—稳定系统流程示意图

四、影响因素分析

催化裂化装置大部分操作条件可直接从仪表指示看到,如温度、压力、流量、液位等,但有些操作条件是不能直接由仪表测得,而是需要通过核算或工艺计算才能获得,如回炼比、剂油比、反应时间等,这些不能测得的操作条件也是非常重要的。

表 3-4 给出了催化裂化装置的主要操作条件,表中的设计值和操作值要求学生下车间实习时,通过资料收集和现场采集数据后填入,以便更全面了解催化裂化装置各部分的操作状况。学生在装置实习时,可以通过收集实习装置相关数据资料、各部分主要操作条件及分馏塔侧线及塔顶产品的恩氏蒸馏数据等,利用所学专业知识,计算装置的回炼比、剂油比、提升管反应时间、催化剂在再生器及沉降器汽提段的停留时间等参数,了解本装置主要设备的操作状况;还可计算出分馏塔各相邻产品之间的分馏精确度,考察分馏塔的分馏效果及操作状况。通过以上现场数据的收集及整理,既可以为完成现场实习报告收集生产装置操作的基础数据,也可以深入了解催化裂化装置的生产操作状况,加深对催化裂化装置主要操作条件及其工艺原理的认识。

表 3-4　催化裂化装置的主要操作条件

项　目	单　位	设　计　值	操　作　值
沉降器顶部压力	MPa		
再生器顶部压力	MPa		
提升管出口温度(反应温度)	℃		
烧焦罐密相温度	℃		
烧焦罐稀相温度	℃		
沉降器稀相温度	℃		

续表

项 目	单 位	设 计 值	操 作 值
再生器密相温度	℃		
再生器稀相温度	℃		
原料油预热温度	℃		
沉降器藏量	t		
再生器藏量	t		
烧焦罐藏量	t		
主风机出口温度	℃		
分馏塔顶温度	℃		
分馏塔底温度	℃		
吸收塔顶温度	℃		
解吸塔顶温度	℃		
稳定塔顶温度	℃		
解吸塔顶压力	MPa		
吸收塔顶压力	MPa		
稳定塔顶压力	MPa		

催化裂化装置一般由四部分组成,即反应—再生系统、分馏系统、吸收—稳定系统和能量回收系统。反应—再生系统是原料油与催化剂反应的场所,其反应效果如何将直接影响到原料的转化率、产品分布和产品质量。多产能否多收,则取决于分馏系统和吸收稳定系统的操作状况。能量回收系统决定装置的能量利用水平及能耗高低,从而影响到产品成本,乃至全装置的经济效益。

反应—再生系统操作的影响因素主要有:原料油性质、原料油预热温度、反应温度、反应时间、剂油比、再生温度、沉降器压力、催化剂性能、催化剂流化质量等。

原料油性质(如密度、残炭、重金属含量、S 及 N 含量等)的变化会直接影响产品分布,操作条件也要作相应变化。如当催化原料中掺渣量增加时,会引起生焦量增加,轻油收率下降,催化剂重金属污染加剧,此时可通过采取提高反应温度、加大取热量、提高催化剂置换速度或加钝化剂等措施来适应原料油性质的变化。

在反应温度一定的前提下,催化原料预热温度变化会影响装置的剂油比、热量平衡及原料的雾化效果,降低预热温度,反应吸热增加,剂油比增大,能强化催化反应,但原料黏度会增大、雾化效果变差。因此,依原料性质及热量平衡确定的预热温度,在原料性质不发生较大变化的情况下,一般不作调整。近年来,随着各种高效喷嘴的开发应用,对原料预热温度的要求趋于降低。

反应温度是调节反应深度的主要手段,也是影响催化裂化反应过程诸多因素中最重要、最显著的独立变量。石油馏分的催化裂化反应表现为吸热反应,欲使反应过程顺利进行,必须提供足够的热量使之在一定温度条件下进行。在工业实际生产中,由于反应过程的吸热及设备器壁的散热,提升管反应器进、出口的温度有明显差别,进口温度一般较出口温度高出约 20~30℃。

根据催化裂化装置所加工的原料和生产方案的不同,反应温度一般在 480~520℃ 左右。

提高反应温度,可提高反应深度,反之反应深度就下降,从而影响产品分布。催化原料油越重,裂化性能越差,所需反应温度也应相应提高,而处理较轻的原料应采用较低的反应温度。以多产柴油为目的时,应采用较低的反应温度;而以生产汽油和液化气为主要目的时,则应采用较高的反应温度,这是由馏分油催化裂化的反应特点(即复杂的平行顺序反应)所决定的。反应温度的控制主要是通过再生滑阀控制再生催化剂循环量来调节,即通过改变催化剂循环量或剂油比来实现的。原料油预热温度的变化也会直接影响反应温度和剂油比。

由于提升管催化裂化工艺采用高活性的沸石催化剂,需要的反应时间很短,油气在提升管内的停留时间一般为1~4s,大大低于床层裂化的假反应时间。反应时间过长,会引起中间产物发生二次反应,副产物增加。因此,目前催化裂化特别是重油催化裂化趋向短反应时间,同时采用大剂油比和较高的反应温度。

剂油比是指催化剂循环量与提升管总进料量之比。剂油比增大,催化剂提供给原料油的活性中心数目就增加,致使反应速率提高,反应转化率也增加。在正常生产中,调整再生温度、反应温度、原料预热温度可以改变剂油比。在相同条件下,剂油比大,表明原料油能与更多的催化剂接触,单位催化剂上的积炭少,催化剂失活程度小,从而使转化率提高。但剂油比增大,也会使焦炭产率增加;剂油比太小,增加热裂化反应的比例,使产品质量变差。高剂油比操作对改善产品分布和产品质量都有利,实际生产中剂油比一般为5~10。

反应温度、反应时间和剂油比是催化裂化加工过程最重要的三个操作参数(或称操作变量),无论改变其中哪一个参数,都能对反应过程的转化率和产品分布产生明显影响。根据这三个参数各自对反应过程的影响规律,优化三者之间的匹配是控制好催化裂化装置操作的精髓。

再生温度是两器(再生器与反应沉降器)热平衡的主要标志。一般情况下,重油催化裂化装置的热量是过剩的,因此,再生温度主要是通过调节外取热器取热量来调整,而掺渣油量、油浆回炼量、回炼油回炼量及原料油预热温度等可以作为再生温度的辅助调节手段。再生温度过低,催化剂再生效果不好,影响催化剂的活性和选择性,进而影响反应效果;再生温度过高,不仅影响设备寿命,而且易使催化剂高温水热失活。因此,正常情况下再生温度一般为700℃左右。

沉降器压力即反应压力主要由两器压差控制。提高反应压力,气压机入口压力提高,有助于降低气压机的功耗。提高反应压力实质上是提高油气分压,增加反应物浓度和反应时间,因而会提高反应转化率,但提高反应压力的同时,也增加了生焦缩合反应的趋势。因此,生产操作中反应压力一般不作为调节变量。

催化剂活性是催化剂性能的主要指标之一。平衡催化剂活性越高,反应转化率越高,反之越低。影响催化剂活性的因素主要有:催化剂上的碳含量、重金属污染、高温水热失活等。催化剂上的碳含量增加会引起催化剂活性下降,可通过提高烧焦效果来解决,而其他因素引起的催化剂活性降低,必须通过置换或更换催化剂来解决。正常情况下,催化剂活性主要由催化剂的置换速率来调节。

催化剂流化质量的稳定是催化裂化装置平稳操作的主要条件之一。装置因数、主风分布器分配效果、床层线速、催化剂筛分组成、各松动点是否畅通都将直接影响催化剂的流化质量。

分馏系统的操作起着承上启下的作用。分馏系统的主要操作条件,如塔顶及侧线温度、压力,塔底液位,回流量和返塔温度等,应随着反应深度作相应调整。塔顶和侧线温度的变化会直接影响产品质量(想一想,温度高或低会对产品质量产生什么影响?),塔底温度过高,会导致油浆中的重组分结焦,塔底结焦严重时,对于分馏系统乃至全装置的平稳生产及长周期运行都会有很大威胁。因此,分馏塔各部温度都应控制在允许范围内,如果超出,轻则影响产品质量,重则可能造成事故。

吸收—稳定系统的作用主要是将来自分馏塔顶的富气分离成干气、LPG 并回收其中的汽油组分;将粗汽油进一步处理得到蒸气压合格的稳定汽油。催化裂化反应产物中能产多少汽油和 LPG 由反应系统决定,而能否最大限度地回收则由分馏和吸收—稳定系统决定。为了保证产品质量和提高 LPG 回收率,我国炼化行业对催化裂化装置吸收—稳定系统操作提出如下指标要求:

(1)干气中 C_3 的体积分数≤1% ~3%;

(2)LPG 中 C_2 的体积分数≤0.5%,C_5 体积分数含量≤3.0%;

(3)稳定汽油中 C_3、C_4 的体积分数含量≤1.0%;

(4)正常操作时稳定塔回流罐不排不凝气,C_3 回收率达92%(质量分数)以上,C_4 回收率达97%(质量分数)以上;

(5)若 FCC 干气用作制乙苯的原料,则干气中丙烯的体积分数≤0.7%。

吸收—稳定系统由富气压缩机、吸收塔、解吸塔、再吸收塔、稳定塔及相应的冷换设备、机泵等组成。富气压缩机将富气压缩到$(1.2~1.6)\times 10^6 Pa$;吸收塔用粗汽油和稳定汽油对富气中的 C_3、C_4 组分进行吸收;解吸塔将 LPG 中的 C_2 组分解吸出去;再吸收塔用来自分馏塔的轻柴油(也称贫吸收油)对贫气中 C_3、C_4 和汽油组分进一步吸收;稳定塔将来自解吸塔底的脱乙烷汽油分离成 LPG 和蒸气压合格的稳定汽油。衡量吸收塔、解吸塔效果的指标是丙烯吸收率和乙烷解吸率,衡量稳定塔分离效果的指标是 LPG 中的 C_5 含量和稳定汽油中的 C_3、C_4 含量(或汽油的蒸气压)。

吸收—稳定系统的吸收解吸有单塔和双塔两种流程。单塔流程中吸收和解吸在一个塔内完成,上段吸收、下段解吸。此流程虽简单,但吸收和解吸之间相互影响,且同时提高吸收率和解吸率有很大困难。双塔流程中吸收、解吸过程在两个独立的塔内完成,虽然流程复杂了,但操作控制更为灵活,不仅排除了吸收和解吸之间的相互影响,还可同时提高吸收率和解吸率。因此,目前双塔流程已基本取代单塔流程。

吸收—稳定系统的操作效果主要靠适宜的操作条件来保证。吸收—稳定系统控制的主要操作条件有各塔的操作压力、塔顶及塔底温度等。吸收塔的操作压力一般为$(1.0~1.4)\times 10^6 Pa$,解吸塔的操作压力一般为$(1.1~1.5)\times 10^6 Pa$,稳定塔的操作压力一般为$(0.9~1.0)\times 10^6 Pa$。

五、工艺流程案例

最早的工业催化裂化装置出现于1936年。80多年来,无论是在规模上还是在技术上都有了巨大的发展。从工艺流程发展的角度来说,最基本的是反应—再生系统的发展。以下简要介绍几种近年来开发的、具有代表性的催化裂化新工艺及其技术特点。

1.两段提升管催化裂化 TSRFCC

两段提升管催化裂化技术(TSRFCC – Two – Stage Riser Fluid Catalytic Cracking)采用结构优化的两段提升管反应器取代传统单一提升管反应器,通过与再生器优化耦合,构成具有两路催化剂循环的全新结构的反应—再生系统,在工程上成功实现了新鲜原料和循环油在反应条件优化的提升管中进行反应,每段提升管引入再生剂进行催化剂接力,以及提高剂油比、大幅度缩短反应时间,真正实现了"分段反应、催化剂接力、短反应时间和大剂油比"操作,有效抑制干气和焦炭的生成,提高轻质油收率。在此基础上派生的两段提升管催化裂化系列技术可以实现多产低碳烯烃、降低汽油烯烃含量、灵活调整柴汽比等多种功能。

新鲜催化裂化原料进入第一段提升管反应器与再生催化剂接触进行反应,油剂混合物进入沉降器进行油剂分离,油气去分馏塔,结焦催化剂经汽提后去再生器烧焦再生;循环油(包括回炼油和部分油浆)进入第二段提升管反应器与再生催化剂接触反应,油剂混合物进入沉降器进行油剂分离,油气去分馏塔,结焦催化剂经汽提后去再生器烧焦再生。第二段提升管反应器的进料除循环油外,根据生产目的的不同可以包括部分催化裂化汽油,如果生产目的为多产低碳烯烃或最大程度降低汽油烯烃含量,则催化裂化汽油进料喷嘴在下,循环油进料喷嘴在上;当生产目的为多产汽柴油,适度降低汽油烯烃含量时,喷嘴的设置则相反,汽油进料喷嘴在循环油喷嘴之上。

某石化企业 140×10^4 t/a 两段提升管催化裂化装置反应—再生系统工艺流程如图 3-10 所示。

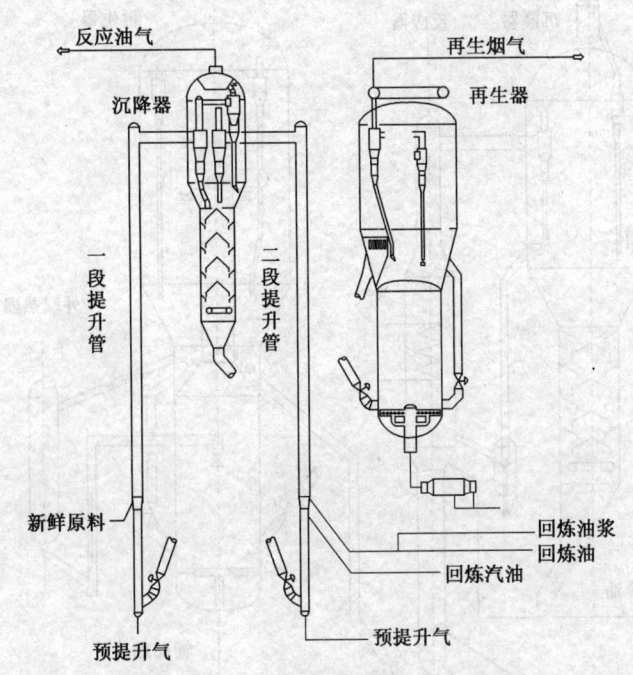

图 3-10 两段提升管催化裂化技术反应—再生系统工艺流程图

2. 多产异构烷烃催化裂化 MIP

多产异构烷烃催化裂化技术(MIP—Maximizing Iso-Paraffins)采用具有两个反应区的串联提升管反应器,第一反应区以一次裂化反应为主,采用较高的反应强度,经较短的停留时间后,第一反应区出口的汽油组分中富含低碳烯烃;反应油气经专用的分布板进入第二反应区下部,第二反应区通过扩径、补充待生催化剂等措施,降低催化剂和油气的流速,同时降低反应温度,满足低重时空速要求,以增加氢转移和异构化反应,使汽油中的烯烃含量大幅下降,而汽油的辛烷值保持不变甚至略有增加。

基于串联提升管反应器技术平台,除开发了 MIP 工艺外,先后开发出了 MIP-CGP (Maximum Iso-Paraffins process for Cleaner Gasoline plus Propylene production)、MIP-LTG (Maximum Iso-Paraffins process for LCO to Gasoline production) 和 MIP-DCR (Maximum

IsoParaffins process for Dry gas and Coke Reduction)工艺,均实现了工业化并得到应用。MIP-CGP 工艺采用专用的催化剂与适宜的工艺参数,原料油在第一反应区发生更苛刻的裂化反应,以生成更多的富含烯烃的汽油和富含丙烯的液化气;第二反应区仍以氢转移反应和异构化反应为主,但适度地强化烯烃裂化反应。在烯烃裂化反应和氢转移反应的双重作用下,汽油中的烯烃转化为丙烯和异构烷烃,从而在增产丙烯的同时大幅度降低汽油烯烃。MIP-LTG 工艺是将轻循环油分为轻馏分和重馏分,轻馏分直接回炼,重馏分加氢再回炼,从而可以多产高辛烷值和低烯烃的汽油。MIP-DCR 工艺是在提升管底部设置催化剂混合器,从外取热器引出一股冷再生剂和热再生剂在混合器中进行混合,或者热再生催化剂直接冷却,以减少热裂化反应,从而降低干气和焦炭产率,提高装置的总液收率。

MIP-CGP 装置的工艺流程如图 3-11 所示。

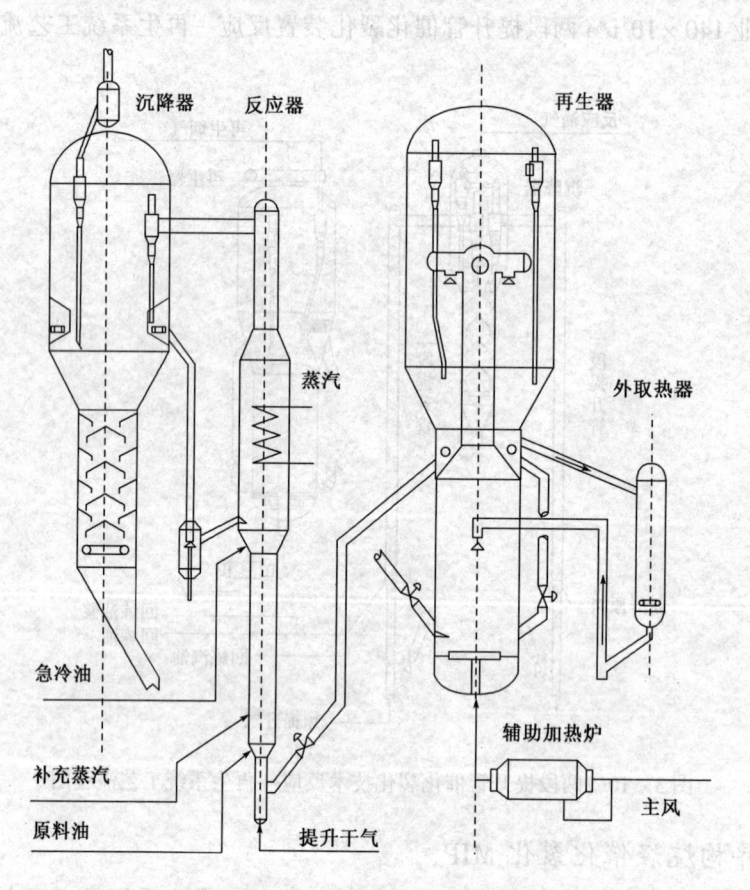

图 3-11 MIP-CGP 技术反应—再生系统工艺流程图

3. 灵活多效催化裂化 FDFCC

灵活多效催化裂化工艺(FDFCC—Flexible Dual-Riser Fluid Catalytic Cracking)采用两根提升管,第一根提升管按常规催化裂化操作,另一根是汽油提升管,可将部分汽油或全部汽油回炼,如果目标是降低汽油烯烃,可采用缓和操作条件;如果目标是多产丙烯,则采用苛刻的操作条件。是否需要单独的汽油分馏塔,可根据具体情况确定。单分馏塔的 FDFCC 工艺原则流程见图 3-12(a),双分馏塔的 FDFCC 工艺原则流程见图 3-12(b)。

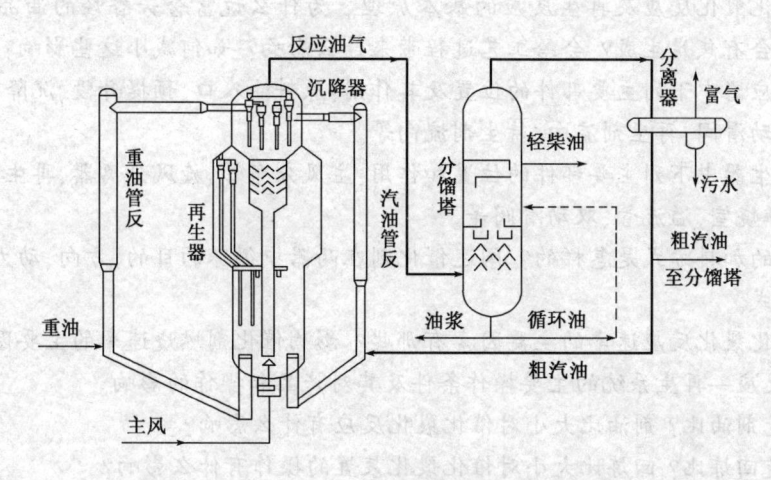

(a) 单分馏塔

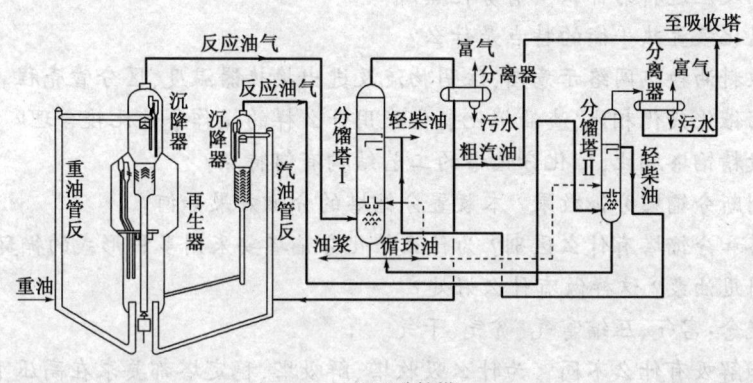

(b) 双分馏塔

图 3-12 FDFCC 工艺原则流程图

在 FDFCC-Ⅰ的基础上开发的 FDFCC-Ⅲ工艺采用双提升管并增设汽油沉降器和副分馏塔；采用"低温接触、大剂油比"的高效催化核心技术，将部分汽油提升管待生催化剂引入原料油提升管催化剂预提升混合器，与高温再生剂混合后进入原料油提升管，既降低了原料油提升管的油剂接触温度，又充分利用了汽油提升管待生催化剂的剩余活性，提高了原料油提升管的剂油比和产品选择性，降低了干气和焦炭产率，提高了丙烯收率和丙烯选择性。

总之，催化裂化工艺仍将在我国炼油工业中发挥不可替代的作用，它不仅是重油轻质化的主导技术，还是石化企业提高经济效益的重要手段。未来的催化裂化技术（含催化剂）也将在提高劣质原料加工适应性、提高轻质油品收率、生产清洁油品、调整炼油产品结构、多产低碳烯烃及炼油化工一体化发展等方面呈快速发展趋势。

思 考 题

1. 催化裂化装置的主要作用、原料来源、性质和装置的生产目的是什么？
2. 简述催化裂化装置的类型、原则流程、工艺特点，装置各系统的主要任务及操作原理。
3. 试比较 FCC 和焦化过程，直馏汽油和柴油各有什么特点？
4. 简述本装置采用催化剂的种类、性能及其作用。

5. 简述催化裂化反应及再生反应的基本原理。为什么说富含芳香烃的油品不宜做 FCC 原料？为什么会有焦炭生成？会给工艺过程带来什么影响？如何减小这些影响？

6. 确认反应器中下列主要部件的位置及其作用：原料油入口、预提升段、沉降器、旋风分离器、汽提段、单动滑阀、再生剂流向、待生剂流向等。

7. 简述再生器中下列主要部件的位置和作用：主风分布管、旋风分离器、再生剂流向、待生剂流向、辅助燃烧室、溢流管、双动滑阀等。

8. 催化剂的加料方式是怎样的？阐述催化剂在两器中循环的目的、方向、动力及催化剂循环量调节的方式。

9. 影响催化裂化反应速率的主要因素有哪些？影响催化剂燃烧速率的主要因素有哪些？

10. 简述反应—再生系统的主要操作条件及其对产品和操作的影响。

11. 什么是剂油比？剂油比大小对催化裂化反应有什么影响？

12. 什么是回炼比？回炼比大小对催化裂化装置的操作有什么影响？

13. 提升管反应进料为什么要有雾化蒸汽？

14. 催化裂化装置热平衡的特点是什么？

15. 绘制原料油换热网络示意图，注明物流及进出换热器温度，区分管壳程。

16. 与蜡油催化裂化相比，渣油催化裂化采用什么样的操作条件比较合理？

17. 与一般精馏塔相比，催化分馏塔的工艺结构有何特点？

18. 如何判断分馏塔分馏效果？本装置分馏塔的分馏效果如何？

19. 汽提塔和分馏塔有什么区别？为什么催化分馏塔要采用多种形式的循环回流？

20. 什么叫甩油浆？这样做有什么好处？

21. 解释概念：富气、压缩富气、贫气、干气。

22. 吸收和解吸有什么不同？为什么吸收塔、解吸塔、稳定塔都要求在高压下操作？

23. 为什么要控制汽油的蒸气压？稳定塔进料位置对汽油蒸气压有什么影响？

24. 简述能量回收系统的流程，三机组或四机组构成及其作用。

25. 确认装置内下列蒸汽的位置和作用：原料油雾化蒸汽、反应器预提升蒸汽、沉降器汽提蒸汽、旋风分离器级间冷却蒸汽、防焦蒸汽、事故蒸汽、消防蒸汽、各部松动吹扫蒸汽(或空气)等。

26. 结合全装置物料平衡分析 FCC 反应转化率、主要影响因素、转化率对产品分布和产品质量有什么影响。

27. 哪些因素会影响催化汽油辛烷值？在实际生产操作中，常作为调节手段的是什么因素？

28. 谈谈对催化裂化装置的总体认识和见解。

第四节　催化加氢装置

一、基本概况

催化加氢是指石油馏分(包括渣油)在氢气存在的条件下进行催化加工过程的通称。催化加氢对于提高原油加工深度，合理利用石油资源，改善石油产品分布，提高轻质油收率和质量等都具有非常重要的意义。加氢过程中,油品中的烃类和非烃类与氢共同吸附于催化剂表面的活性中心上并发生相互作用,油品中的硫、氮、氧以及金属等杂原子被脱除,部分烃类发生断链和分子结构改变的反应,从而使油品的分子结构、大小和组成等得以优化,提高油品的质量或获得更多的优质轻质油品。

现代炼油工业中,加氢技术的应用较晚。20世纪90年代以后,随着环保问题越来越受到各国的瞩目,发达国家先后推出了高要求的清洁燃料质量标准,并逐年推广实施。同时,随着石油资源的日益短缺和原油性质的变重变劣,以及对中间馏分油需求的增加和质量要求的提高,石油炼制行业面临着如何以更差的原料来生产更多、更好的轻质燃料的问题。在此背景下,催化加氢技术得到了快速发展,已成为石油加工过程中生产清洁燃料必不可少的重要手段。目前催化加氢同催化裂化和催化重整一样,都是炼油工业中重要的二次加工过程。

加氢技术是提供和生产低污染、高品质清洁油品的重要工艺,也是公认的环境友好技术。目前,国内外的现代化炼油厂和石化企业,几乎无一例外的选用加氢技术作为提升油品质量、生产清洁油品的主要技术措施,其应用范围几乎涵盖了石油炼制过程的大部分产品。尤其是随着我国汽油、柴油国Ⅴ标准的逐步推广实施,对轻质油品中的硫、烯烃和芳香烃等含量提出了更加苛刻的要求,加氢技术在炼油工业中的地位也必将更加重要。

经过半个多世纪的发展,目前大多数加氢技术的工艺和操作条件已趋于成熟,预计今后一段时间,加氢技术的发展主要集中于扩大单套加氢装置的处理能力和新型催化剂的开发利用方面。加氢工艺的操作条件苛刻,对加氢设备的技术要求高,开发大处理量的相关设备和反应器是提高加氢装置处理能力、提供更多优质中间馏分油的关键。催化剂是加氢工艺的关键,催化剂的性能和成本直接决定了加氢过程产品的质量和效益,开发加氢催化剂活性组分新配方,尤其是非贵金属催化剂和根据原料特点量身定制催化剂载体,可以提高催化剂的活性、运转周期和使用寿命,优化产品结构,降低生产成本,提高装置的经济效益。

按照生产目的不同,催化加氢过程可以分为加氢精制、加氢裂化、加氢处理、临氢降凝和润滑油加氢等工艺。本部分主要介绍炼化企业中最常见的加氢精制和加氢裂化两部分内容。

二、加氢精制装置

加氢精制是指在保持原料油分子骨架结构不发生变化或变化很小的情况下,将油品中的非理想组分脱除,改善油品质量,提高油品使用性能。加氢精制具有处理原料范围广、液体产品收率高、产品质量好等优点。加氢精制在许多炼油过程中是必不可少的步骤,也是目前炼油厂中最主要的油品精制方法。目前我国的加氢精制技术主要用于二次加工汽油和柴油的精制,例如改善焦化柴油的颜色和安定性,提高重油催化裂化柴油的安定性和十六烷值,以焦化汽油制取乙烯或催化重整原料等;或用于某些直馏产品的改质,如通过加氢精制提高直馏喷气燃料的烟点,孤岛直馏煤油馏分二段加氢精制以获取优质的高密度喷气燃料等。

1. 原料及产品特点

加氢精制的原料可以是汽油、煤油、柴油、润滑油和渣油(渣油为原料时一般称为加氢处理),包括直馏馏分和二次加工产物。特别是高含硫原油的直馏馏分和富含烯烃、二烯烃等不安定性组分的热加工产物,必须经过加氢精制以提高其安定性,并改善其质量后才能达到产品质量规格要求。

加氢精制技术可有效地使原料油中的含硫、氮、氧等非烃化合物氢解,烯烃、芳香烃加氢饱和,并脱除金属和沥青质等杂质。因此,加氢精制产品的杂原子和非理想组分含量非常少,产品的使用性能得到了大幅度提高,是清洁燃料和高品质油品生产的重要工艺过程。

2. 工艺流程简述

加氢精制的原料来源广泛,包括直馏馏分油和二次加工(如焦化、催化裂化等)的汽油、煤油、柴油及润滑油等各种石油馏分,还有重油和渣油的加氢处理。在此,以柴油加氢为例,重点讨论轻质油品的加氢精制工艺流程。

石油馏分加氢精制的工艺流程和反应条件会因原料不同而有所区别,但其基本原理相同,且都采用固定床绝热反应器,因此,各种石油馏分的加氢精制工艺原则流程没有明显的区别。精制所用氢气大多数为催化重整装置的副产氢气,当重整装置所提供的氢气不足时,一般会另建制氢装置。图3-13为一典型的柴油加氢精制工艺流程,主要包括反应系统,生成油换热、冷却、分离系统以及循环氢系统三部分,在许多流程中还包括生成油注水系统。

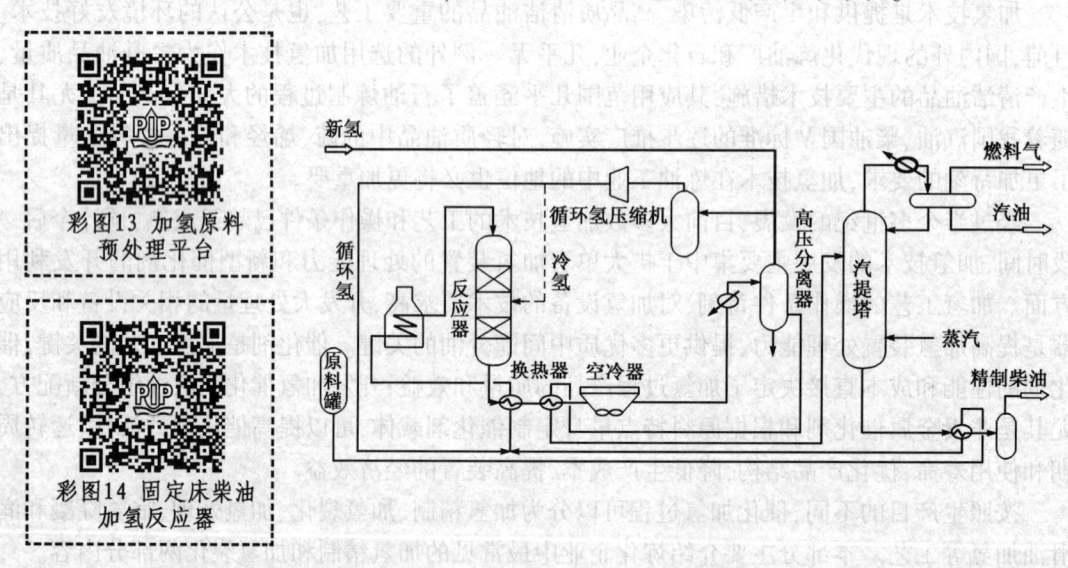

图3-13 柴油加氢精制工艺流程图

1)反应系统

原料油经过预处理后,首先与新鲜氢、循环氢混合,经与反应产物换热升温后,以气液混相状态进入加热炉(称为炉前混氢,加热炉后混氢称炉后混氢),加热到一定温度后进入反应器。精制反应器的进料可能是气相(精制汽油时),也可能是气液混相(精制柴油或更重的馏分油),反应器内部设有专门的进料分布器以使原料油沿反应器径向分布均匀。反应器内的催化剂一般是分层填装的,以利于层间注冷氢来控制反应温度,原料油和循环氢在通过每段催化剂床层时进行加氢反应。加氢精制反应器可以是一个(一段加氢法),也可以是两个(两段加氢法),依据原料油的性质不同而定。

2) 生成油换热、冷却、分离系统

反应产物从反应器底部导出,经过换热和冷却到约50℃后进入高压分离器。反应中生成的氨、硫化氢和低分子气态烃等会降低反应系统中的氢分压,氨与硫化氢在较低温度下还会生成结晶而堵塞管线和换热器管束,氨还能使催化剂减活。因此,必需在产物进入冷却器前注入高压洗涤水,以溶解反应生成的氨和部分硫化氢。反应产物在高压分离器中主要是为了分离出混合物中的气相组分,其中除了主要组分氢气以外,还有少量的气态烃和未溶于水的硫化氢;分离出的液体产物即为加氢生成油,其中也溶有少量的气态烃和硫化氢。生成油经过减压后进入低压分离器进一步分离出溶解的轻烃等组分,再去汽提塔进行汽提,以得到精制柴油。

3) 循环氢系统

提高氢分压不仅在热力学上有利于加氢反应,同时还能抑制生焦的缩合反应。加氢过程中进入反应器的氢气量远远大于其化学反应的计量数,为了提高氢气的利用率和降低装置的操作成本,过剩的氢气经分离后必须循环使用。为了保证循环氢的纯度,避免硫化氢在系统中积累,由高压分离器分离出来的循环氢需经乙醇胺吸收以除去其中的硫化氢,再经储罐及压缩机升压至反应压力后,大部分氢气(约70%)送去与原料油混合,其余氢气不经加热直接送入反应器作冷氢,在装置中循环使用。为了保证循环氢中氢气的浓度,操作过程中需要不断地向系统中补充新氢。

三、加氢裂化装置

1. 原料及产品特点

加氢裂化是指通过加氢反应,使原料油中大于或等于10%以上的分子变小,并脱除油品中的非理想组分的过程,实质上是加氢精制和催化裂化过程的结合。在加氢裂化过程中,不仅能使重质原料油通过裂化反应转化为汽油、煤油和柴油等轻质油品,还能利用氢气的存在抑制积炭的大量生成,且将原料油中的硫、氮、氧和金属等杂原子通过加氢除去,使反应过程中生成的不饱和烃饱和等。因此,加氢裂化技术在将劣质的重质原料油转化成优质的轻质油品方面具有显著优势。

加氢裂化工艺具有原料适应性强、产品质量好且液收率高、产品灵活性大等优点,采用不同的催化剂和操作方案,不仅可以生产多种优质的轻质石油产品,而且加氢裂化尾油又是优质润滑油料和裂解制烯烃的原料。但加氢裂化也有不足之处,如过程要求在较高的压力和温度下进行,设备投资费用大;过程需要消耗大量氢气,操作费用也高,这些都阻碍了加氢裂化工艺的广泛应用和快速发展。尽管如此,随着原油深度加工和资源合理利用要求提高、轻质油品需要量增大和质量要求提高等,促使加氢裂化工艺在炼油工业中发挥更为重要的作用。

加氢裂化的主要原料是减压馏分油(VGO)及二次加工的劣质柴油和蜡油等,通过加氢裂化来制取石脑油、中间馏分及乙烯原料等。由于加氢裂化具有很强的脱除杂质特别是选择性脱硫、脱氮的能力,因此,加氢裂化特别适合于直接加工含硫VGO。

2. 工艺流程简述

目前已工业化的加氢裂化工艺都采用固定床反应器。加氢裂化工业装置根据原料性质、目的产品、处理量大小及催化剂性能等不同,一般可分为一段流程和两段流程两种。在此,以两段工艺流程为例介绍加氢裂化的工艺过程。

两段加氢裂化工艺流程中有两个反应器,分别装有不同性能的催化剂,第一个反应器中主要进行加氢精制反应,第二个反应器中主要进行加氢裂化反应,形成独立的两段流程体系。两段加氢裂化流程的特点是对原料的适应性强、操作灵活性大,通过改变两段的催化剂属性和采用不同的操作条件可处理不同的原料或得到不同的产品分布。

图3-14为两段加氢裂化工艺流程。原料油经高压泵升压并与循环氢以及新氢混合后,先与第一段反应生成油换热,再在加热炉中加热至反应温度,进入第一段加氢精制反应器,在加氢活性较高的催化剂上进行脱硫、脱氮反应,微量重金属也同时被脱除。反应生成物经换热、冷却后进入高压分离器,分离出循环氢。生成油进入脱氨(硫)塔,在脱氨塔中用氢气吹掉溶解气、氨和硫化氢,脱去所含的NH_3和H_2S后,作为第二段加氢裂化反应器的进料。第二段进料与循环氢混合后进入第二加热炉,加热至反应温度,在装有高酸性催化剂的第二段加氢裂化反应器内进行加氢、裂化和异构化等反应。反应生成物经换热、冷却、分离,分出溶解气和循环氢后送至稳定分馏系统。

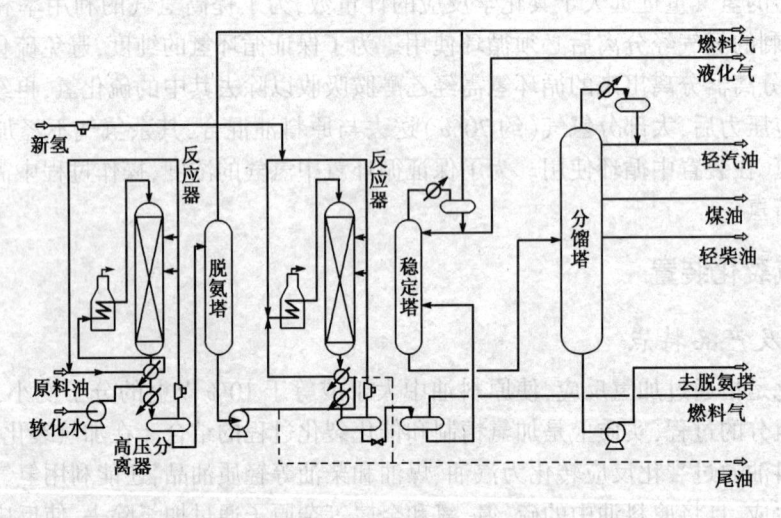

图3-14 两段加氢裂化工艺流程图

两段加氢裂化装置有两种操作方案:(1)第一段加氢精制,第二段加氢裂化;(2)第一段除进行精制外还进行部分裂化,第二段进行加氢裂化。

四、主要操作条件及影响因素分析

加氢过程中所发生的各种氢解反应都是放热反应,大部分反应的平衡常数较大,但也有少数反应存在着热力学平衡问题。因此,操作参数的选择须根据具体情况而定。当原料性质、催化剂和氢气来源确定后,加氢反应的主要影响因素包括反应压力、反应温度、空速和氢油比等。

1. 反应压力

反应压力是影响加氢反应的重要操作参数,主要通过氢分压来体现。对轻质油品的气相加氢反应,压力增加,催化剂表面反应物和氢浓度均增加,反应速度随之增加。对于重质油的加氢,压力增加,一方面有利于提高反应速度,另一方面由于混合物中液相比例的增加,相应增加了催化剂表面液膜对反应物的扩散阻力,降低了反应速度。因此,反应压力的最终影响需根据表面反应与扩散的相对速度而定。稠环芳香烃加氢时,转化深度受化学平衡的限制,在一定的温度范围内,压力增加有利于提高反应速度和平衡转化率。对于重质馏分油的加氢,压力的选择不仅要考虑反应速度的需要,更应考虑对催化剂表面积炭的影响,需选择合理的压力以保证催化剂使用寿命。

对于不同的原料,采用的反应压力也不同,汽油馏分加氢精制的压力一般在3~4MPa,柴油加氢精制的反应压力是4~5MPa,重馏分油加氢精制的反应压力一般不超过7~8MPa。而加氢裂化的操作压力,一般根据原料及产品要求的不同,在几个兆帕到二十个兆帕左右。

工业加氢过程中,反应压力不仅是一个操作参数,还关系到整个装置的设备投资和能量消耗。因此,必须综合考虑反应压力对产品和成本的影响。

2. 反应温度

反应温度对加氢精制反应的影响比较复杂。对于不受热力学平衡限制的硫、氮化合物的氢解反应,反应速度随温度的提高而增加;对减压馏分油的加氢精制,由于气、液、固三相同时存在于系统中,提高温度,液相比例相对减少,扩散速度加快,有利于提高反应速度。但是,对于受热力学平衡限制的硫、氮杂环化合物及芳香烃的加氢饱和反应,当超过一定温度后,脱硫率、脱氮率及芳香烃的平衡转化率反而会随温度的提高而下降;另外,当反应温度过高时,加氢裂化和缩合反应加剧,催化剂表面积炭速度显著加快。因此,加氢精制一般控制在较低的反应温度下操作,不应超过420℃。

加氢裂化反应温度是根据原料性质、产品要求和催化剂性能来确定的。原料中含氮量高则需要较高的反应温度;而提高反应温度会使产物中低沸点组分含量增加,异构烷烃/正构烷烃的比值下降。一般重馏分油的加氢裂化反应温度控制在370~440℃,运转初期取较低值,随运转时间的延长及催化剂活性的降低而逐步提高反应温度。

加氢反应是放热过程,温度提高,反应速度加快,反应释放的热量增加,如果不及时将反应热从系统中移除,就会引起床层温度骤升、催化剂超温、活性降低、寿命缩短。所以,在实际生产中通过注冷氢的方法来控制加氢反应器内床层的温升不要太大,一般控制每段床层的温升不大于10~20℃。另一方面,由于反应中生成的积炭会使催化剂的活性逐渐降低,为了维持一定的反应速度,必须采用逐步提温的方法来弥补催化剂活性的下降。

3. 空速

空速是控制加氢转化反应深度和装置处理能力的一个重要参数。空速降低,反应物与催化剂的接触时间长,反应深度增加,但空速过低,反应器容积的利用率太低。空速提高,要想保持一定的反应深度,就必须相应地提高反应温度。所以在实际生产中,改变空速和改变反应温度一样,也是调节原料转化率和产品分布的一种手段。空速的大小需根据原料性质、转化深度等因素来确定。

对于汽油馏分的加氢精制,即使在3MPa的压力下,加氢脱硫、脱氮及烯烃饱和等反应也可以采用较高的空速,一般为$2.0 \sim 4.0 h^{-1}$。而对于柴油馏分的精制,压力提高到4~8MPa时,一般空速也只能在$1.0 \sim 2.0 h^{-1}$。对于含氮量高的重质油加氢精制,考虑对加氢脱氮反应深度的要求,即使在高压下,一般空速也只能控制在$1.0 h^{-1}$左右。加氢裂化常用的空速范围是$1.0 \sim 2.0 h^{-1}$。

4. 氢油比

在压力和空速一定时,氢油比的大小影响着反应物与生成物的汽化率、氢分压以及反应物与催化剂的接触时间,其中每一项都与转化率有关。一方面,氢油比增加,反应物的汽化率与氢分压增加,两者都能增加反应速度;但当反应物完全汽化后,如继续增加氢油比,则会降低反应物的分压,最终使转化率降低。另一方面,增加氢油比,有利于减缓催化剂表面的积炭速度,提高催化剂活性,延长催化剂使用寿命;但是增加氢油比,循环氢量增加,将增加氢耗与能耗。因此,需要综合分析才能选择合适的氢油比,一般汽油馏分的加氢精制,氢油比为 50~150(体积),柴油馏分为 150~600,减压馏分则为 800~1000。加氢裂化的氢油比一般在 1000~2000。

提高氢油比可以提高氢分压,在许多方面对反应是有利的,但也增大了动力消耗,使操作费用增加,因此要根据具体情况来选择合适的氢油比。

5. 催化剂

加氢精制催化剂通常由三部分组成,即载体、金属活性组分和助催化剂,而加氢裂化催化剂是由金属活性组分和酸性载体组成的双功能催化剂。

载体的作用主要是提供较大的比表面积和一定的床层孔隙率,并提高催化剂的稳定性和机械强度。金属加氢活性组分主要包括ⅥB族和Ⅷ族中几种金属的氧化物和硫化物,是加氢活性的主要来源。加氢精制催化剂的助剂是一些金属化合物,可起到改善催化剂的活性、选择性和稳定性的作用。

加氢催化剂各组分的主要作用各不相同,但又不是孤立的,而是相互渗透、相辅相成的,只有各组分的合理匹配,才能使催化剂在加氢过程中发挥最佳效果。

评价加氢催化剂性能的指标主要有活性、选择性和稳定性等。活性的高低表示催化剂对反应加速性能的强弱;选择性表示催化剂促进目的反应或抑制副反应能力的大小;稳定性则表示催化剂使用寿命的长短。

加氢催化剂在运转过程中,随着使用时间的延长,催化剂表面会逐渐产生焦炭、金属和灰分的沉积,并发生金属聚集以及晶体形态的变化等现象,引起催化剂活性和选择性的下降,影响加氢转化效果。所以,装置运转过程中,必须通过逐步提高操作温度的方式来补偿催化剂活性和选择性的下降。

五、催化加氢装置工艺流程案例

下面以某石化公司 320×10^4 t/a 加氢裂化装置为例,介绍加氢装置的详细工艺流程及技术特点。该装置的原料为减压蜡油和焦化蜡油组成的混合蜡油,主要产品为加氢蜡油,同时副产部分石脑油和柴油。其中石脑油作为连续重整装置的原料,柴油作为柴油产品调合组分,加氢蜡油则作为催化裂化装置原料。

1. 装置技术特点

该蜡油加氢处理装置的设计处理能力为 320×10^4 t/a,年开工 8400h。与其他加氢装置相比,该装置具有以下技术特点:

(1)反应部分采用部分炉前混氢技术,循环氢部分进反应加热炉,适合大规模的柴油加氢装置和蜡油加氢处理装置。该流程具有炉前混氢流程的优势,同时有效地解决了装置大型化带来的两相流分配的困难。

(2)加氢处理装置原料采用常减压装置热供料形式,处理后的加氢蜡油直供给催化裂化装置,降低了装置的能耗。

(3)为了减少设备及管线的腐蚀,提高循环氢纯度,设置了循环氢脱硫系统。

(4)反应器为热壁式结构,内设三个催化剂床层,床层间设冷氢盘;采用新型反应器分布器和急冷箱专利技术,使混合更加均匀。

(5)原料油经自动反冲洗过滤器进入反应系统,避免了催化剂床层过早出现较大压降,延长了装置的操作周期。

(6)装置反应部分采用热高分工艺流程,减少了反应流出物冷却负荷,优化了换热流程,降低了装置能耗。

(7)高压换热器采用螺纹锁紧环双壳程结构,换热器的结构紧凑、占地少、换热效率高、节约换热面积、密封性能好、不易泄漏、运行周期长。

(8)分馏部分采用双塔汽提流程。热低分油和冷低分油混合后进入硫化氢汽提塔脱除硫化氢,然后再进入分馏塔切割出石脑油、柴油、加氢蜡油产品。

(9)热高压分离器和热低压分离器之间设置液力透平,用于驱动加氢处理反应进料泵;循环氢脱硫塔塔底富胺液和富胺液闪蒸罐之间设置液力透平,用于驱动循环氢脱硫塔贫胺液泵。这种设计不仅充分回收了能量,还降低了装置能耗。

(10)热高分气空冷器的管箱采用丝堵式结构,解决了管箱的内角焊、管子与管板自动焊等关键技术问题。

(11)反应进料加热炉采用双室单排双面辐射卧管立式炉。辐射盘管采用单排水平管双面辐射布置,保证了管内两相流动能达到理想的流型,并且使管外热强度和管壁温度较为均匀,提高了管材利用率。分馏塔进料加热炉采用对流—辐射型圆筒炉,炉底共设有10台气体燃烧器,工艺介质先经过对流室,再进入辐射室加热至工艺所需温度。为提高加热炉的效率,采用空气预热器回收余热。

(12)分馏塔顶冷凝水作为反应注水,节省除盐水。

2. 装置的工艺流程

蜡油加氢处理装置由反应、分馏、脱硫和变压吸附PSA氢气回收四部分组成,其工艺原则流程图如图3-15所示。

1)反应部分

来自常减压装置的减压蜡油和焦化装置的焦化蜡油混合进入装置后,首先进入原料油缓冲罐,经原料油升压泵升压,进入换热器与加氢蜡油换热,然后通过过滤器除去杂质,进入滤后原料油缓冲罐。原料油再经反应进料泵升压后与部分已预热的混合氢混合,经换热器与反应产物换热,然后进入进料加热炉加热。氢气与原料油在进料加热炉内加热至所需的温度后,和另一部分与反应产物换热至一定温度的混合氢气混合,进入加氢反应器,在催化剂的作用下,进行加氢反应。催化剂床层间设有控制反应温度的急冷氢,反应产物与混合氢、混氢原料油分别换热后,进入热高压分离器。

来自装置外的补充氢与加氢处理装置PSA产氢混合后,由氢气压缩机升压后与循环氢混合。混合氢经换热器与热高分气进行换热,然后分成两路,一路与原料油混合,另一路经换热器与反应产物换热,在进料加热炉出口与反应混合物合并后进反应器。

热高压分离器分离出的热高分油经减压后,进入热低压分离器,进一步将溶解在液体产物中的气体闪蒸出来。热高分气与混合氢换热后,由热高分气空冷器冷却至50℃左右,进入冷高压分离器,进行气、油、水分离。为防止热高分气中的NH_3和H_2S在低温下生成铵盐结晶析出,堵塞空冷器,反应产物进入空冷器前注入污水汽提装置处理后的净化水,以溶解其中的NH_3和H_2S。

彩图17 蜡油加氢处理反应器与加热炉

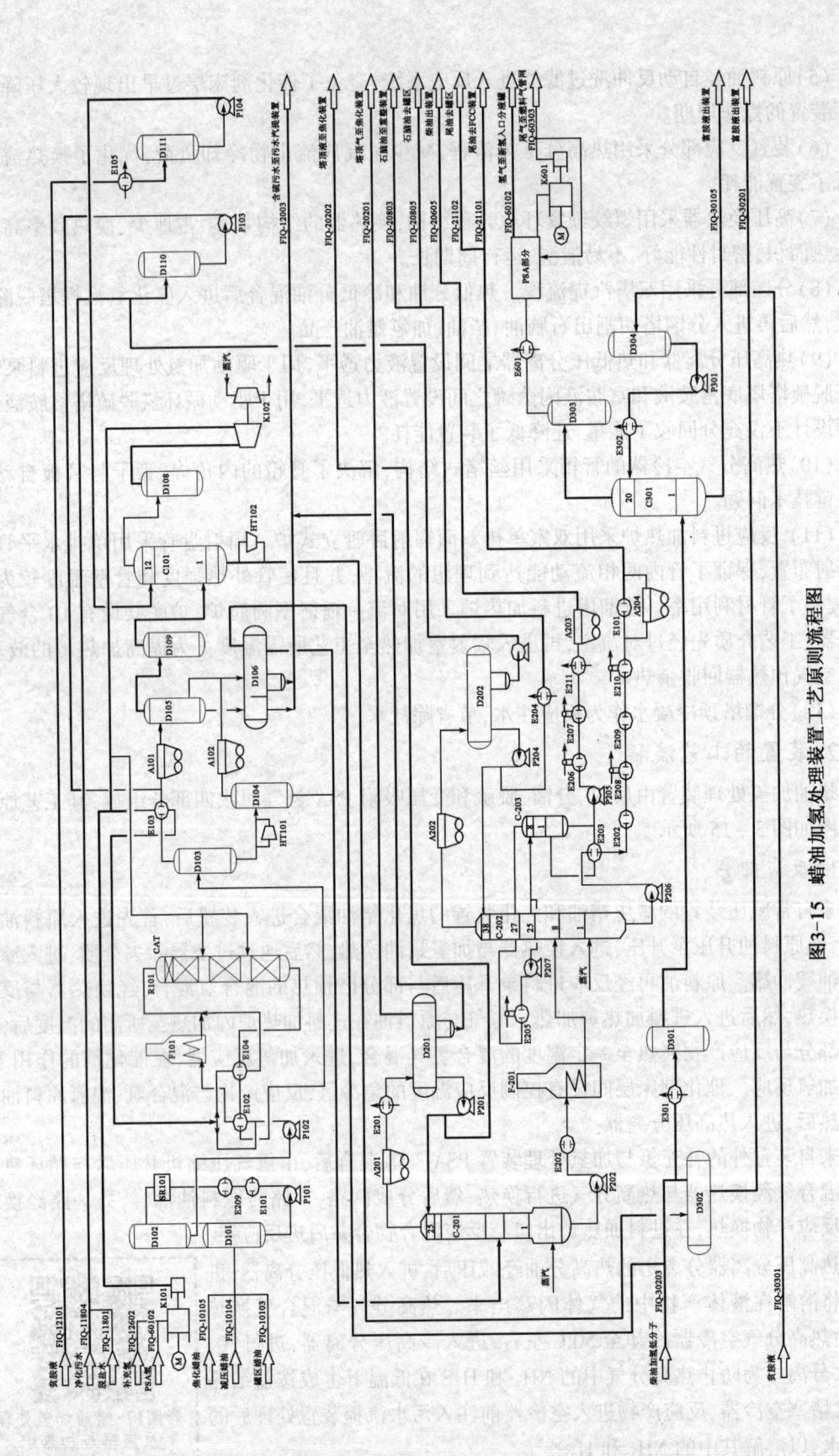

图 3-15 蜡油加氢处理装置工艺原则流程图

热低压分离器分离出的气体(热低分气)经空冷器冷却后送至冷低压分离器,液体(热低分油)直接进入硫化氢汽提塔。

冷高压分离器分离出的气体(循环氢),先经循环氢脱硫塔脱除硫化氢,然后进入循环氢分液罐,再由循环氢压缩机升压,与补充氢混合后返回反应系统。从冷高压分离器分离出的液体(冷高分油)减压后进入冷低压分离器,继续进行气、油、水分离。冷高分底部的含硫污水经减压后送入冷低压分离器,闪蒸后送至污水汽提装置。从冷低压分离器分离出的气体(低分气)送至低分气脱硫部分,液体(冷低分油)直接进入硫化氢汽提塔。

2)分馏部分

热低分油和冷低分油混合后进入后硫化氢汽提塔。经蒸汽汽提后,硫化氢汽提塔的塔顶气经空冷器及塔顶水冷器冷却至40℃,在回流罐内进行气、液、水分离。分离出的气体送至后续分离装置的富气压缩机一段入口。

回流罐分离出的轻烃,部分作为硫化氢汽提塔的顶回流,部分送至后续分离装置的富气压缩机二段入口。回流罐底部分离出的含硫污水经冷低分污水管线送至污水汽提装置的原料水罐。

硫化氢汽提塔底油经换热器与加氢蜡油换热后,由分馏塔进料加热炉加热至所需温度后进入分馏塔。分馏塔设有一个侧线柴油汽提塔和一个中段回流,塔顶产物为石脑油,塔底产物为加氢蜡油。

分馏塔的塔顶气经空冷器及塔顶水冷器冷却至40℃,进回流罐内进行气、油、水分离。分离出的低压瓦斯去分馏塔进料加热炉作为燃料气。

回流罐分离出的石脑油,部分作为塔顶回流,部分送至重整装置预加氢原料缓冲罐作为重整原料油,或经管线送至罐区。回流罐底部分离出的冷凝水去反应注水罐作为反应注水回用,或经冷低分污水出口送至污水汽提装置原料水罐。

侧线抽出的柴油,部分作为分馏塔中段回流,经泵升压后进入蒸汽发生器冷却后返回分馏塔内;部分进入柴油汽提塔,经汽提出的轻组分返回分馏塔,塔底柴油由泵抽出,经两级蒸汽发生器、柴油/除盐水换热器及空冷器冷却至50℃,作为柴油产品调和组分送至罐区。

分馏塔底油经泵升压,分别经过柴油汽提塔重沸器、硫化氢汽提塔底油换热器、蒸汽发生器、原料油换热器和蒸汽发生器冷却至170℃,加氢蜡油送至催化裂化装置原料罐,或送至罐区。

3)低压脱硫部分

本装置产生的冷低分气和来自柴油加氢装置的冷低分气混合,经换热器冷却后进分液罐分液,然后进入低分气脱硫塔。脱硫后的低分气进入PSA系统回收氢气,富胺液送至溶剂再生装置的脱硫富液闪蒸罐。

4)变压吸附PSA氢气回收部分

来自低分气脱硫部分的净化气进入PSA氢气回收系统,回收的氢气作为装置补充氢返回氢气压缩机入口,解析气经解析气压缩机增压后送入燃料气管网。

3.装置安全生产特点

加氢装置生产过程中,从原料到产品基本上都是可燃物品,尤其是生产过程中所使用的氢气,是火灾与爆炸的主要危险因素。所以,加氢装置的火灾危险等级为甲类,是炼化企业防火防爆的重点装置。除了杜绝一切明火外,加氢装置还必须杜绝可燃物的泄漏。为此,加氢装置对容器的设计和选材、生产过程中的介质腐蚀、安全泄放、可燃及有毒气体的监测报警等都有十分严格的规定。其他在防火防爆等方面的要求与其他炼油装置相同。

由于生产工艺的特殊性，加氢装置会产生或用到一些有毒害的物质，在生产过程中必须注意避免这些物质对人体的危害，这些物质甚至会威胁到员工的生命安全。H_2S 是含硫化合物的加氢产物，在加氢装置中广泛存在。H_2S 是一种无色有臭鸡蛋味的有毒气体，在空气中最高允许浓度为 $10mg/m^3$。人吸入 $100\sim600mg/m^3$ 的 H_2S 时，就会发生低浓度中毒，经过一段时间后会产生头痛、流泪、恶心、气喘等症状；当空气中 H_2S 含量大于 $600\sim1000mg/m^3$ 时，人就会发生急性中毒，当吸入大量 H_2S 时，会使人立即昏迷；在 H_2S 浓度高达 $1000mg/m^3$ 时，会使人失去知觉，很快死亡。因此，加氢装置必须严防 H_2S 泄漏。一旦发现 H_2S 中毒事件，要迅速把中毒病人转移到空气新鲜的地方，对呼吸困难者应立即进行人工呼吸，同时向医院打急救电话，并报告调度，待医生赶到后，协助抢救。

加氢催化剂的金属组分中往往含有镍，加氢原料中的镍也会沉积到催化剂上，在装置的开停工过程中，如果操作不当，有可能会生成羰基镍。羰基镍是一种毒性很强且易挥发的物质，人与相对低浓度的羰基镍短时间接触即能引起严重的中毒或者死亡，允许暴露浓度是 $0.001mg/kg$。人员暴露在低浓度的羰基镍环境下，会出现头痛晕眩、呕吐及咳嗽症状；当吸入高浓度羰基镍时会出现抽筋、昏迷甚至死亡。如发现有羰基镍中毒者，应迅速将病人转移到新鲜空气处，对呼吸困难者立即进行人工呼吸，同时送往医院作进一步治疗。另外，羰基镍对人的皮肤和眼睛都有严重的刺激作用和损坏作用。

另外，加氢装置所使用的胺类脱硫剂和预硫化剂也都是一些具有轻微毒性或腐蚀性的物质，对人体的眼睛、呼吸系统和皮肤具有一定的刺激作用，应尽量避免直接与之进行接触。

思 考 题

1. 加氢装置为什么具有多种不同的类型？
2. 简述所在实习装置的生产目的、工艺原理，所在装置的原料来源、组成，产品性质要求。
3. 简述所在装置的原则工艺流程；各主要设备的作用及其相互联系。
4. 所在装置的主要化学反应和副反应有哪些？
5. 加氢工艺为什么要采用大量氢气循环？用什么指标表示氢气的循环量？
6. 简述所在装置加氢催化剂的性能和特点。并将其与催化裂化、重整催化剂进行比较。
7. 加氢催化剂为什么要进行预硫化？预硫化采用的方法？加氢催化剂再生的目的、方法？影响再生效果的主要因素是什么？在实际操作中应如何控制？
8. 所在装置的混氢位置有何特点？混氢点如何设置以保证氢油混合效果？
9. 设置原料缓冲罐和过滤器的目的是什么？
10. 所在装置加热炉的类型是什么？对流段和辐射段炉管布置分别有何特点？
11. 加热炉的主要控制指标是什么？如何保证？
12. 加热炉"三门一板"分别指什么？起什么作用？
13. 所在装置的加热炉效率为多少？如何有效提高加热炉效率？现场有哪些减少热损失的措施？
14. 所在装置加氢反应器的结构和特点？床层温度控制有何特点？

15. 加氢反应器压降过大对操作有何影响？现场有无相应安全措施？
16. 加氢装置的主要操作条件和影响加氢操作的主要因素有哪些？
17. 装置中注冷氢的位置有几处？注入量如何控制？阐述理由。
18. 解释下列概念：空速、氢油比、化学耗氢量，简述本装置的具体操作数据范围。
19. 什么叫床层温升？生产过程中对其有何要求？如何控制？
20. 如何实现循环氢脱硫？
21. 简述氢气压缩机的工作原理及注意事项。
22. 阐述各高、低压分离器的作用，并核算实际的罐内停留时间。
23. 如何判断分馏塔或汽提塔的效果？本装置分馏部分效果如何？
24. 本装置的换热网络有何特点？对哪些换热器要求较高？
25. 各种不同的加氢催化剂在功能和化学组成上有何区别？
26. 谈谈对实习所在催化加氢装置的总体认识和见解。

第五节 催化重整装置

一、基本概况

催化重整是石油加工过程中重要的二次加工手段，是用以生产高辛烷值汽油组分或苯、甲苯、二甲苯等重要化工原料的工艺过程，所副产的氢气是加氢装置用氢的重要来源。催化重整是生产芳香烃（简称芳烃）的主要工艺，全球大约38%（质量分数）的苯和87%（质量分数）的二甲苯来自催化重整装置。

重整指烃类分子重新排列成新的分子结构的工艺过程。催化重整即在催化剂作用下进行的重整，采用铂金属催化剂的重整过程称铂重整，采用铂铼催化剂的称铂铼重整（或双金属重整），采用多金属催化剂的称多金属重整。催化重整产物中含有较多的芳烃和部分异构烷烃，它们都是高辛烷值汽油组分，所以重整汽油可作高质量汽油的调和成分；另外，芳烃还是重要的化工原料，尤其是轻芳烃，例如，苯可作聚酰胺纤维的原料，对二甲苯可生产聚酯纤维等。由此可见催化重整在炼油和化工工业中占有重要的地位。

自1940年美国Mobil石油公司在美国建成世界第一套重整装置以来，催化重整工艺技术不断发展，根据不同的工艺流程、催化剂类型、催化剂再生差异，相继涌现了不同的重整工艺。在未来的发展趋势里，连续重整工艺是未来发展的主流，催化剂的研究也都着重于连续重整。

在国外，连续催化重整专利技术主要有美国环球油品公司（UOP）和法国石油研究院（IFP）两家，反应条件及产品收率大致相同，两个公司的工艺流程具有各自的特点。(1) 美国UOP连续催化重整工艺流程是反应器重叠布置，催化剂从第1个反应器靠重力依次流经重叠的第2、第3反应器。从最下面的1个反应器出来后，用N_2将催化剂提升到再生器顶，除去粉尘后进入再生器。催化剂在再生器内经烧焦、氯化、干燥3个区，再经N_2置换后，用H_2提升到反应器顶，用H_2还原后，进入第1个反应器，这样完成1个循环。反应器与再生器之间均设有料斗。(2) 法国IFP的连续催化重整工艺流程是反应器并列布置，各反应器均设有料斗和提升器。催化剂从第1反应器至最后1个反应器是通过气体输送的。从最后1个反应器底出来的催化剂用气体提升,定期进入再生器。再生器内催化剂在固定状态下烧焦、氯化、焙烧。再生后的催化剂经还原后再送入第1反应器顶部。UOP与IFP公司在技术开发的过程中不断完善,相继由第1代连续催化重整转变成第2代连续催化重整,UOP公司已有了第3代连续催化重整。

虽然在连续催化重整工艺中,体现了连续催化重整技术相互渗透、取长避短,但两者仍存在着本质上的区别,主要体现在反应器布置和再生回路流程,即UOP连续催化重整采用重叠式反应器布置和热循环再生回路流程,而IFP连续催化重整采用并列式反应器布置和冷循环再生回路流程。UOP反应器重叠布置,催化剂提升次数少,流程简单,占地少,但反应器整体高,设备制造和运输都比较困难;同时反应器框架较高,操作维修不方便。IFP采用冷循环再生回路流程,设备和管线材质要求低,容易制造,但流程较复杂,设备数量较多,从已投产的工业装置看,两个公司的技术都是成熟的,效益是可观的。

1966年我国第一套铂催化重整装置在大庆炼油厂顺利投产,完全由我国自行设计并建成,具有历史性意义,到20世纪60年代,我国已建成9套半再生催化重整装置,其生产能力达到2.14Mt/a,此后我国于20世纪80年代开始引进投产连续催化重整装置,并开始了我国自主研发的历程。我国的重整工艺技术在不断消化吸收先进的连续催化重整技术中不断发展,低压组合床重整技术开发成功后,在2000年投入生产。此后在消化吸收国外先进技术的基础上,我国又成功开发出轴向和径向2种移动床烧炭过程再生器的设计软件,并用其设计出了3种不同催化剂循环量的轴—轴两段组合烧炭和轴—径两段组合烧炭的新型轴流移动床再生器,这种再生器实现了物料气固活塞型流动,不但使再生器的结构合理、简单,而且在床层温度分布和烧炭效率等方面均有优势。

2001年3月23日,我国第一代连续重整成套技术首先在长岭炼化公司500kt/a低压组合床重整装置中应用成功。2005年8月,在洛阳石化公司700kt/a重整装置改造中,完全采用了国产连续重整成套技术。装置完工投产后,实际生产能力、重整苛刻度、芳烃收率、重整液收、纯氢产率均达到或超过了攻关指标,标志着我国拥有了具有自主知识产权的连续重整成套技术。2009年4月,由洛阳石化工程公司总承包,采用国产连续重整成套技术建设的广州石化公司1000kt/a连续重整装置成功投产。目前,该技术已经在北海石化公司的600kt/a连续重整、九江石化公司1200kt/a连续重整等项目建设中得到推广应用,并有所创新。目前我国催化重整装置已超70套,总加工能力超过30Mt/a,约占原油加工能力的8%,其中连续重整装置20余套,加工能力超过20Mt/a,半再生重整装置40余套,加工能力超过10Mt/a。我国重整装置大部分以直馏石脑油为原料,产品以苯、甲苯、混合二甲苯为主,也生产一部分乙基苯、邻二甲苯和高辛烷值汽油组分。虽然目前我国重整能力仅次于美国、俄罗斯和日本,位于世界第四,但催化重整能力占原油加工能力的比例远低于世界平均水平。

二、原料及产品特点

1. 重整原料的选择

重整原料的性质,直接影响着重整装置的运转周期、目的产物的收率等,因此必须选择适当的重整原料并预先加以精制处理。

对重整原料的选择主要有三个方面的要求:馏分组成、族组成和杂质含量。

1) 馏分组成

重整原料的馏分组成根据生产目的来确定,生产高辛烷值汽油时,一般采用 80~180℃ 的馏分;当生产芳烃时,应根据生产不同的芳烃产品来确定馏分组成,例如,C_6 烷烃及环烷烃的沸点为 60.27~80.74℃,C_7 烷烃及环烷烃的沸点为 90.05~103.4℃,而 C_8 烷烃及环烷烃的沸点为 99.24~131.78℃。所以,要根据目的芳烃产品来选择适宜的原料馏分组成(表3-5)。

表 3-5 生产芳烃时的适宜馏程

目的产物	苯	甲苯	二甲苯	苯—甲苯—二甲苯
适宜馏程,℃	60~85	85~110	110~145	60~145

生产芳烃时,一般情况下是同时生产苯、甲苯和二甲苯,因此原料烃应选择 60~145℃ 的馏分,因为沸点 <60℃ 的烃类分子中,其碳原子数小于 6,原料中含 <60℃ 馏分反应时不能增加芳烃产率,反而降低了装置本身的处理能力。选用 60~145℃ 馏分作重整原料时,其中 130~145℃ 馏分属于喷气燃料馏分,因此,在同时生产喷气燃料的炼厂,也可选用 60~130℃ 馏分。

对生产高辛烷值汽油来说,$\leq C_6$ 的馏分本身的辛烷值就比较高;如果馏分的干点过高,会使催化剂表面迅速积炭而失活,因此适宜的馏程是 80~180℃。在同时生产芳烃和高辛烷值汽油时,可以采用 60~180℃ 馏分作重整原料。

2) 族组成

原料油中环烷烃含量高,产品产率和辛烷值都高,同时催化剂上的积炭少、失活较慢、寿命延长,因此含环烷烃多的馏分是催化重整的良好原料。

在实际生产中,常用芳烃潜含量的多少来表示重整原料油的优劣。所谓芳烃潜含量就是把原料中的全部环烷烃都转化为芳烃(一般指 C_6~C_8 芳烃)时所能生产的芳烃量,也有用芳烃收率指数($N+2A$)表示重整原料油的优劣,其中 N 为环烷含量,A 为芳烃含量。

原料中芳烃潜含量(或芳烃收率指数)越高,重整后得到的芳烃越多。但是,潜含量只能说明生产芳烃的可能性,实际的芳烃产率取决于环烷烃的分子结构、催化剂性能和操作条件;潜含量可以提供生产芳烃的潜在能力,并不是最高能力,因为原料油中的烷烃通过重整反应也能生成芳烃,实际生产中有可能获得比潜含量更高的芳烃产量。

以直馏汽油作为重整原料,来源是有限的。而二次加工汽油(如焦化、催化裂化、加氢裂化等)中烯烃和二烯烃的含量较高,在重整反应时会增加催化剂上的积炭,缩短生产周期,十分不利。可采用预加氢的方法使这类原料中烯烃含量减少。相比之下,加氢裂化汽油含烯烃较少,可直接作为重整原料。

3) 杂质含量

重整原料对杂质含量有极严格的要求,这是从保护催化剂的活性考虑的。原料中少量的杂质(如砷、铅、铜等)会引起催化剂的永久性中毒,原料中水和氯的含量不适当也会使催化剂减活。双金属和多金属重整催化剂对杂质的限制更加严格。

表 3-6 和表 3-7 分别列出了对重整原料中杂质含量的限制和我国主要原油直馏重整原料的杂质含量。

表 3-6 对重整原料中杂质含量的限制

杂质名称	硫	氮	氯	水	砷	铅、铜等
含量,μg/g	<0.5	0.5	<1	<5	$<1\times10^{-3}$	$<20\times10^{-3}$

表 3-7　我国主要原油直馏重整原料的杂质含量

杂质含量	大庆	大港	胜利	辽河	华北	新疆
砷,μg/kg	195	14	90	1.5	14	133
铅,μg/kg	2	4	14.5	0.2	7.9	<10
铜,μg/kg	3	2.5	3	6.4	3.2	<10
硫,μg/g	240	17.6	138	67.1	37	37
氮,μg/g	<1	0.7	<0.5	<1	<1	<0.5

由表 3-7 看出,我国主要原油直馏重整原料中的砷、硫含量均较高,远不能满足要求,必须将原料进行预处理脱除杂质,方能提供合格的重整原料。

2. 催化重整的产品

催化重整是在一定温度、压力、临氢和催化剂存在的条件下,使石脑油(主要是直馏汽油)转变成富含芳烃(苯、甲苯、二甲苯,简称 BTX)的重整汽油或直接生产 BTX 芳烃产品并副产氢气的过程。

催化重整汽油是高辛烷值(ON>95)汽油的重要组分,在发达国家的车用汽油组分中,催化重整汽油约占 30%。BTX 是一级基本化工原料,全世界所需的 BTX 有近 70% 是来自催化重整。氢气是炼厂加氢过程的重要原料,而重整副产氢气是廉价的氢气来源。表 3-8 列出了某铂铼催化剂固定床催化重整装置的原料、反应条件及产物情况。

表 3-8　固定床催化重整的原料、反应条件及产物情况

内容	项目	参数
原料	沸点范围,℃	72~184
	族组成,烷烃/环烷烃/芳烃	44.02/43.18/12.80
反应条件	重时空速,h^{-1}	1.1
	氢油比,mol/mol	6.0
	平均压力,MPa	2.06
	起始温度,℃	505
产物	C_5^+ 汽油收率(质量分数),%	80.40
	C_5^+ 汽油辛烷值(RON)	102
	氢气收率(质量分数),%	2.40
	芳烃收率(质量分数),%	61.50

三、工艺流程简述

按照不同的分类方法,催化重整装置有以下几种类型:(1)按原料馏程,可分为窄馏分重整和宽馏分重整;(2)按催化剂类型,可分为铂重整、双金属重整和多金属重整;(3)按反应床层状态,可分为固定床重整、移动床重整和流化床重整;(4)按催化剂的再生形式可分为半再生式重整、循环再生式重整和连续再生式重整。

催化重整生产的目的产品不同时,采用的工艺流程也不相同。当以生产高辛烷值汽油为主要目的时,其工艺流程主要包括原料的预处理和重整反应两大部分;而当以生产 BTX 轻芳烃为主要目的时,则工艺流程中还应设有芳烃分离部分,这部分包括反应产物后加氢以使其中的烯烃饱和、芳烃溶剂抽提、混合芳烃精馏分离等几个单元过程。

图3-16是以生产高辛烷值汽油为目的产品的铂铼重整装置工艺流程。

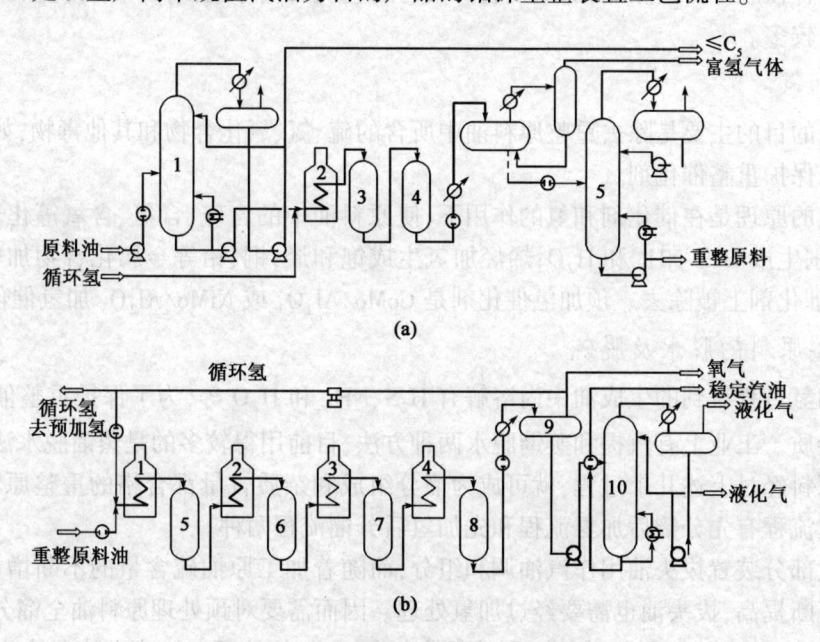

图3-16 铂铼重整装置工艺流程图
(a)原料预处理部分：1—预分馏塔；2—预加氢加热炉；3,4—预加氢反应器；5—脱水塔
(b)反应及分馏部分：1,2,3,4—加热炉；5,6,7,8—重整反应器；9—高压分离器；10—稳定塔

1. 原料预处理部分

为了满足对重整原料的上述要求，必须对重整原料进行预处理，以得到馏分组成和杂质含量都合格的重整原料。重整原料的预处理包括预分馏、预脱砷、预加氢和脱水等几个部分。

1) 预分馏

预分馏的目的是根据对重整目的产物的要求将原料切割成适宜沸程的馏分。例如，生产芳烃时，从预分馏塔顶切除 <60℃ 的馏分，生产高辛烷值汽油时，切除 <80℃ 的馏分。切除的轻馏分可作汽油调和组分或化工原料，也可作燃料用。原料的干点一般由上游装置(如原油初馏塔或常压蒸馏塔)控制，少数装置也通过预分馏从塔底切除过重的组分。预分馏过程中同时也脱除原料油中的部分水分。

2) 预脱砷

砷是重整催化剂的严重毒物，要求进入重整反应器的原料油中的砷含量不得高于 $1\mu g/kg$。如果原料含砷量 $<100\mu g/kg$，可以不经过预脱砷，经预加氢精制后即可达到允许的砷含量，否则必须先经过预脱砷。如表3-7中数据所示，我国大庆和新疆等原油的直馏重整原料中砷含量高，必须经过预脱砷，而对大港和胜利等原油的直馏重整原料，可不经预脱砷。

常用的预脱砷方法有：(1) 吸附预脱砷。以 5%～10% 硫酸铜溶液浸泡的硅酸铝小球作为吸附剂，常温常压下原料油通过吸附剂床层，其中大部分的砷化合物吸附在硅铝小球上而被脱除。(2) 化学氧化预脱砷。原料油与氧化剂(如过氧化氢异丙苯和高锰酸钾等)在反应器中进行反应，砷化合物氧化后经分馏或水洗被分离除去。(3) 加氢预脱砷。加氢预脱砷的原理是将含砷化合物加氢分解出砷，砷吸附在催化剂上被除去。所用催化剂是 Ni/Al_2O_3 或 $NiMo/Al_2O_3$ 加氢脱砷催化剂。该法的预脱砷反应器是与预加氢精制反应器串联在流程中。

以上三种预脱砷方法相比,加氢预脱砷具有工艺流程简单、操作方便等优点,所以目前在工业上应用较多。

3) 预加氢

预加氢的目的主要是除去重整原料油中所含的硫、氮、氧化合物和其他毒物,如砷、铅、铜、汞、钠等,以保护重整催化剂。

预加氢的原理是在催化剂和氢的作用下,使原料油中的含硫、含氮、含氧等化合物进行加氢分解,分别生成 H_2S、NH_3 和 H_2O;烯烃加氢生成饱和烃;铜、铅等金属化合物加氢分解出金属,吸附在催化剂上被除去。预加氢催化剂是 $CoMo/Al_2O_3$ 或 $NiMo/Al_2O_3$ 加氢催化剂等。

4) 重整原料的脱水及脱硫

由预加氢过程得到的生成油中尚溶解有 H_2S、NH_3 和 H_2O 等,为了保护重整催化剂,必须除去这些杂质。工业上有汽提和蒸馏脱水两种方法,目前用得较多的是蒸馏脱水法。

重整原料经过上述几个过程,就可成为馏分组成和杂质含量都合格的重整原料油。预处理部分工艺流程有先分馏后加氢流程和先加氢后分馏流程两种。

目前大部分装置拔头油用作汽油调和组分,而随着加工原油硫含量的不断增加和汽油环保要求的不断提高,拔头油也需要经过加氢处理。因而需要对预处理原料油全馏分加氢,然后再分馏以切取适宜重整原料油组分,即采用先加氢后分馏流程。由于此产品方案较灵活,可得到清洁的拔头油做汽油调和组分和下游装置进料,先加氢后分馏流程在当前新建重整装置中被广泛应用。在先加氢后分馏流程的基础上,称先汽提后分馏流程为"二塔"流程,称拔头和汽提在同一塔内完成流程为"二塔合一"流程。

"二塔"工艺流程如图 3-17 所示。该流程的特点是分馏塔设在汽提塔下游。预加氢生成油与汽提塔底油换热后进汽提塔,脱除 H_2O、H_2S、NH_3 等,汽提塔底油进预分馏塔,轻组分从塔顶拔出,可作为异构化进料或直接调汽油,塔底油作为重整进料。

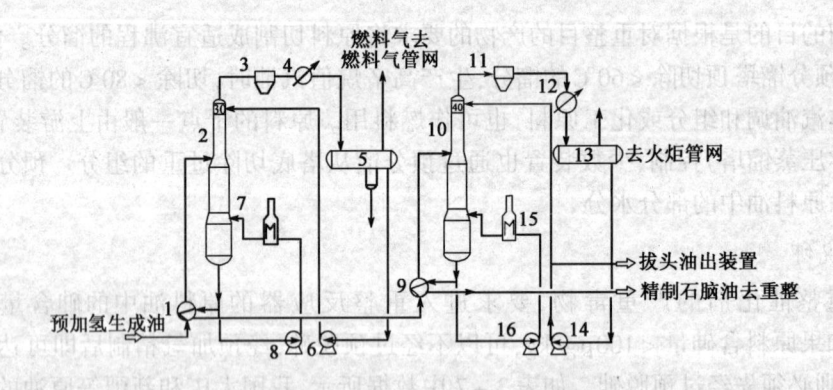

图 3-17 "二塔"流程
1—汽提塔进料换热器;2—汽提塔;3—汽提塔顶空冷器;4—汽提塔顶后冷器;5—汽提塔回流罐;6—汽提塔回流泵;7—汽提塔重沸器;8—汽提塔重沸炉泵;9—石脑油分馏塔进料换热器;10—石脑油分馏塔;11—石脑油分馏塔顶空冷器;12—石脑油分馏塔顶后冷器;13—石脑油分馏塔回流罐;14—石脑油分馏塔回流泵;15—石脑油分馏塔重沸炉;16—石脑油分馏塔重沸炉泵

"二塔合一"工艺流程如图 3-18 所示。这种工艺流程的主要特点是预加氢生成油经过汽提塔拔头、脱水、脱硫、脱氮,汽提塔底油作为重整进料,即在汽提塔同时完成切割轻石脑油和脱除其中的 H_2O、H_2S、NH_3,由于汽提塔顶产品为含有 H_2S、NH_3 的轻石脑油(拔头油),因此需设置拔头油汽提塔,塔顶脱除杂质,塔底为不含硫的清洁轻石脑油。

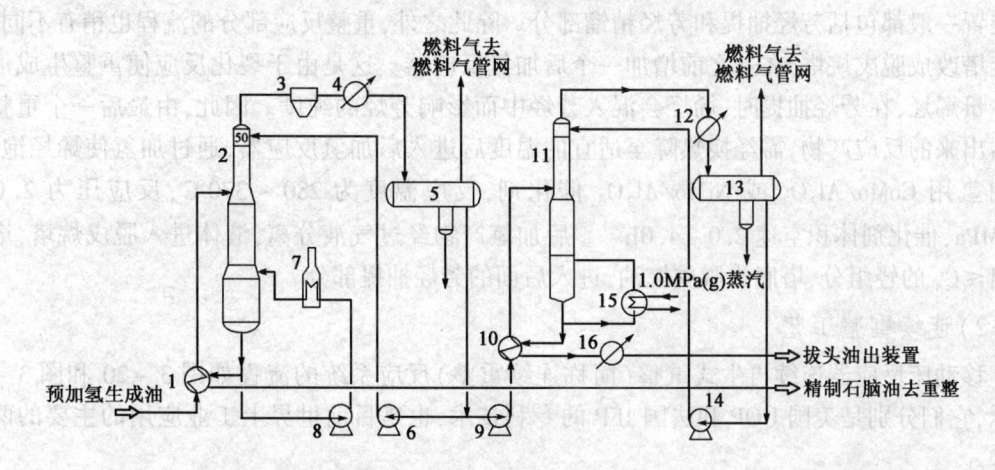

图 3-18 "二塔合一"流程

1—汽提塔进料换热器;2—汽提塔;3—汽提塔顶空冷器;4—汽提塔顶后冷器;5—汽提塔回流罐;6—汽提塔回流泵;7—汽提塔重沸炉;8—汽提塔重沸炉泵;9—拔头油汽提塔进料泵;10—拔头油汽提塔进料换热器;11—拔头油汽提塔;12—拔头油汽提塔顶冷凝器;13—拔头油汽提塔回流罐;14—拔头油汽提塔回流泵;15—拔头油汽提塔重沸器;16—拔头油汽提塔底后冷器

目前国内重整装置原料预处理部分基本上都采用这两种流程,其中锦西石化分公司、锦州石化分公司和齐鲁石化分公司 600kt/a 连续重整装置采用的是"二塔"流程,大连石化分公司 600kt/a、乌鲁木齐石化分公司 400kt/a、海南实华 1.2Mt/a 和陕西延长石油(集团)有限责任公司炼化公司 1.2Mt/a 连续重整都采用"二塔合一"流程。

2. 重整反应部分

1) 固定床半再生式重整工艺

麦格纳重整工艺是典型的固定床半再生工艺(图 3-19),其主要特点是将循环氢分为两路,一路从第一反应器进入,另一路则从第三反应器进入。在第一、二反应器采用高空速、较低反应温度(460~490℃)及较低氢油比(2.5~3),这样可有利于环烷烃的脱氢反应,同时抑制加氢裂化反应。后面的 1 个或 2 个反应器则采用低空速、高反应温度(485~538℃)及高氢油比(5~10),这样可有利于烷烃脱氢环化反应。这种工艺的主要优点是可以得到稍高的液体收率,装置能耗也有所降低。国内的固定床半再生式重整装置多采用此种工艺流程。

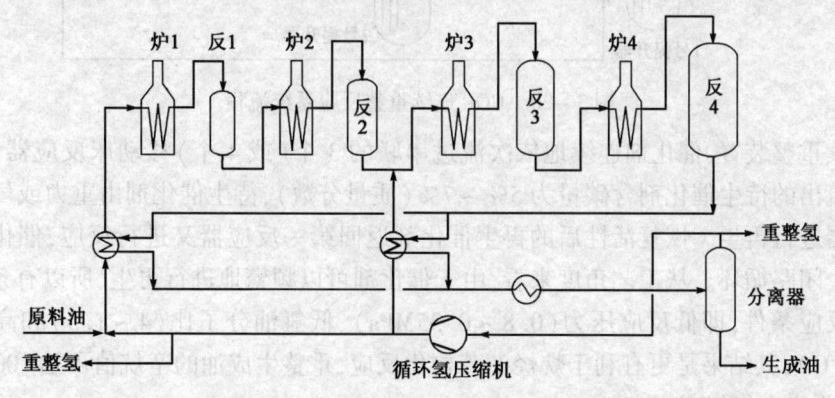

图 3-19 麦格纳重整反应系统工艺流程

我国现有的催化重整装置，大部分都是用于生产芳烃(苯、甲苯和二甲苯)，因此，催化重整装置一般都包括芳烃抽提和芳烃精馏部分。除此之外，重整反应部分的流程也稍有不同，即稳定塔改成脱戊烷塔，在这之前增加一个后加氢反应器。这是由于裂化反应使重整生成油中含少量烯烃，在芳烃抽提时，烯烃会混入芳烃中而影响芳烃的纯度。因此，由最后一个重整反应器出来的反应产物，需经换热降至适宜的温度后进入后加氢反应器，通过加氢使烯烃饱和。后加氢用 $CoMo/Al_2O_3$ 或 $NiMo/Al_2O_3$ 催化剂，反应温度为 280~370℃，反应压力 2.0~3.0MPa，催化剂体积空速 $2.0 \sim 4.0h^{-1}$。后加氢产物经过气液分离，液体进入脱戊烷塔，塔顶分出 $\leq C_5$ 的轻组分，塔底为脱戊烷油，进入后面的芳烃抽提部分。

2) 连续重整工艺

移动床反应器连续再生式重整(简称连续重整)反应系统的流程如图 3-20 和图 3-21 所示，它们分别是美国 UOP 和法国 IFP 的专利技术，也是目前世界上工业应用的主要的两家技术。

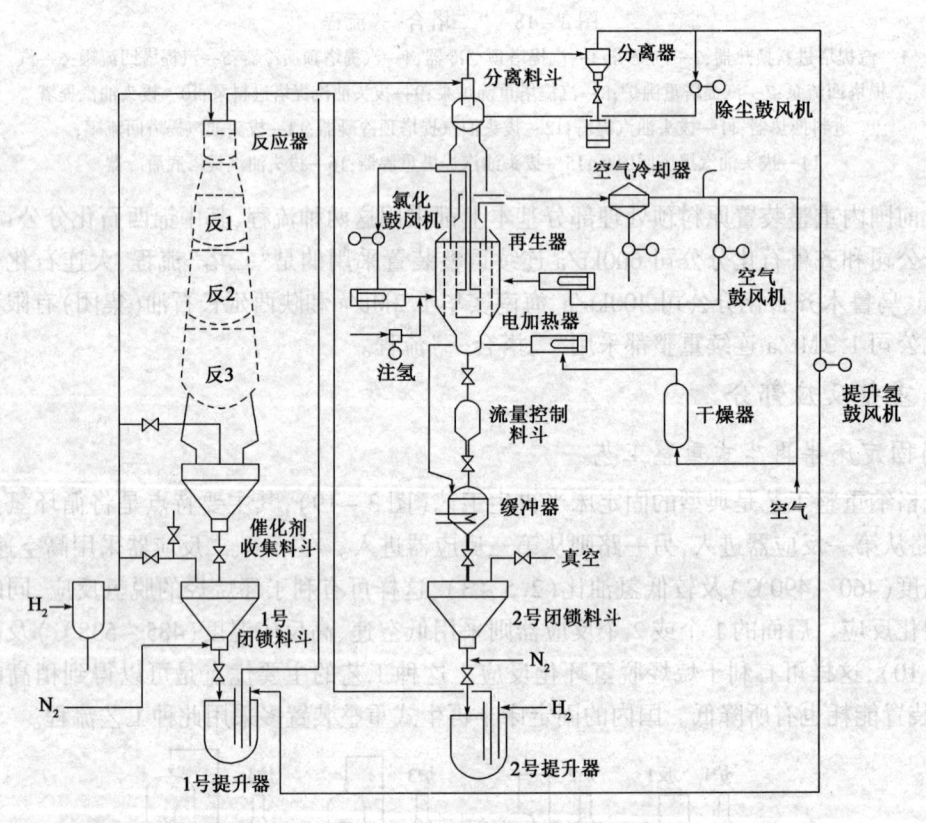

图 3-20 UOP 连续重整反应系统流程

在连续重整装置，催化剂连续地依次流过串联的 3 个(或 4 个)移动床反应器，从最后一个反应器流出的待生催化剂含碳量为 5%~7%(质量分数)，待生催化剂由重力或气体提升输送到再生器进行再生。恢复活性后的再生催化剂返回第一反应器又进行反应，催化剂在系统内形成一个闭路循环。从工艺角度来看，由于催化剂可以频繁地进行再生，所以有条件采用比较苛刻的反应条件，即低反应压力(0.8~0.35MPa)、低氢油分子比(4~1.5)和高反应温度(500~530℃)，其结果是更有利于烷烃的芳构化反应，重整生成油的辛烷值可达 100(研究法)以上，液体收率和氢气产率高。

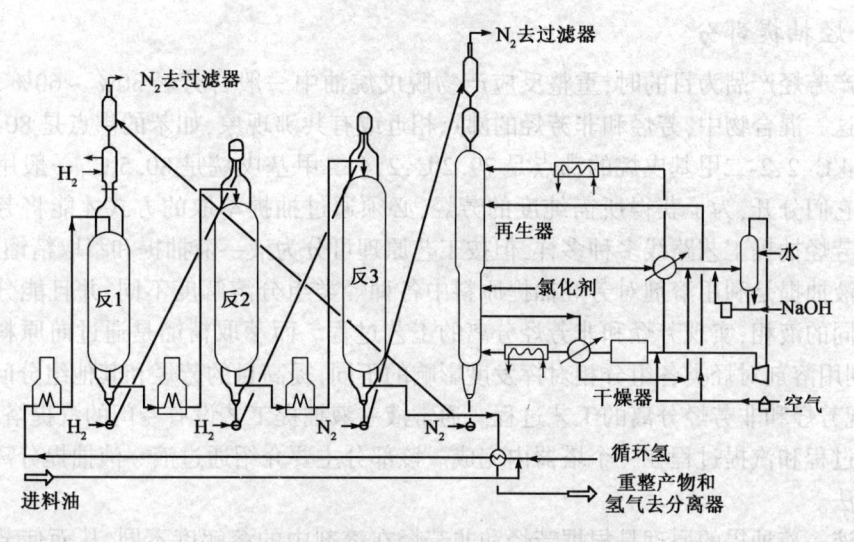

图 3-21 IFP 连续重整反应系统流程

UOP 连续重整和 IFP 连续重整采用的反应条件基本相似,也都用铂锡催化剂,这两种技术都是先进和成熟的。从外观来看,UOP 连续重整的三个反应器是叠置的,催化剂依靠重力自上而下依次流过各个反应器,从最后一个反应器出来的待生催化剂用氮气提升至再生器顶部。IFP 连续重整的三个反应器则是并行排列,催化剂在每两个反应器之间是用氢气提升至下一个反应器的顶部,从最后一个反应器出来的待生剂则用氮气提升到再生器的顶部。在具体的技术细节上,这两种技术也还有一些各自的特点。

连续重整技术是重整技术近年来的重要进展之一,它针对重整反应的特点提供了更为适宜的反应条件,因而取得了较高的芳烃产率、较高的液体收率和氢气产率,突出的优点是改善了烷烃芳构化反应的条件。虽然连续重整有上述的优点,但是并不说明对于所有的新建装置它就是唯一的选择,因为判别某个技术的先进性的最终标准是其经济效益的高低。因此,在选择何种技术时应当根据具体情况作全面的综合分析。

连续重整的再生部分的投资占总投资的比例很大,装置的规模越小,其所占的比例也越大,因此规模小的装置采用连续重整是不经济的。近年新建的连续重整装置的规模一般都在 $60 \times 10^4 t/a$ 以上。从总投资来看,一座 $60 \times 10^4 t/a$ 连续重整装置的总投资与相同规模的半再生式重整装置相比,约高出 30%。由此可见,投资数量和资金来源应是一个重要的考虑因素。

原料性质和产品需求是另一个应当考虑的重要因素。原料油的芳烃潜含量越高,连续重整与半再生式重整在液体产品收率及氢气产率方面的差别也越小,连续重整的优越性也就相对下降。当重整装置的主要产品是高辛烷值汽油时,还应当考虑市场对汽油质量的要求。过去提高汽油辛烷值主要是靠提高汽油中的芳烃含量,近年来,出于对环保的考虑,出现了限制汽油中芳烃含量的趋势。另一方面,在汽油中添加醚类等高辛烷值组分以提高汽油辛烷值的办法也得到了广泛的应用,因此,对重整汽油的辛烷值要求有所降低。对汽油产品需求情况的这些变化促使重整装置降低其反应苛刻度,这种情况也在一定程度上削弱了连续重整的相对优越性。此外,连续重整多产的氢气是否能充分利用也是衡量其经济效益的一个应考虑的因素。

综上所述,在选择何种工艺时,必须根据具体情况、以经济效益为衡量标准进行全面综合的分析。

3. 芳烃抽提部分

以生产芳烃产品为目的时，重整反应产物脱戊烷油中一般含芳烃30%～60%，其余是非芳烃。在这一混合物中，芳烃和非芳烃的沸点相近或有共沸现象，如苯的沸点是80.1℃，环己烷是80.74℃，2,2-二甲基戊烷的沸点是79.2℃，2,4-二甲基戊烷是80.5℃，一般用精馏的方法很难将它们分开，为了获得所需纯度的芳烃，必须通过抽提萃取的方式才能将芳烃分离出来。虽然芳烃抽提工艺路线多种多样，但按工艺原理可分为液—液抽提和萃取精馏两类。

液—液抽提是利用溶剂对芳烃抽提原料中各种烃类组分溶解度不同，并且能分层形成两个密度不同的液相，实现芳烃和非芳烃分离的工艺过程。而萃取精馏是通过向原料中加入极性溶剂，利用溶剂对烃类各组分相对挥发度影响的不同，提高目的芳烃和其他组分间的相对挥发度，实现芳烃和非芳烃分离的工艺过程。通常液—液抽提工艺设有专门的汽提塔，而萃取精馏将抽提过程和汽提过程在一个塔器内完成。该部分主要介绍通过液—液抽提分离芳烃和非芳烃的方法。

芳烃液—液抽提的原理是根据芳烃和非芳烃在溶剂中的溶解度不同，从而使芳烃和非芳烃得到分离。溶剂和油品混合后，生成两个液层（两相）：一相为溶剂和能溶于溶剂中的芳烃，称为提取相（抽提液）；另一相为不溶于溶剂的非芳烃，称为提余相（提余液）。两相液层分离后，再用汽提的方法将溶剂和溶质（芳烃）完全分开，溶剂可以循环使用。常用的溶剂有：二乙二醇醚、三乙二醇醚、二甲基亚砜、环丁砜等。

目前世界上主要9种已经工业化的芳烃抽提技术操作条件、芳烃回收率及消耗指标（以1t芳烃计）见表3-9。

表3-9 主要抽提工艺的操作条件和芳烃回收率

项目	Udex	Sulfolane	IFP	SAE	SUPER-SAE-II	Arosolvan	Morphylane	GT-BTX	SED
工艺类型	液—液抽提	液—液抽提	液—液抽提	液—液抽提	液—液抽提	抽提—蒸馏	抽提—蒸馏	抽提—蒸馏	抽提—蒸馏
溶剂类型	甘醇	环丁砜	二甲基亚砜	环丁砜	环丁砜	N-甲基吡咯烷酮	N-甲酰基玛琳	Techtiv-100th	环丁砜
溶剂比（对进料）	10～17	2～3.5	7～8	2.5～3.5	2.5～3.0	7.7		3.5～4.5	3～4.5
回流比（对进料）	1.0～1.4	0.4～0.6	0.32	0.3～0.5	0.6	0.8～1.2		0.6～0.9	0.2～0.4
苯	99.9	99.9	99.9	99.9	99.9	99.9	99.9	99.93	99.8
甲苯	98.0	99.0	98.0	99.5	99.5	99.0	99.9	100	99.9
二甲苯	95	96.5	90.0	97～98		96.0	99.5	100	99.0
公用工程消耗冷却水,t	41～100	0.8	2.25	4	0.69	0.8	—	1.82	3
电,kW·h	12～36	6.3	9.43	10	5.8	11	11.5	5.0	8
蒸汽,t	1.4～1.9	0.8	2.25	0.53	0.7	0.8		1	0.4
溶剂消耗,t	0.55	0.13	0.14	0.1	0.16	0.18	0.03	0.005	0.05

从表3-9可以看出，对于液—液抽提工艺，Sulfolane及SUPER-SAE—II工艺技术成熟、先进，具有芳烃产品纯度高、回收率高、原料适应性好的特点，具有较强的竞争力。以下介绍几

种较为典型的芳烃抽提工艺。

1) Sulfolane 工艺

Sulfolane 工艺是由 Shell 和 UOP 公司联合开发,以环丁砜为溶剂,是目前使用最广泛的一种工艺。在使用环丁砜过程中,为防止环丁砜发生老化分解,必须定期加入添加剂,一种为调节系统 pH 值用的单乙醇胺,另一种为抑制环丁砜发泡用的5%的硅油—混合芳烃消泡剂。

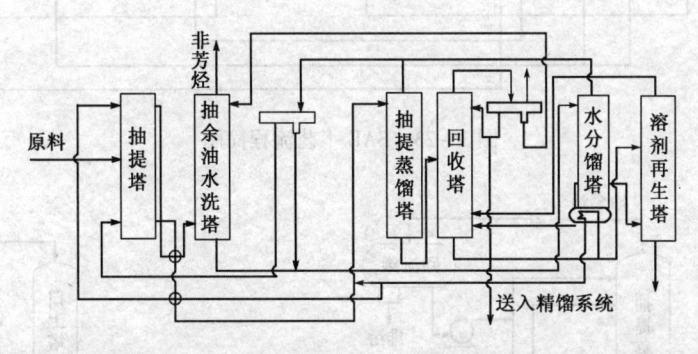

Sulfolane 工艺流程图见图3-22。可以看出,Sulfolane 工艺包括六大部分,即抽提塔、抽余油水洗塔、抽提蒸馏塔、回收塔、水分馏塔、溶剂再生塔。环丁砜抽提工艺芳烃回收率高,原料范围宽,可抽提 $C_6 \sim C_{11}$ 范围内的芳烃,对碳钢不腐蚀。国内目前可以生产环丁砜,可使生产成本降低。因该工艺比较成熟,已基本实现国产化,故国内大多数重整装置均采用 Sulfolane 工艺。

图3-22 Sulfolane 工艺流程图

2) SAE 工艺

对抽提—蒸馏技术而言,各类技术差别较小,但 RIPP 的 SED 技术采用环丁砜为主溶剂,国内可以稳定供应,同时其芳烃产品纯度高、工艺流程较为简单、能耗低。随着国内技术日益成熟,自2001年以来,国内新建及改造装置大部分选用 SUPER-SAE 和 SED 技术,同时美国 GT-BTX 在国内装置也有应用。

20世纪80年代,石油化工科学研究院(RIPP)开始环丁砜液—液抽提工艺(SAE)的研究,并在1989年成功实现工业应用。SAE 工艺具有溶剂用量小、能耗低、产品纯度和收率高的特点。该工艺首次应用于大庆石化芳烃装置,年处理能力达到 1×10^5 t,可以生产高纯度的轻质芳烃和重质芳烃,工艺流程见图3-23。

北京金伟晖工程技术有限公司在 SAE 基础上开发的 SUPER-SAE-II 环丁砜液—液抽提技术也极具代表性,其工艺流程见图3-24,其流程设置主要包括抽提塔、抽余油分离系统、汽提塔、溶剂回收塔、水汽提塔、溶剂再生系统等。使用溶剂为环丁砜。

该工艺的主要特点是无工艺污水排放,对环保有利,装置能耗降低;独特的非芳烃循环技术拓宽了加氢汽油的适用范围;改进的能量回收技术大幅度降低装置运行费,减少装置投资;专用多级溶剂过滤—溶剂再生技术大幅度提高溶剂的再生量,循环溶剂质量较好,溶剂损耗及废渣排放都大幅度减少;多级聚结分离技术大幅度降低抽余油中的溶剂含量,避免抽余油带水造成冬季冻裂管线现象的发生;消泡缓蚀稳定剂配合多级溶剂过滤技术,使循环溶剂的质量始终处在较好水平,大大提高抽提效率,保证抽提装置的长周期运转。目前国内共有26套重整装置采用了 SUPER-SAE 工艺。

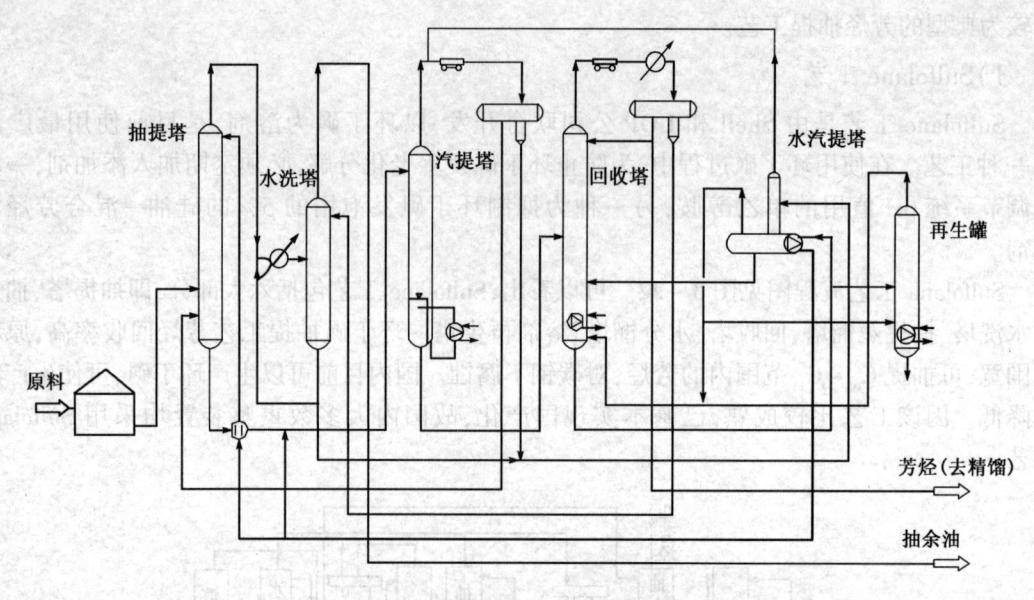

图 3-23 SAE 工艺流程简图

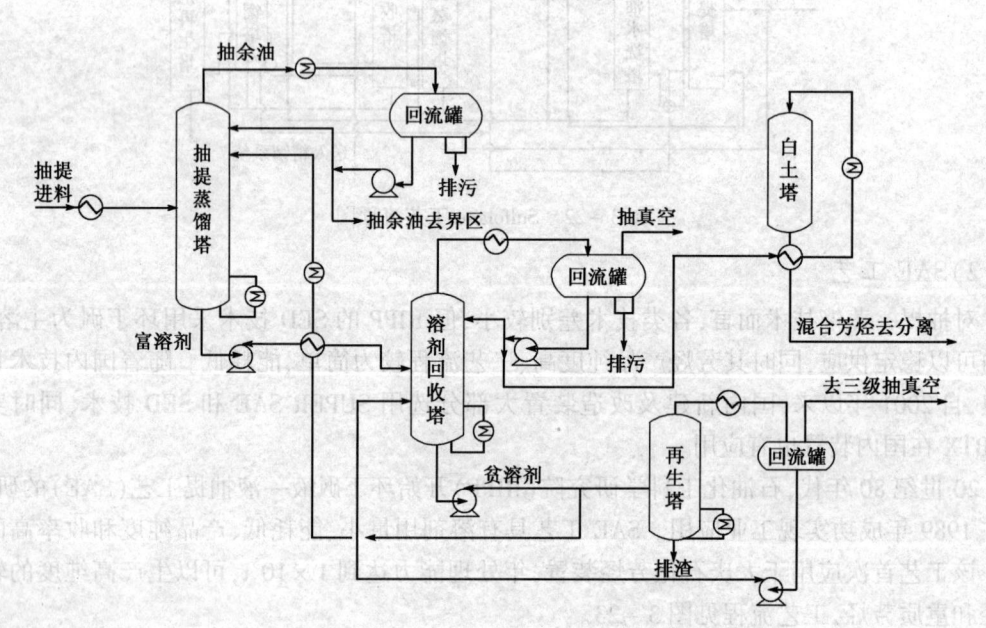

图 3-24 金伟晖公司 SUPER-SAE-Ⅱ 工艺流程图

3) SED 工艺

SED 工艺是我国 RIPP 开发的专利技术,以环丁砜为溶剂,同时加入助溶剂 COS 形成复合溶剂。SED 工艺流程图见图 3-25。整个工艺过程包括预分馏、抽提蒸馏、芳烃精制和溶剂再生四大部分。

与 Morphylane 工艺和 Distapex 工艺相比,SED 工艺的产品不产生有机氮,并且苯的收率高。与 Sulfolane 工艺相比,苯产品可以达到优级品标准且总操作费用显著降低,因此是一种应用较广的工艺。目前国内扬子石化、大连石化、燕山石化、齐鲁石化、茂名石化、广州石化、青岛炼化等 36 家石化企业采用了 SED 工艺。

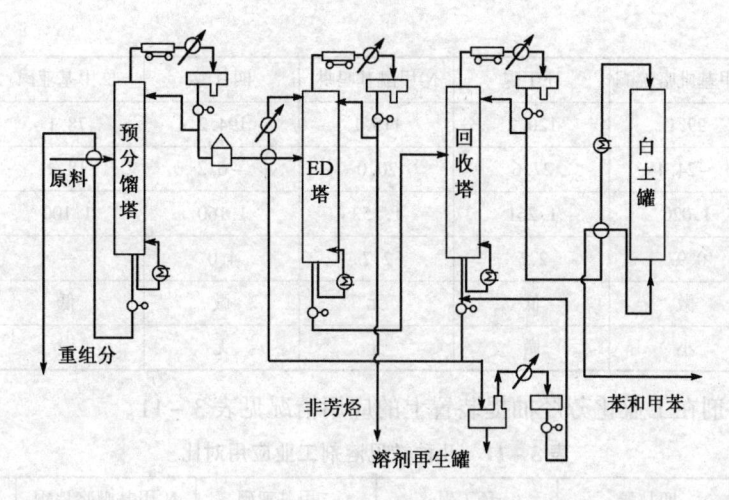

图 3-25 SED 工艺流程图

4) GT-BTX 工艺

美国 GTC 公司开发的 GT-BTX 工艺采用 Techtiv-100th 专有混合溶剂，抽提流程及操作条件与 SED 三苯抽提工艺基本相同，即也包括预分馏、抽提蒸馏、芳烃精制和溶剂再生四部分。GTC 公司的 Techtiv-100th 溶剂在溶解性和选择性上有较大改进，非芳烃和芳烃相对挥发度较大，从而易于组分分离，降低所需理论塔板数，提高芳烃收率和产品纯度，溶剂循环比也更低。

无论采用何种工艺路线，选择合适溶剂是整个过程的第一步，也是最关键的一步，溶剂的选择直接影响着抽提体系的建立、装置效率、投资及操作费用。一种理想的溶剂要求具有以下特点：(1)对芳烃选择性好，有利于分离效果和芳烃纯度；(2)对芳烃溶解能力大，以降低装置投资和操作费用；(3)热稳定性及化学稳定性好，防止溶剂变质和过多损耗，避免降解物污染芳烃或造成设备腐蚀；(4)与芳烃沸点差大，便于与芳烃分离；(5)与原料密度差大，不易乳化，保证抽提塔内轻重两相良好的水力学流动特性；(6)两相界面张力大，以利于液滴聚集与分层；(7)蒸气压低，减少溶剂跑损；(8)黏度小、凝点低，有利于传热与传质；(9)无毒、无腐蚀，降低操作和设备选材要求；(10)廉价易得。

关于芳烃抽提溶剂的研究非常广泛，试验过的溶剂多种多样，然而从世界上已建成投产的装置统计资料来看，能够用于芳烃抽提的溶剂主要有环丁砜、N-甲酰基吗啉、N-甲基吡咯烷酮、四甘醇、三甘醇和二甲基亚砜等。

表 3-10 给出了几种溶剂的性质对比。可以看出，N-甲基吡咯烷酮的溶解性最好；环丁砜的选择性最好、密度最大；四甘醇的热稳定性最好。由于环丁砜具有沸点高、选择性好、溶解度适中、密度大、分离容易的特点，有利于溶剂回收和降低溶剂损失，综合性能最好，因而成为较理想的溶剂，工业应用最广泛。

表 3-10 几种溶剂的性质对比

溶剂	N-甲基吡咯烷酮	环丁砜	N-甲酰基吗啉	四甘醇	二甲基亚砜	三甘醇
选择性系数	2.81	8.45	7.57	6.69	7.32	6.54
分配系数	0.89	0.31	0.43	0.44	0.19	0.28
分解温度,℃	—	220	230	237	120	206
沸点,℃	206	285	243	327	189	288

续表

溶剂	N-甲基吡咯烷酮	环丁砜	N-甲酰基吗啉	四甘醇	二甲基亚砜	三甘醇
相对分子质量	99.1	120.2	115.1	194.2	78.1	150.2
凝点,℃	-24.4	27.6	20.0	-6.2	18.4	-7.0
密度,g/cm³	1.026	1.261	1.152	1.160	1.100	1.130
黏度,cp	0.97	2.5	2.7	4.0	—	3.5
毒性	微	低	无	微	低	微
腐蚀性	小	微	无	无	微	无

几种常见溶剂在工业化芳烃抽提装置上的应用情况见表3-11。

表3-11 几种常见溶剂工业应用对比

溶剂	四甘醇	环丁砜	二甲基亚砜	N-甲基吡咯烷酮	N-甲酰基吗啉
工艺技术	Udex 法	SUPER-SAE-Ⅱ法	Distapex 法	Arosolvan 法	Mrophylane 法
抽提塔类型	筛板塔	筛板塔	转盘塔	混合沉降槽	填料塔
压力,MPa	0.8	0.6	常压	常压	0.3
温度,℃	100~150	103	常温	30~60	40~80
溶剂比	6.2~16	2.5~3.5	7.0~8.1	4.5	0.8~1.0
回流比	0.8~1.2	0.25~0.6	0.32	0.8~1.3	—
苯,%	99.5	99.95	99.9	99.9	99.9
甲苯,%	99.5	99.3	98.5	99.0	99.5
二甲苯,%	97.0	99.2	90.0	95.0	97.0
能耗,kgE₀	62.5	28	24.7	28.7	40.3

从表3-11可以看到,以环丁砜为溶剂的抽提技术操作条件缓和,溶剂比低,回流比低,芳烃回收率高,能耗低,溶剂损耗量中等,显示了无比的优越性,是世界上芳烃抽提装置大多采用环丁砜为溶剂工艺技术的主要原因。在世界已经投产的250多套芳烃抽提装置中,以环丁砜为溶剂的就占了200多套。但由于环丁砜遇氧或局部过热容易分解,导致芳烃产品被分解物污染及溶剂pH值降低对装置设备带来腐蚀和堵塞的问题,影响长周期运行。因此,如何选择更优的溶剂或选取合适添加剂与现行溶剂组成复合溶剂,以保持溶剂性质稳定,减少设备投资将成为芳烃抽提技术研究的重要方向。

4. 芳烃精馏部分

重整反应产物经过抽提后得到的是苯、甲苯、二甲苯和重芳烃的混合物,只有将它们分离成单体芳烃才具有工业价值,芳烃精馏的目的就在于此。

目前我国芳烃精馏的工艺流程有两种类型:一种是三塔流程,用来生产苯、甲苯、混合二甲苯和重芳烃;另一种是五塔流程,是在三塔流程基础上,增加了乙基苯塔和邻二甲苯塔,用来生产苯、甲苯、邻二甲苯、间对二甲苯、乙基苯和重芳烃。

芳烃精馏的三塔流程如图3-26所示,混合芳烃加热至98℃,常压进入苯塔(T201),塔顶蒸出的苯蒸气冷凝后,一部分循环回流,另一部分进入苯中间槽,塔釜液送往甲苯塔(T202)。T202塔顶蒸气冷凝后,一部分循环回流,另一部分进入甲苯中间槽。T202塔釜液送至二甲苯塔（T203），T203塔顶蒸气冷凝后，一部分循环回流，另一部分进入二甲苯中间槽，T203塔底液送至C_9芳烃中间槽。

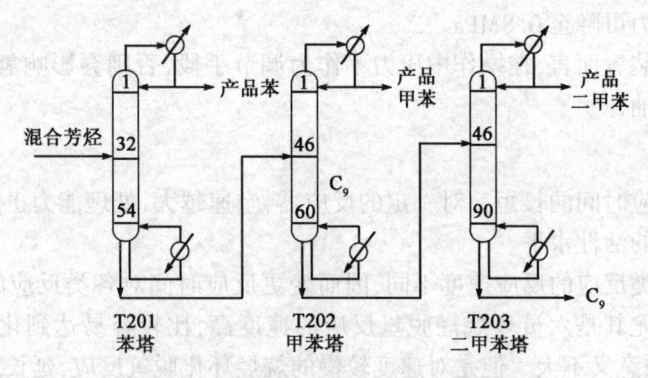

图3-26 芳烃精馏三塔流程示意图

四、主要操作条件及影响因素分析

除了原料和催化剂以外，影响重整反应的主要因素有：反应温度、反应压力、空速和氢油比等。这些因素影响着反应的化学平衡和反应速度。

在工业实际生产中，常用重整转化率（也称芳烃转化率）这一指标来衡量重整反应进行的程度和操作水平的高低。

1. 反应温度

催化重整的主要反应是环烷脱氢和烷烃环化脱氢反应，这些都是强吸热反应，所以无论从化学平衡或是反应速度的角度，都希望采用较高的反应温度。另一方面，重整反应是在绝热反应器内进行的，反应吸热要靠进料本身携带的热量供给，造成反应器床层温度不断下降，除了对化学平衡和反应速度不利外，也不利于催化剂活性的发挥。因此，为了维持较高的反应温度，反应需分段进行，在各反应器之间进行中间加热，以维持足够高的平均反应温度。

但是，提高反应温度受到以下几个因素的限制：（1）设备材质；（2）催化剂的热稳定性；（3）非理想的副反应。在催化重整反应过程中，提高反应温度会加剧加氢裂化和催化剂上的积炭反应，使液体产物收率下降，气体产率增加，催化剂活性降低。因此，目前国内重整装置反应器入口温度大多在490~510℃之间。

在反应过程中，催化剂的活性由于积炭会逐渐降低，为了维持足够的反应温度，反应温度应随着催化剂活性的下降而逐步提高，但以不超过过程和设备的允许温度为限。

2. 反应压力

在催化重整反应过程中，低压有利于环烷烃脱氢和烷烃的环化脱氢反应，并减少加氢裂化反应。因此，从增加芳烃产率和液体产物收率角度来看，希望采用较低的压力。但是在低压下催化剂上的积炭速度较快，使操作周期缩短。为了解决这个矛盾，工业上采取了两种方法，因而也出现了两种形式的重整装置：一种是采用较低的反应压力，经常再生催化剂；另一种是采用较高的压力，牺牲一些转化率以延长操作周期。另外，反应压力的选择还要考虑原料性质和催化剂性能。一般高烷烃原料比高环烷烃原料容易生焦，重馏分也容易生焦，对这类原料应采用较高的反应压力。催化剂的容焦能力大，稳定性好，可以采用较低的反应压力。例如铂铼等双金属和多金属催化剂具有较高的稳定性和容焦能力，可以采用较低的反应压力，既能提高芳烃转化率,又能保持较长的操作周期。

我国半再生式铂重整的反应压力采用 2.0~3.0MPa;铂铼重整约为 1.8MPa;连续再生式重整装置的反应压力可降至 0.8MPa。

对于一个固定装置而言,在操作中压力不作为调节手段,否则会影响氢气压缩机的排量,从而影响系统的氢油比。

3. 空速

空速反映了反应时间的长短。对一定的反应器,空速越大,处理能力也越大。采用多大的空速取决于催化剂的活性水平。

催化重整中各类反应的反应速度不同,因而变更反应时间对各类反应的影响也不同。例如环烷烃脱氢反应尤其是六员环烷烃脱氢反应的速度高,比较容易达到化学平衡,对这类反应,延长反应时间的意义不大。但是对速度较慢的烷烃环化脱氢反应,延长反应时间会有较大的影响。

选择空速时,还要考虑到原料的性质,对环烷基原料,可以采用较高的空速,而对烷基原料,则需要采用较低的空速。铂重整装置反应器的空速一般是 $3h^{-1}$ 左右,铂铼重整的是 $1.5h^{-1}$ 左右。在其他条件相同的情况下,降低空速所得的效果与提高温度相似。采用太小的空速不经济,因为需要有较大的反应空间才能满足处理能力的要求。

以中原原油石脑油为例,其馏程为 65~170℃,总芳烃潜含量为 51.7%,反应压力为 1.5MPa,空速的影响见表 3-12。

表 3-12 空速对重整产物产率和质量的影响

空速,h^{-1}	1.0	2.0
芳烃产率(质量分数),%	63	58.5
C_{5+} 收率(质量分数),%	83	88
净辛烷值(MON)	93	86
循环气中氢纯度,%	78	85

4. 氢油比

在催化重整中,使用循环氢的目的是抑制生焦反应、保护催化剂,同时也起载热体的作用,提高反应器的平均温度,此外,还可以稀释原料,使原料在床层内更均匀地分布。

氢油比是指重整反应系统中,循环氢量与原料油量之比,有分子比和体积比两种表示方法。在总压不变时,提高氢油比就意味着提高氢分压,有利于抑制催化剂积炭,但提高氢油比使循环氢量增大,压缩机消耗功率增加。氢油比过大时由于减少了反应时间而降低了转化率。

由此可见,对于稳定相较高的催化剂和生焦倾向小的原料,可以采用较小的氢油比,反之需要较大的氢油比。重装装置采用的氢油比一般为 5~8(摩尔比)或 1100~1700(体积比),采用双金属或多金属催化剂时,氢油比较低(体积比为 1000~1200)。

五、催化重整装置工艺流程案例

下面以某石化公司 $60 \times 10^4 t/a$ 连续重整装置为例,详细介绍该装置的工艺流程及工艺特点。

1. 连续重整装置简介

$60 \times 10^4 t/a$ 连续重整装置是该石化公司加工进口原油优化乙烯原料改扩建工程的配套装

置。该装置的主要目的是生产高辛烷值汽油,同时为烯烃厂提供芳烃原料和为加氢裂化装置提供氢气。

连续重整装置由原料预处理、重整反应、催化剂连续再生三个部分及其他公用工程组成。重整反应部分的设计规模为 60×10^4 t/a(操作弹性 60%~110%),预处理部分规模为 0.699Mt/a,催化剂连续再生部分设计规模 520kg/h。装置以三常石脑油(占 60%)及加氢裂化石脑油(占 40%)为原料,经预处理精制、拔头(生成拔头油)后,精制油在 500~540℃、0.35MPa 下,经过环烷烃脱氢、烷烃环化脱氢等,转化生成芳烃含量达 80% 的高辛烷值汽油、氢气、液化气、戊烷油、干气等产品。

连续重整装置有以下主要工艺特点:

(1)重整反应部分采用法国 IFP 二代超低压连续重整专利技术,反应平均压力为 0.35MPa,反应压力低,氢烃比小,产物液收高,脱戊烷油芳烃含量可达 80%,辛烷值(RON)超过 100。

(2)重整反应器为移动床,并列布置。

(3)再生器为移动床,催化剂在再生器内连续地进行再生。

(4)反应器之间的催化剂提升用氢气作为提升动力,反应器与再生器之间的催化剂提升用氮气作为提升动力。

(5)催化剂循环回路中使用闭锁料斗控制系统来控制催化剂的循环速率,催化剂循环和再生操作采用自动控制程序。

(6)催化剂循环回路中反应器与再生器之间的安全联锁(切断)是由特殊阀门(固体切断阀和气体密封阀)来实现,在正常操作过程中使用差压控制来保证,反应器内的油气不会进入还原罐和再生回路,同时保证再生器中的氧气不会进入反应系统。

(7)重整产物回收采用二段压缩再接触流程,以提高液体产品收率和氢气纯度。

(8)采用了一系列新型设备,如采用表面蒸发空冷器冷却重整产物,以防止由于重整反应压力太低而使水漏至重整产物中去;采用椭圆形翅片管空冷器,以减少占地面积及投资,提高传热效率;采用新型高效换热器、外螺纹管束,强化传热系数,以减少换热面积;采用双壳程换热器,以减少设备台数和占地面积;采用高效低压降的单管壳程立式换热器和新型的低压降多流路箱式加热炉,以提高加热炉效率,降低装置能耗。

2. 生产过程

全馏分石脑油进入装置后先进行预处理,通过加氢精制、汽提的方法脱除硫、氮、砷、铅、铜和水等杂质,然后经过分馏切除其中的轻组分(轻石脑油)。经过预处理的精制油进行重整反应,生成富含芳烃的重整生成油,并富产含氢气体。重整产物气液分离后,含氢气体经再接触提浓后送进加氢裂化装置 PSA 系统;液体经再接触后进脱戊烷塔,脱戊烷塔顶油去 C_4/C_5 分离塔,将液化气和戊烷分离。脱戊烷塔底油的一部分去小重整装置分离为轻、重重整液,其余脱戊烷塔底油作为重整高辛烷值汽油组分出装置。液化气作为产品出装置,戊烷可作产品出装置,也可作为制氢原料或作汽油组分。催化剂采用连续再生方式,经过烧焦并进行氯化、氢还原后重新循环回到反应器,再生能力为 520kg/h。

3. 工艺流程

某石化公司 60×10^4 t/a 连续重整装置工艺流程图如图 3-27~图 3-30 所示,装置全貌和反应系统见彩图 18、彩图 19。

彩图18 60×10⁴t/a 连续重整装置全貌

彩图19 60×10⁴t/a 连续重整装置反应系统

1) 预处理系统

由图3-27知,石脑油自罐区由泵送来,与预分馏塔顶产物换热后进入原料缓冲罐,经预加氢进料泵与循环氢气混合后与预加氢产物换热,再经预加氢进料加热炉加热后进入预加氢反应器、脱氯反应器。反应产物经换热、空冷、水冷冷凝冷却后进预加氢产物分离罐。分离罐顶气体经过预加氢循环压缩机入口分液罐后进入预加氢循环压缩机。分离罐底液体经与汽提塔底产物换热后进汽提塔。汽提塔顶产物经空冷器、水冷器冷却后进入汽提塔回流罐。罐顶气体经加氢裂化脱硫塔脱硫后进燃料气管网。酸性水从罐底水包排出。罐底液体用回流泵打回汽提塔顶。汽提塔底重沸器用3.5MPa蒸汽加热。

汽提塔底产物与汽提塔进料换热后再与预分馏塔底产物换热后进入预分馏塔。预分馏塔顶产物与原料换热后,经空冷器和水冷器冷却后进入预分馏塔回流罐。回流罐的液体一部分经泵送至塔顶作回流,其余部分(即轻石脑油产品)用泵送出装置。预分馏塔底用重沸炉加热。预分馏塔底油与预分馏塔进料换热后,即预加氢精制石脑油去重整部分作为重整进料。

预加氢采用循环氢流程。因预加氢反应过程耗氢很少,补氢为重整产氢,经再接触提纯后补到预加氢循环压缩机入口。必要时,少量废氢可由高分罐顶排至加氢裂化脱硫。通过控制预加氢产物分离罐顶压力来控制预加氢反应压力。

为了防止预加氢部分的H_2S腐蚀和铵盐堵塞,本装置设计了预加氢注水系统,在预加氢换热器间和预加氢空冷器入口均设有注水点。

2) 连续重整反应系统

由图3-28知,重整进料和重整循环氢分别进入重整进料换热器(立式换热器E201)与重整反应产物换热。油、氢在换热器内混合换热后进入重整进料加热炉,加热后进入重整第一反应器。由于重整反应是吸热反应,所以经反应器反应后温度会降低。为了保持必要的反应温度,设有四台反应器,每台反应器前均设有加热炉。从最后一个反应器出来的反应产物进入重整进料换热器,与反应进料换热并经表面蒸发空冷(A201)冷却后进入重整产物分离罐(D201)进行气液相分离。

罐顶气体的一部分作为循环氢,用背压透平离心压缩机(K201)打回重整反应部分,其余气体即重整产氢经过增压机入口分液罐(D202)分液后进入两级增压压缩机(K202)。压缩后的含氢气体与重整产物分离罐(201)底来的并经泵(P201)升压后的液相重整产物相混合。混合物经水冷冷却后进入再接触罐(D204)。此流程可较大限度地回收C_{5+},并能生产纯度大于90%(摩尔分数)的含氢气体。从再接触罐(D204)分出的气体即为重整富氢气体产品,其中一部分作为再生提升氢外,其余大部分经脱氯处理后,一部分作为预加氢补氢,另一部分作为产氢去加氢裂化PSA装置。再接触罐底液体与脱戊烷塔顶回流罐顶来的气体相混合进入液化气吸收罐(D205),用以吸收气体中的液化气。液化气吸收罐顶气体为燃料气,排入装置内燃

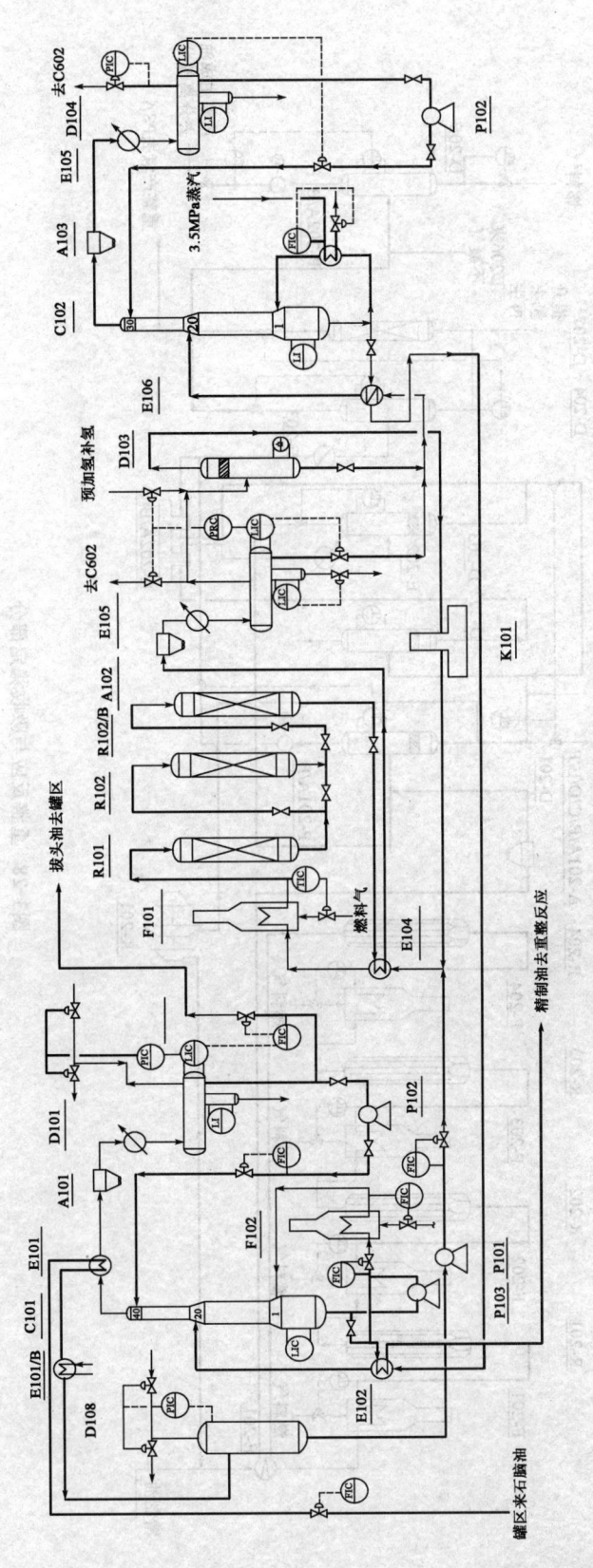

图3-27 连续重整装置预加氢部分

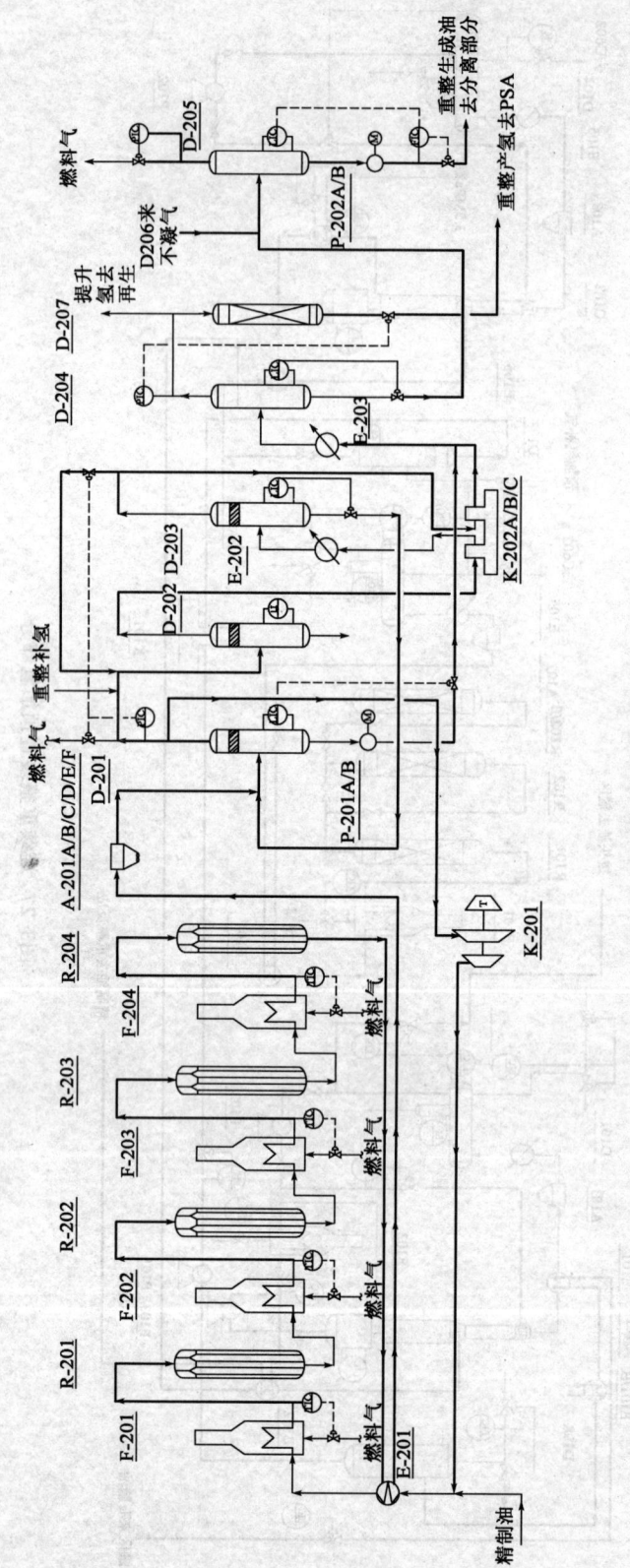

图3-28 重整反应与吸收稳定部分

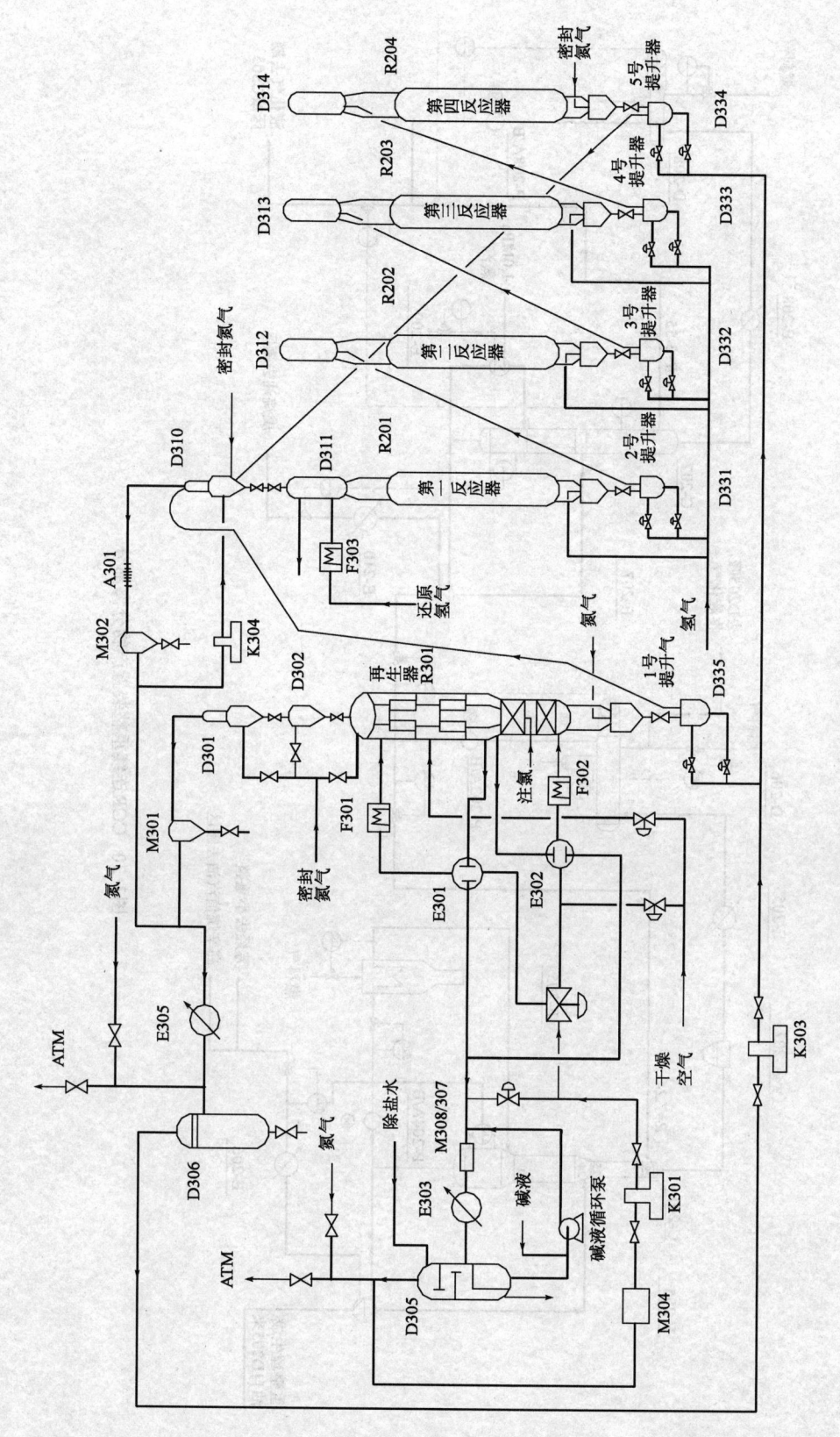

图3-29 IFP-CCR连续再生反应工艺流程图

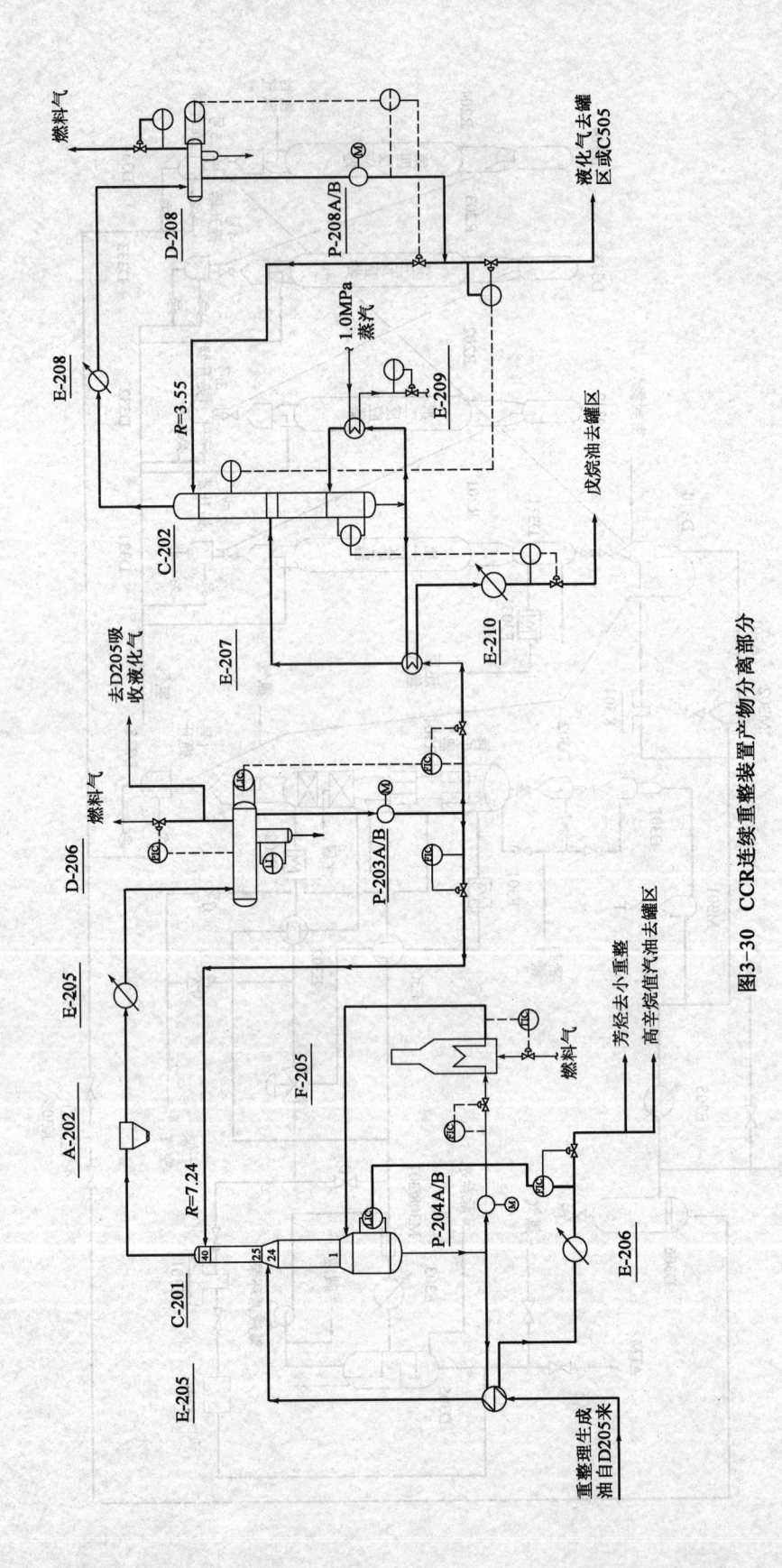

图3-30 CCR连续重整装置产物分离部分

料气管网。液化气吸收罐底液体用泵进入脱戊烷塔（C201）分离成戊烷油馏分和脱戊烷油。

自液化气吸收罐底来的液体，与脱戊烷塔底产物换热后进入脱戊烷塔。脱戊烷塔顶产物经空冷、水冷冷凝冷却后进入脱戊烷塔顶回流罐（D206）。罐顶气体与再接触罐底液体混合进入液化气吸收罐。回流罐底液体一部分泵送至脱戊烷塔顶作回流，另一部分作为戊烷油馏分送至 C_4/C_5 分离塔。脱戊烷塔底油一部分送出装置作产品，一部分经脱戊烷塔底重沸炉加热后返回脱戊烷塔底。

戊烷油馏分与 C_4/C_5 分离塔底产物（即戊烷油）换热后进 C_4/C_5 分离塔，塔顶产物经水冷器冷凝冷却后进 C_4/C_5 分高塔回流罐。罐顶不凝气（即燃料气）进入装置内燃料气管网。罐底液体一部分泵送至塔顶作回流，其余部分（即液化气）作产品送出装置；C_4/C_5 分离塔底油（即戊烷）与 C_4/C_5 分离塔进料换热后，再经水冷冷却后送出装置，也可打入重整汽油馏分中。C_4/C_5 分离塔底重沸器使用 10MPa 蒸汽加热。

3）催化剂连续再生系统

由图 3-29 知，重整催化剂连续再生系统由再生回路、催化剂循环回路及再生隔断和安全联锁系统等部分组成。

（1）再生回路。

在催化剂再生回路中，使用再生气循环压缩机进行气体循环。再生气体主要是氮气，含有少量氧气。在再生气循环压缩机出口，再生气体分两部分，第一股气体用于两段烧焦，气体经过与烧焦产物气体换热及电加热器加热后进入再生器。再生气体首先预加热进入再生器顶部的催化剂，然后流经烧焦区的两段径向床层进行催化剂烧焦。烧焦后的气体经过与烧焦进料气体换热后，经水冷冷却进入再生气洗涤塔。第二股气体用于催化剂的焙烧和氧氯化，将空气补入气体中以保证焙烧和氧氯化气体中的氧含量在 4%~6%（摩尔分数）。气体经过与焙烧产物换热，电加热器加热后进入再生器下部轴向床层的焙烧段，气体在再生器内与注入的氯化物混合，向上流动通过再生器的氧氯化轴向床层。氧氯化气体经过换热后与第一股气体混合并经水冷冷却后进再生气洗涤塔。再生气洗涤塔的作用是洗去再生气中的 HCl、CO_2，以防止对设备的腐蚀。

再生气洗涤塔分成碱洗和水洗两部分：首先，再生气与 10%（质量分数）碱溶液混合，以洗去 HCl、CO_2。然后，在塔内，水与气体再次混合以洗去气体中残留的碱。洗涤后的气体通过干燥器除去气体中的饱和水。干燥后的气体再回到再生气循环压缩机循环使用。

（2）催化剂循环回路。

各反应器下部均设有下部料斗和提升器，顶上设有上部料斗。再生器上部设有缓冲罐和闭锁料斗，下部也设有下部料斗和提升器。催化剂依次从一反到二反、三反、四反都是通过含氢气体输送的，从四反底部至再生器顶部以及从再生器底部至一反顶部的催化剂是通过氮气输送的。在各反应器和再生器内，催化剂的流动是通过重力实现的。

待生催化剂从四反底部经 N_2 提升进入上部缓冲罐，通过重力出上部缓冲罐进入闭锁料斗，然后进入再生器进行再生。再生后的新鲜催化剂从再生器底部用 N_2 提升至一反上部料斗，催化剂通过重力流经一反顶部的还原罐用高纯度的 H_2 在一定温度下对催化剂进行还原。还原后的催化剂通过重力流至一反，从而完成催化剂待生、再生、还原的全过程。

催化剂的输送流率是由一次气体和二次气体共同控制的。在保证总提升气体量恒定的前提下，一次气体起提升作用，而二次气体起控制催化剂提升量的作用。

(3)再生隔断和安全联锁系统。

为了防止反应系统的烃类进入 N_2 提升系统和还原罐,在四反底部和一反顶部的上部料斗和还原罐之间设置了特殊的自动隔离阀,当出现此类事故的可能性时,隔断阀将通过程序自动关闭。

为了防止再生系统的 O_2 进入 N_2 提升系统,在再生器下部料斗和提升器之间的密封料腿上设置了特殊的自动隔离阀,通过程序来控制此阀的关闭,以防止事故的发生。

为了保证再生系统安全操作,在反应器下部料斗和再生器下部料斗上都设置了密封气体,以保证下部料斗压力比上部反应器和再生器的压力稍高,同时比下部提升器的压力也稍高。当密封气体流量低于某一数值,联锁程序将自动关闭隔断阀,再生系统与反应系统隔断。

4. 原料主要性质及产品用途

1) 原料主要性质

原料指标要求见表3-13。由表3-13的数据可以看出,催化重整装置不仅对进装置原料(石脑油)要求苛刻,而且对进重整反应系统的原料(重整精制油)同样要求严格。显然,重整装置对原料的苛刻要求与其他炼油生产工艺(如催化裂化、催化加氢及延迟焦化等)对加工原料的要求有很大不同,这主要是原油催化重整采用的是价格昂贵的贵金属催化剂,这种催化剂对金属、非烃等杂质,尤其是对原料中砷的耐受性很差,这些杂质很容易使催化剂中毒失活。因此,重整原料在送入反应器之前必须先进行精制处理,以减少杂质对重整催化剂的毒害。

表3-13 原料指标要求

项目名称		单 位	指 标
石脑油	终馏点	℃	<175
	砷含量	$\times 10^{-9}$	<5
	铅含量	$\times 10^{-9}$	<10
	铜含量	$\times 10^{-9}$	<10
	氮含量	$\times 10^{-6}$	<1.3
	硫含量	$\times 10^{-6}$	<250
	氯含量	$\times 10^{-6}$	<7
	溴价	g/100g	<1.5
	水含量		无明水
重整精制油	初馏点	℃	74~80
	砷含量	$\times 10^{-9}$	<1
	铅含量	$\times 10^{-9}$	<5
	铜含量	$\times 10^{-9}$	<5
	氮含量	$\times 10^{-6}$	<0.5
	硫含量	$\times 10^{-6}$	0.2~0.5
	水含量	$\times 10^{-6}$	<3
还原 H_2	纯度	%	>95
	H_2S 含量	$\times 10^{-6}$	<1
	HCl 含量	$\times 10^{-6}$	<10
	C_2+ 烃	%	<0.5

重整原料油性质见表 3-14。由表 3-14 可以看出,在重整原料的化学组成中,饱和烃占绝大多数,其中环烷烃占 32.3%,烷烃占 56%。由此看出,要提高重整转化率,关键是提高烷烃环化脱氢的反应速率。

表 3-14 重整原料油性质

项 目	参 数					
密度(20℃),kg/m³	743.0					
杂质含量,mg/kg	S		N		H_2O	
	0.25~0.5		<0.5		<2	
恩氏馏程,℃	初馏点	10%	30%	50%	70%	90%	100%
	37	80	108	118	130	150	171
族组成(质量分数),%	P		N		A	
C_5	0.40		—		—	
C_6	5.27		2.98		0.2	
C_7	14.48		7.44		2.96	
C_8	17.59		11.22		5.79	
C_9	11.65		6.95		2.10	
$C_{10}+$	6.94		3.71		0.32	
合计	56.33		32.3		11.37	

2) 产品用途

由表 3-15 可以看出,重整装置所得产品各有其用途,其中循环氢用变压吸附 PSA(pressure swing adsorption)法提纯氢气浓度后用作加氢裂化装置的氢源。

表 3-15 重整装置产品用途

产品名称	规 格	主 要 用 途
氢气	纯度 92.55%	经 PSA 提纯后进加氢裂化
液化气	C_2<0.2%,C_5<3.0%,H_2S<10×10^{-6}	民用
	C_2<0.5%,C_5<5.0%,H_2S<10×10^{-6}	轻烃料
拔头油	S<50×10^{-6}	制氢原料
戊烷油	S<50×10^{-6}	制氢原料或汽油组分
脱戊烷油	C_5<1%(体积分数),苯含量<8%(体积分数),干点<203℃	汽油或芳烃原料

3) 主要工艺操作参数

某石化公司 60×10^4t/a 连续重整装置主要工艺操作参数见表 3-16。学生在重整装置实习时,可以通过收集实习装置的相关数据资料进行对比分析,全面了解催化重整装置各部分的操作状况,为完成现场实习报告收集生产装置操作的基础数据,以此加深对重整装置主要操作条件及其工艺原理的认识。

表3-16 连续重整装置工艺操作参数

项目名称	单位	指标
预加氢进料缓冲罐压力	MPa	0.4±0.02
预加氢反应器入口温度	℃	280~340
预加氢氢油比	m³/m³	>100
高分罐压力	MPa	2.0
汽提塔顶回流罐压力	MPa	0.75
汽提塔顶温	℃	75
汽提塔底温	℃	195
预分馏塔顶回流罐压力	MPa	0.35
预分馏塔顶温	℃	110
预分馏塔底温	℃	183
重整反应器入口温度	℃	480~540
重整反应器入口压力	MPa	0.23~0.34
重整氢油比	m³/m³	265~388
重整循环氢纯度	%	>80
重整进料量	t/h	45~75
重整产物分液罐压力	MPa	0.23~0.34
增压机一级出口分液罐压力	MPa	0.80
再接触罐压力	MPa	2.50
稳定塔顶回流罐压力	MPa	1.52
脱戊烷塔底温	℃	260
脱戊烷塔顶温	℃	106
C_4/C_5分离塔底温	℃	133
C_4/C_5分离塔顶温	℃	67
一段入口氧含量	%	0.5~0.7
二段出口氧含量	%	0.2~0.3
焙烧入口氧含量	%	4.0~6.0
再生总循环气流量	m³/h	9000
焙烧循环气流量	m³/h	900
一段入口温度	℃	435~470
二段出口温度	℃	470~520
焙烧入口温度	℃	500~530
还原氢流量	m³/h	2200
还原氢入口温度	℃	480

5. 装置安全生产特点

某石化公司 $60×10^4$ t/a 连续重整和 $140×10^4$ t/a 加氢裂化联合装置是企业重要的生产装置,在安全生产方面具有以下特点:

(1)生产过程高温、临氢,产品易燃、易爆。
(2)生产过程产生有毒气体,易对人身健康产生危害。
(3)关键设备多,设备腐蚀、发生泄漏的危险性大。
(4)设备、管线密集,现场作业难度大。

重整车间的危险部位主要包括预加氢及重整反应器、再生器、预加氢分离器、氢气压缩机、循环压缩机等主要设备,而职业危害因素主要包括生产过程中产生的硫化氢、γ射线、噪声、各种油品及高温等。要确保重整装置安全、稳定、长效运行,必须注意做好以下几点:

(1)对于噪声的主要注意事项是尽量减少在噪声环境的工作时间,发现异常,及时诊治。
(2)进入射线区域要经过操作人员认可,远离射线源,未经允许不准接触放射源。
(3)对于高温作业环境要局部或全面通风降温,在高温季节,注意降温和防中暑。
(4)硫化氢为无色具有臭鸡蛋味的气体,但当硫化氢的浓度超过一定数值后,臭味反而减弱。它在地表面或低凹处聚集,不易飘散。应特别注意防范。
(5)油品的特点是易燃易爆,应制定严格的着火爆炸的应急处理措施。

生产装置的安全消防器材应均匀分布于装置周围的适当位置,气防卫生器材应存于操作室内。

思 考 题

1. 什么叫催化重整?催化重整在石化企业的作用和地位是什么?
2. 你所在催化重整装置的生产目的是什么?生产目的不同对原料沸程有什么不同要求?不同生产目的的催化重整装置在流程上有什么不同?
3. 催化重整装置原料的来源及性质组成特点是什么?为何重整原料须经过严格预处理?对重整原料提出的三个质量要求是什么?如何满足这些要求?
4. 催化重整的产品及产品性质特点是什么?
5. 简述催化重整装置工艺的原则流程,装置各部分的作用及其相互联系。
6. 催化重整中的反应有哪些?这些反应的热力学和动力学特点是什么?哪些反应对生产目的产品、提高产品质量有利?
7. 催化重整的催化剂类型及其性能特点有哪些?
8. 简述原料预脱砷的目的,预脱砷所用设备结构、催化剂和脱砷指标。
9. 简述原料预分馏的任务、设备结构和工艺流程。
10. 简述原料预加氢的目的、主要化学反应、所用催化剂及工艺流程。
11. 催化重整过程为何使用双功能催化剂?重整催化及再生的目的、方法有哪些?其催化剂的再生与催化裂化催化剂、加氢裂化催化剂的再生有何异同点?
12. 重整反应器的结构、反应器个数和催化剂装填量确定的原则是什么?各重整反应器内主要发生哪些反应?
13. 简述催化重整加热炉的类型。对流段和辐射段炉管布置分别有何特点?
14. 加热炉控制指标有哪些?如何保证?
15. 加热炉"三门一板"分别指什么?起什么作用?
16. 本装置加热炉效率分别为多少?如何有效提高加热炉效率?
17. 如何计算加热炉散热损失?现场有哪些减少热损失的措施?

18. 影响催化重整操作的主要因素有哪些？在生产中是如何控制和调节的？
19. 为何说低压重整是催化重整技术发展的方向？
20. 在催化重整装置操作中，为何要保持"水—氯平衡"？
21. 循环氢的组成和主要作用是什么？循环氢纯度高或低说明什么问题？为何说循环氢压缩机室重整装置的"心脏"？
22. 芳烃抽提的目的和流程是什么？
23. 对芳烃抽提所用溶剂有哪些要求？
24. 在本催化重整装置中有哪些专有特殊设备？
25. 谈谈对实习所在催化重整装置的总体认识和见解。

第四章 典型的石油化工生产装置

第一节 乙烯生产装置

一、基本概况

乙烯化学性质活泼,能与许多物质发生反应,是一类重要的有机化工基础原料。经过化学加工,乙烯可以制成用途极为广泛的有机化工产品。因此,乙烯产量及其生产规模常用来衡量一个国家石油化学工业的发展水平。

在经济全球化、石油化工市场竞争激烈的形式下,乙烯装置规模化、大型化已成为全球发展趋势,正从 $(80\sim90)\times10^4$ t/a 向 100×10^4 t/a 以上推进。中国乙烯工业起步于 20 世纪 60 年代初,1962 年兰州化学工业公司 500t/a 乙烯装置建成投产,标志着我国乙烯工业的诞生;70 年代,中石化燕山石化公司从国外引进了第一套 30×10^4 t/a 乙烯装置;80 年代,我国进入改革开放时代,乙烯工业获得迅速发展。经过 50 多年的建设发展,到"十二五"末期,我国乙烯产能已突破 2000×10^4 t/a,年均增速达 7.1%,占全球的比重从 10% 增至 13% 左右,同期,国内乙烯当量消费年均增速达 4.7%,占全球乙烯消费量比重从 24.4% 增至 26.7%,当量消费自给率增至 52% 左右。随着国内人均收入水平的提高,以及新业态及新领域的出现,乙烯的应用领域将进一步拓宽,乙烯的消费水平较目前(人均约 28kg)仍将有较大提升空间。预计到"十三五"末期,国内乙烯产能将突破 3000×10^4 t/a,原料优化后的传统裂解和煤化工等工艺路线将并行发展。

目前,工业上获得乙烯的方法有烃类热裂解或催化裂解法、甲醇转化法、甲烷转化法、合成气转化法等。烃类热裂解或催化裂解即石油系烃类燃料在高温作用或高温及催化剂作用下,使烃类分子发生碳链断裂或脱氢反应,生成小分子烯烃、烷烃和其他轻质或重质烃类,其中烃类热裂解制乙烯的方法最为成熟。烃类热裂解制乙烯的工艺主要分为两部分:原料烃的热裂解和裂解产物的分离。

二、原料及产品特点

1. 原料特点

乙烯装置常以石脑油、常压柴油、减压柴油、乙烷等为原料。烃类热裂解原料对裂解工艺过程及产物分布起着决定性的作用。裂解原料中各种烃按照分子结构不同可分为链烷族、烯烃族、环烷烃族和芳香族四大类,这四大族烃类的组成常以 PONA 值来表示(P—Paraffin,烷烃;O—Olefin 烯烃;N—Naphthene,环烷烃;A—Aromatics,芳烃),根据 PONA 分析数据可以了解或评价裂解原料的裂解性能。

石脑油、常压柴油、减压柴油原料均为多种烃类的混合物,当这些混合物在裂解炉中被加热到高温时,发生碳链断裂反应,产生低分子烯烃。这个热裂解过程是个十分复杂的多种反应的组合,除了生成所希望的烯烃(如乙烯、丙烯和丁二烯)外,同时还会发生脱氢、异构化、环化、迭合和缩合等二次反应。

1) 链烷烃的裂解反应

链烷烃包括正构烷烃以及异构烷烃,二者的裂解反应发生有所不同。

正构烷烃的裂解反应主要有断链反应、脱氢反应及一些其他反应。

$$C_nH_{2n+2} \longrightarrow C_LH_{2L+2} + C_mH_{2m} \tag{4-1}$$

$$C_nH_{2n+2} \longrightarrow C_nH_{2n} + H_2 \tag{4-2}$$

$$C_nH_{2n} \longrightarrow C_nH_{2n-2} + H_2 \tag{4-3}$$

发生断链反应时,一般情况下较大的一个分子为烯烃,较小的一个分子为烷烃。脱氢反应为可逆反应,在一定条件下达到动态平衡。

不同分子在同一条件下,分子中碳原子数较多的比碳原子数少的容易产生断链反应。所以在正构烷烃裂解时,首先是大分子变成小分子,然后是烷烃脱氢变成烯烃,烯烃脱氢成炔烃,直至生成碳和氢气。裂解反应是复杂的过程,脱氢反应、断链反应以及其他反应交叉进行。

各种异构烷烃由于结构不同,裂解时没有简单的规律可循,如异丁烷裂解反应如下:

$$CH_3CHCH_3 \overset{|}{\underset{CH_3}{\longrightarrow}} \overset{CHCH_3}{\underset{\|}{CH_2}} + CH_4 \tag{4-4}$$

$$CH_3CHCH_3 \overset{|}{\underset{CH_3}{\longrightarrow}} H_2C = CCH_3 \overset{}{\underset{CH_3}{|}} + H_2 \tag{4-5}$$

异丁烷一次裂解不能得到乙烯,但异丁烯、丙烯进一步裂解可以得到乙烯:

$$H_2C = CCH_3 \overset{}{\underset{CH_3}{|}} \longrightarrow 2H_2C = CH_2 \tag{4-6}$$

异构烷烃裂解所得的乙烯、丙烯含量比正构烷烃低,而氢、甲烷、C_4 以上的烯烃收率高,异构烷烃裂解所得丙烯与乙烯的质量比大于相同碳数的正构烷烃。

2) 烯烃的裂解反应

由于烯烃的化学性质很活泼,在自然界中独立存在的可能性很小。原油在炼制过程中产生烯烃,用含有烯烃的裂解原料时,其中的烯烃在裂解烷烃的条件下会发生断链反应、脱氢反应、歧化反应、二烯合成反应、芳构化反应等许多复杂的反应。烷烃在裂解过程中生成的烯烃、二烯烃也可以进一步发生上述反应。

烯烃的反应特点是既有大分子烯烃生成乙烯、丙烯的反应,又有使乙烯、丙烯、丁二烯消失的反应。通过裂解反应,原料分子裂解生成氢含量较高的 C_4 及以下轻组分和氢含量较低的 C_5 及 C_5 以上液体。根据氢平衡可知,裂解原料的氢含量越高,则获得 C_4 及以下轻烃的收率就越高,相应乙烯和丙烯收率也就越高;而当裂解原料中的氢含量低于13%(质量分数)时,乙烯收率将低于20%(质量分数),显然这类原料不适宜作裂解原料。

3) 环烷烃的裂解反应

原料中的环烷烃在一定条件下可发生开环裂解反应,生成乙烯、丙烯、丁烯、丁二烯,也可发生脱氢反应生成环烯烃和芳烃。环烷烃裂解有如下的规律:侧链烷基比烃环易裂解;环烷烃脱氢比开环容易;环烷烃比同碳数的链烷烃裂解时的乙烯、丙烯收率低,丁二烯和芳烃的收率高。

4) 芳烃的裂解反应

芳烃的芳环具有强的热稳定性,在裂解过程中不易发生开环反应,而易发生侧链断链反应,另外,还会发生环烷基芳烃的脱氢反应及芳烃的缩合反应。多环芳烃还可以继续缩合脱氢而生成大分子稠环芳烃,甚至生成焦油和结焦,所以芳烃含量多的原料不是理想的裂解原料。

因各族烃的氢含量大小顺序为 P > N > A,故链烷烃尤其是低碳烷烃是理想的裂解原料。当原料含氢量下降时,乙烯收率会下降,副产物会增加,原料消耗、装置投资及能耗也随之增大。目前,国外烃类裂解多以轻烃和石脑油为主,而国内则是重质油、柴油比例较高,需要进一步优化。

裂解原料的特性因数(characterization factor) K 可以反映烃类的氢饱和程度,各种烃类 K 值的大小关系为:烷烃 > 环烷烃 > 芳烃。乙烯和丙烯的收率总体上随裂解原料特性因数的增大而增加。

对于柴油或减压柴油等重质馏分油,其相关指数(BMCI)也是一个重要的评价指标。BMCI 值的大小可以反映油品芳香性,BIMCI 值越大,油品的芳香性越强,表明油品中的芳烃含量越高。各种烃类的芳香性大体按下列顺序递增:正构链烷烃 < 带支链烷烃 < 烷基单环烷烃 < 无烷基单环烷烃 < 双环烷烃 < 烷基单环芳烃 < 无烷基单环芳烃 < 双环芳烃 < 三环芳烃 < 多环芳烃。重质原料油的 BMCI 值较大,随 BMCI 值增大,乙烯收率大体呈线性下降,如图 4-1 所示。

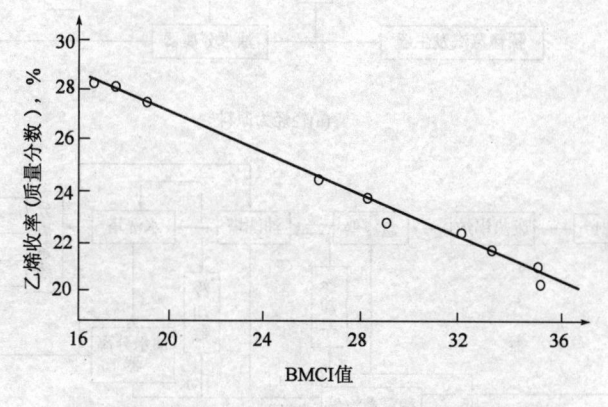

图 4-1 裂解原料 BMCI 值与乙烯收率的关系

2. 产品特点

烃类裂解生产的产品除了乙烯,同时副产氢气、酸性气(CO、CO_2、H_2S)以及各种烃类,轻烃裂解的副产品较少,馏分油裂解的副产品较多。馏分油裂解时,一般可加工分离成乙烯产品、丙烯产品、裂解汽油产品、富氢产品、富甲烷气体产品、混合碳四产品以及裂解燃料产品等。

由于聚烯烃装置高效催化剂对杂质含量要求很高,对乙烯产品中的杂质含量的限制也非常高,典型的乙烯产品规格要求纯度不低于99.95%(摩尔分数);丙烯产品根据下游加工产品的要求分为聚合级产品和化学级产品,其主要差别是丙烯纯度要求不同,典型的聚合级丙烯纯度不低于99.6%(摩尔分数),化学级丙烯纯度不低于95%(摩尔分数);烃类裂解副产各种 C_4 烃,典型的混合 C_4 产品中 C_4 含量不少于99%(摩尔分数);副产的裂解汽油典型规格为 C_4 馏分含量不高于0.5%(质量分数)、终馏点为204℃。裂解汽油经一段加氢可作为高辛烷值汽油组分,经两段加氢,脱除其中的硫、氮并使烯烃全部饱和后则可进入芳烃抽提装置分离出其中的芳烃。

烃类裂解还可副产氢气,其纯度取决于深冷分离系统的操作和回收工艺流程,一般情况下富氢馏分中氢含量不低于95%(摩尔分数)。一些装置采用变压吸附的方法净化氢气,其纯度可达99.99%(摩尔分数)。副产的富甲烷馏分一般甲烷含量不低于93%~95%(摩尔分数)。

烃类裂解副产的裂解燃料油沸点一般指沸点大于200℃以上的馏分油,沸程在200~360℃的馏分称为裂解轻质燃料油,沸程在360℃以上的馏分称为裂解重质燃料油。裂解燃料油需要控制的指标主要是闪点,通常轻质裂解燃料油的闪点控制在70~75℃以上,重质裂解燃料油的闪点控制在110℃以上,同时重质燃料油50℃绝对黏度控制在15mPa·s以下,以保证其顺利输送。

三、乙烯装置工艺流程简述

裂解原料不同时,各种副产品的产量相差很大,使得生产的工艺流程也有很大差别。乙烯装置工艺流程示意图如图4-2所示,其中图4-2(a)是以轻烃(如乙烷、丙烷等)为原料时的流程示意图,4-2(b)是以馏分油为原料时的流程示意图。

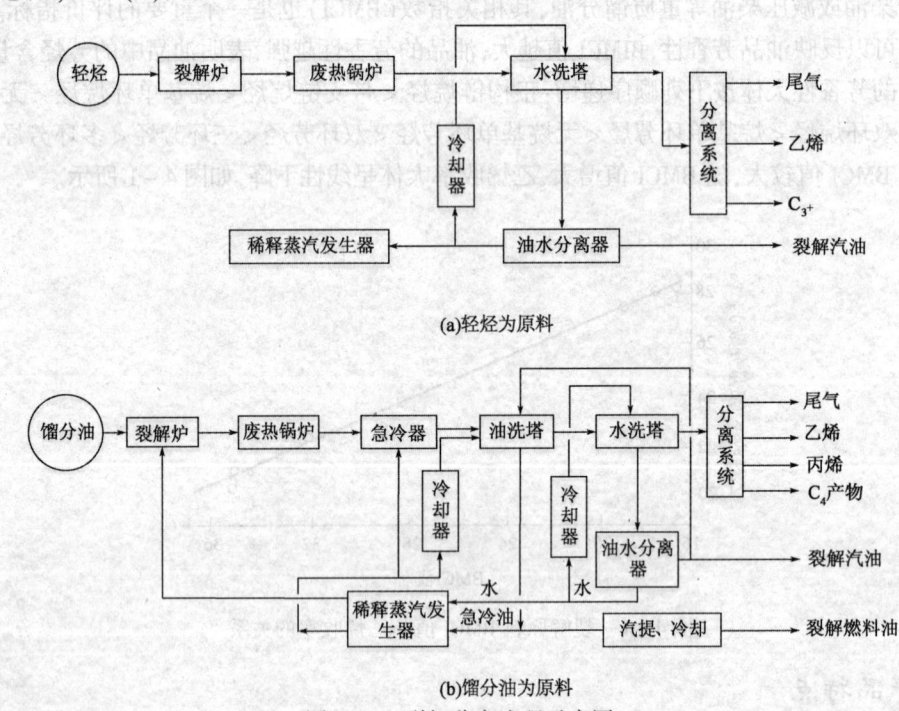

图4-2 裂解分离流程示意图

以轻烃为原料时,裂解所得重质馏分很少,工艺流程较为简单。由图4-2(a)可知,轻烃先经过裂解炉得到高温裂解气,再经废热锅炉(极冷换热器)回收热量副产高压蒸汽后冷却至200~300℃,然后进入水洗塔,用急冷水喷淋冷却裂解气,塔顶裂解气被冷却到40℃左右送裂解气压缩机,之后送分离系统分馏得到尾气、乙烯、C_3以上馏分(C_{3+})等,水洗塔塔釜的油水混合物经油水分离器分离出裂解汽油和水,裂解汽油经汽油汽提塔汽提。分离出的水(约80℃),一部分经冷却送至水洗塔塔顶作为急冷水,另一部分则送稀释蒸汽发生器发生稀释蒸汽。

以馏分油为裂解原料时,裂解所得产物中含较多的重质馏分,重质馏分与水混合后会因乳化而难于进行油水分离,因而须在冷却裂解气的过程中先将裂解气中的重质燃料油馏分分馏出来,其流程如图4-2(b)所示。馏分油经裂解炉裂解后得到高温裂解气,进一步经废热锅炉回收热量后,进入急冷器用急冷油喷淋降温到220~300℃左右。冷却后的裂解气进入油洗塔(或预分馏塔),塔顶用裂解汽油喷淋,塔顶温度控制在100~110℃之间,保证裂解气中的水分从塔顶带出,塔釜的燃料油馏分,部分经汽提、冷却后作为裂解燃料油产品,另一部分则成为急冷油,先送至稀释蒸汽系统作为热源,回收其热量,冷却后的急冷油大部分送至急冷器用于喷淋高温裂解气,少部分急冷油进一步冷却后作为油洗塔的中段回流。油洗塔塔顶的裂解气经冷水喷淋降至40℃左右进入裂解气压缩机,之后进入分离系统分离成尾气、乙烯、丙烯、混合C_4等产品。

水洗塔塔釜温度约80℃,可分馏出裂解气中大部分水分和裂解汽油,塔釜油水混合物经油水分离后部分水(急冷水)经冷却后送水洗塔做塔顶喷淋,另一部分则送至稀释蒸汽发生器发生蒸汽供裂解炉使用。油水分离所得裂解汽油馏分,一部分送至油洗塔作塔顶喷淋,另一部分则作为产品采出。

裂解气分离装置主要有精馏分离系统、压缩和制冷系统、净化系统组成,如图4-3所示,由不同的精馏分离方案和净化方案可以组成不同的裂解气分离流程。不同分离流程的差别主要在于精馏分离烃类的顺序和脱炔烃的安排。

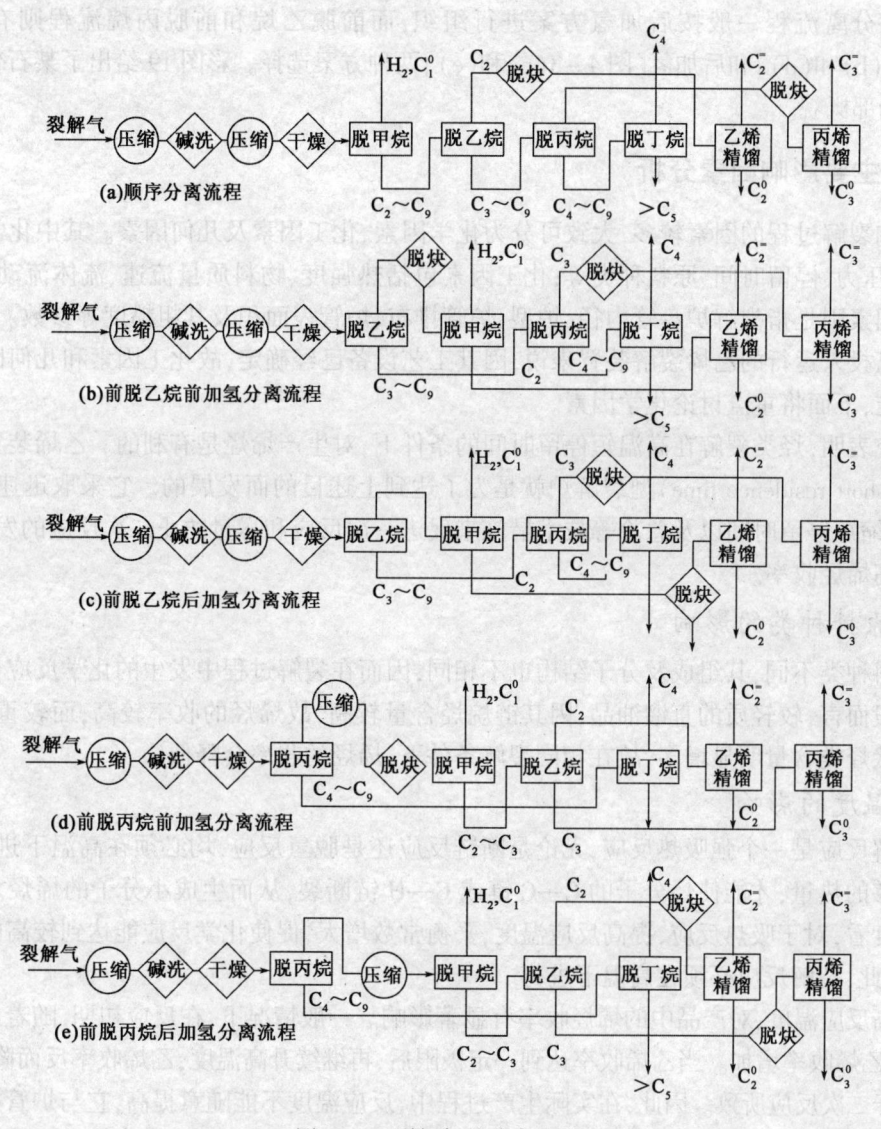

图4-3 裂解气的分离流程

彩图20 某石化公司乙烯装置局部概貌

图4-3(a)所示为顺序分离流程,按照C_1、C_2、C_3、……的顺序进行分馏,先经脱甲烷塔由塔顶从裂解气中分离出氢和甲烷,塔釜液则送至脱乙烷塔,由脱乙烷塔塔顶分离出乙烷和乙烯,塔釜液则送至脱丙烷塔。最终由乙烯精馏塔、丙烯精馏塔、脱丁烷塔分别得到乙烯、乙烷、丙烯、丙烷、混合C_4、裂解汽油等产品。

图4-3(b)所示为前脱乙烷流程,从乙烷开始切割分馏。裂解气先在脱乙烷塔分馏,塔顶得到含氢、甲烷、乙烯、乙烷等轻组分,塔底则为C_3及以上的重组分。塔顶轻组分送入脱甲烷塔,分离出氢和甲烷后,将C_2馏分送乙烯精馏塔,脱乙烷塔塔底液则送至脱丙烷塔,再经丙烯精馏塔和脱丁烷塔进一步分馏。

图4-3(d)所示为前脱丙烷流程,从丙烷开始切割分馏。裂解气先在脱丙烷塔分馏,塔顶为C_3及以下轻组分,塔底为C_4及以上重组分,脱丙烷塔塔顶组分再依次经脱甲烷、脱乙烷、乙烯精馏塔、丙烯精馏塔等进行精馏分离,脱丙烷塔塔底液直接送至脱丁烷塔。

顺序分离流程一般按后加氢方案进行组织,而前脱乙烷和前脱丙烷流程则有前加氢[图4-3(b)和(d)]和后加氢[图4-3(c)和(e)]两种方案选择。彩图19给出了某石化公司乙烯装置局部概貌。

四、主要影响因素分析

影响裂解过程的因素较多,大致可分为化学因素、化工因素及几何因素。其中化学因素包括温度、压力、停留时间、原料种类等;化工因素包括热强度、物料质量流速、流体流动准数等;而几何因素则是指裂解炉盘管内径、炉型、炉管排布、炉管表面积及其粗糙度等参数。

对已投入运行的乙烯裂解装置来说,因其工艺设备已经确定,故化工因素和几何因素也就相应确定,下面将重点讨论化学因素。

研究表明,烃类裂解在高温短停留时间的条件下,对生产烯烃是有利的。乙烯装置采用的"SRT"(short residence time)型裂解炉就是为了达到上述目的而发展的。它采取迅速供热、高温裂解、缩短停留时间以及急冷等技术措施来促进一次反应和尽量防止二次反应的发生,尽可能地提高烯烃收率。

1. 原料种类的影响

原料种类不同,其组成及分子结构也不相同,因而在裂解过程中发生的化学反应也会有区别。一般而言,较轻质的直馏油品,因其链烷烃含量较高,故烯烃的收率较高;而较重的油品,因其环状烃类含量明显增多,故在相同裂解条件下,烯烃的收率会降低。

2. 温度的影响

裂解反应是一个强吸热反应,无论是断链反应还是脱氢反应,均必须在高温下进行,只有提供足够的热量,才能使烃分子的C—C键或C—H链断裂,从而生成小分子的烯烃。从化学平衡角度看,对于吸热反应,提高反应温度,平衡常数增大,促使化学反应能达到较高的平衡转化率,因此,裂解反应必须在高温下进行。

提高反应温度,对产品中的烯烃收率有显著影响。一般情况下,在反应初期,随着反应温度的升高,乙烯收率增加。当乙烯收率达到一定极限后,再继续升高温度,乙烯收率反而降低,这主要是由于二次反应所致。因此,在实际生产过程中,反应温度不能随意提高,它与炉管材质及炉管结焦有关。当采用Cr25Ni20耐热合金时,其极限使用温度低于1100℃;当使用Cr25Ni35耐热合金时,其极限使用温度可提高到1150℃,但一般情况下,反应温度控制在950℃以下。

3. 停留时间的影响

在一定温度下所进行的裂解反应,反应物在高温停留时间过短,裂解的一次反应进行得不够充分,转化率不高,乙烯收率较低。若停留时间过长,一次反应虽能充分进行,转化率提高,但二次反应也随时发生,使生成的乙烯、丙烯损失,因而,对裂解过程而言,选择一个适宜的短停留时间是非常重要的。在工业生产过程中,为及时终止二次反应,在裂解炉管出口设有急冷系统。以 SRT－ⅡHC 型炉为例,炉管出口温度控制在约830℃,停留时间则控制在约0.4~0.5s。

4. 压力的影响

在裂解反应过程中,无论是断链反应还是脱氢反应,均为分子数量增加的反应。从化学平衡角度看,降低压力,既有利于反应朝着生成小分子烯烃方向进行,也有利于抑制缩合、迭合等反应的进行,同时还能够提高裂解反应的选择性。在乙烯生产装置上,一般采用水蒸气作为稀释剂,使得烃物料的分压降低,进而促使反应朝着有利方向进行。

五、烯烃生产装置工艺流程案例

1. 原料及产品

以某石化公司 72×10^4 t/a 乙烯生产装置为例,装置设计可加工下列原料:石脑油、常压柴油(AGO)、减压柴油(VGO)和重整抽余油等。部分原料的组成性质特点介绍如下。

1) 石脑油

如前所述,裂解原料的氢含量越高,BMCI 值越小,则 C_4 以下烯烃的收率越高,链烷烃尤其是低碳烷烃较适宜作为裂解原料。表4-1给出了该石化公司石脑油原料性质。可以看出,该石脑油氢含量较高,BMCI 值较低,烷烃含量较高,接近70%(质量分数),芳香烃含量较低,故较适宜作为裂解原料。

表4-1 石脑油原料性质

项目	指标	项目	指标
密度(15.6℃),kg/m³	736.9	70%	148.89 ± 10
硫含量,mg/kg	810	90%	171.67 ± 10
相关指数 BMCI	15	干点(EBP)	183.33 ± 10
恩氏馏程,℃		烷烃含量 P(质量分数),%	69.5 ± 2
初馏点(IBP)	48.88 ± 10	环烷烃含量 N(质量分数),%	19.5 ± 2
10%	68.89 ± 10	芳香烃含量 A(质量分数),%	11.0 ± 2
30%	101.11 ± 10	氢含量(质量分数),%	14.7 ± 1
50%	125.0 ± 10		

2) 加氢裂化尾油

加氢裂化尾油的性质主要与裂化原料油性质和加氢裂化操作条件有关。裂化原料油性质和加氢裂化操作条件差别越大,所得尾油的 BMCI 值差别越大,乙烯收率也会相差很大。该石化公司的加氢裂化尾油 BMCI 值为12,是较理想的裂解原料(表4-2)。

表4-2 加氢裂化尾油原料性质

项目	数值	项目	数值
密度(15.6℃),kg/m³	846.1	70%	457±10
硫含量,mg/kg	<5	90%	500±10
相关指数 BMCI	12	干点(EBP)	540±10
恩氏馏程,℃		烷烃含量P(质量分数),%	39.6±2
初馏点(IBP)	371±10	环烷烃含量N(质量分数),%	54.20±2
10%	400±10	芳香烃含量A(质量分数),%	5~10
30%	412±10	进料中氢含量(质量分数),%	14.09±1
50%	431±10	总氮,mg/kg	<5

3) 常压柴油

常压柴油(AGO)作为裂解原料也可得到较为满意的烯烃收率。一般石蜡基原油(如大庆油、华北油)的 AGO 裂解烯烃收率较高;中间基原油(如胜利油)的 AGO 裂解烯烃收率明显下降;而环烷基原油(如大港油、辽河油)的 AGO 裂解时不仅烯烃收率低,且结焦问题也较严重。因此,在选择环烷基原油的 AGO 作裂解原料时要十分慎重。由表4-3可知,该石化公司 AGO 的 BMCI 值为12~15,作为裂解原料时,也可获得较高的乙烯收率。

表4-3 AGO 原料性质

项目	数值	项目	数值
密度(15.6℃),kg/m³	810.0	干点(EBP)	360±10
硫含量,mg/kg	2420~5000	烷烃及环烷烃总含量P+N(质量分数),%	87~90
相关指数 BMCI	12~15	芳香烃含量A(质量分数),%	13~10
恩氏馏程,℃		进料中氢含量(质量分数),%	13.5~13.9
初馏点(IBP)	260±10	总氮,mg/kg	<200
50%	320±10		

所生产的产品主要有聚合级乙烯、聚合级丙烯、化学级丙烯、混合 C_4、氢气、甲烷富气、C_3 液化气产品以及加氢裂解汽油等。

2. 物料平衡

表4-4为某石化公司 72×10^4 t/a 乙烯装置的物料平衡表。由该表数据可以看出,该装置的原料来源广泛,以石脑油为主,约占51%,其他原料还有煤油、柴油、尾油等。从产物分布看,具有较高的烯烃收率,乙烯收率达到约30%(质量分数),聚合级丙烯收率约10%(质量分数)、化学级丙烯收率约5%(质量分数)。本装置裂解汽油收率约为23%(质量分数)。

表4-4 72×10^4 t/a 乙烯装置物料平衡表

原料	kg/h	产物	kg/h
石脑油	155229	氢气	3210
煤油	16250	甲烷尾气	38374

续表

原料	kg/h	产物	kg/h
加氢尾油	31975	聚合级乙烯	90000
裂化尾油	65975	聚合级丙烯	30000
常压柴油	30000	化学级丙烯	15000
反应蒸汽	439	混合 C_4 组分	31264
—	—	裂解汽油	68667
—	—	柴油/燃料油	22953
—	—	酸性气体	400
合计	299868	合计	299868

3. 工艺流程

该石化公司乙烯生产工艺流程如图 4-4 所示。原料油经过裂解炉高温裂解后，经废热锅炉、急冷器急冷到约 214℃，再进油急冷塔和水冷塔进行油冷和水冷至 45℃，然后进裂解气压缩机压缩至 3.83MPa，压缩过程中经碱洗除去其中的酸性气。压缩后的裂解气经冷箱系统的深冷，使烃类液化，再依次经过脱甲烷塔、脱乙烷塔、脱丙烷塔、脱丁烷塔将各组分进行分离。脱乙烷塔分离出的 C_2 馏分经选择性加氢将其中的乙炔脱除后，进乙烯精馏塔生产合格的乙烯产品。脱丙烷塔分离出的 C_3 馏分经选择性加氢脱除甲基乙炔和丙二烯后，送丙烯精馏塔生产聚合级丙烯和化学级丙烯。脱丁烷塔分离出的 C_4 馏分作为混合 C_4 产品。C_{5+} 以上馏分送裂解汽油加氢单元生产加氢汽油。

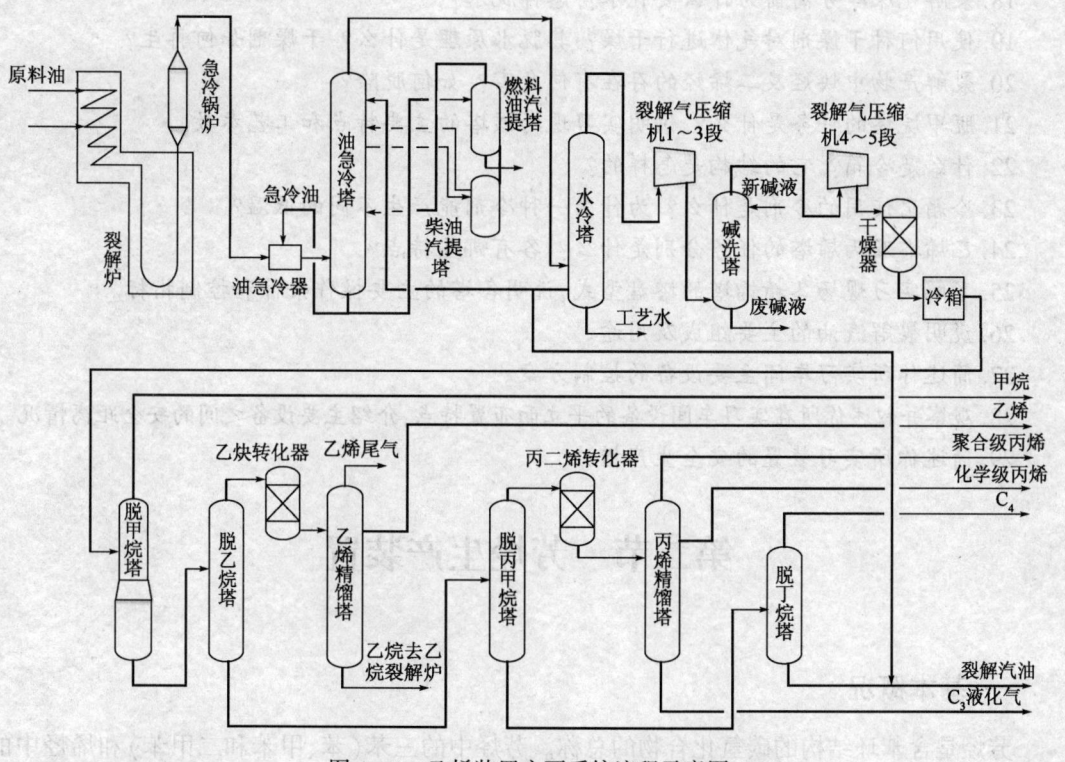

图 4-4 乙烯装置主要系统流程示意图

思 考 题

1. 画出裂解炉原料供给系统流程简图。
2. 裂解原料预热的目的是什么？
3. 表征裂解原料的特性参数主要有哪些？
4. 原料的族组成对裂解反应有什么影响？
5. 何为 C/H 比？原料中的 C/H 比与原料性能的关系是什么？
6. 水油比的大小对裂解炉有什么影响？
7. 利用水蒸气作为稀释剂有何优点？
8. 裂解炉进料量超过设计值有什么影响？
9. 裂解炉炉膛负压过大或过小有何影响？
10. 裂解炉烟道气中氧含量过高有什么危害？应如何调节？
11. 裂解原料中硫含量过高或过低有什么问题？
12. 裂解气出炉后为什么要急冷？现场是如何实现急冷的？
13. 裂解气为什么要进行压缩？多级压缩有什么好处？
14. 裂解气中酸性气的来源是什么？有什么危害？如何脱除？
15. 简述制冷原理。
16. 丙烯制冷和乙烯制冷可为工艺提供哪几个温度级的冷剂？分别作何用途？
17. 深冷法分离裂解气有哪几种典型的流程？实习装置采用的哪种流程？
18. 裂解气深冷分离前为什么要脱水？怎样脱水？
19. 使用何种干燥剂对气体进行干燥？其脱水原理是什么？干燥剂如何再生？
20. 裂解产物中炔烃及二烯烃的存在有何危害？如何脱除？
21. 脱甲烷塔的任务是什么？说明实习现场该塔的主要特点和工艺参数。
22. 什么是冷箱？它的结构是怎样的？
23. 冷箱里使用的冷剂是什么？为什么一种冷剂能产生不同的低温？
24. 乙烯塔及丙烯塔的任务分别是什么？各有哪些特点？
25. 了解实习现场各精馏塔的塔盘型式，说明各塔的主要操作条件和控制指标。
26. 说明裂解汽油的主要组成及用途。
27. 简述你所实习车间主要设备的控制方案。
28. 观察并叙述你所在实习车间设备的平立面布置特点，介绍主要设备之间的安全距离情况。
29. 简述你所实习装置的安全生产措施。

第二节 芳烃生产装置

一、基本概况

芳烃是含苯环结构的碳氢化合物的总称。芳烃中的三苯（苯、甲苯和二甲苯）和烯烃中的三烯（乙烯、丙烯和丁二烯）是化学工业重要的基础原料。芳烃中以苯、甲苯、二甲苯、乙苯、异丙苯、十二烷基苯和萘最为重要,这些产品广泛应用于合成树脂、合成纤维、合成橡胶、合成洗涤剂、增塑剂、染料、医药、农药、香料以及专用化学品的生产,对国民经济的发展和人民生活水平的提高具有极其重要的作用。

目前,生产苯(B)、甲苯(T)及二甲苯(X),即 BTX 芳烃的原料主要来源于以下于五个方面:(1)催化重整装置提供的芳烃;(2)石脑油蒸汽裂解装置提供的副产品芳烃组分;(3)煤焦油加氢与催化裂化轻循环油(LCO)中的芳烃;(4)甲醇制芳烃(MTA);(5)纤维素生物质等。此外,拓宽生产芳烃原料来源的新工艺与新技术也在积极研发过程中。

芳烃最初全部来源于煤焦化工业,随着有机合成工业的迅猛发展,芳烃需求量迅速上升,煤焦化工业已不能满足芳烃的需求。许多工业发达国家开始转向以石油为原料生产石油芳烃,至今石油芳烃已成为芳烃的主要来源。石油芳烃主要来源于石脑油重整生成油及烃裂解生产乙烯副产的裂解汽油。以石脑油和裂解汽油为原料生产芳烃工艺过程如图 4-5 所示。

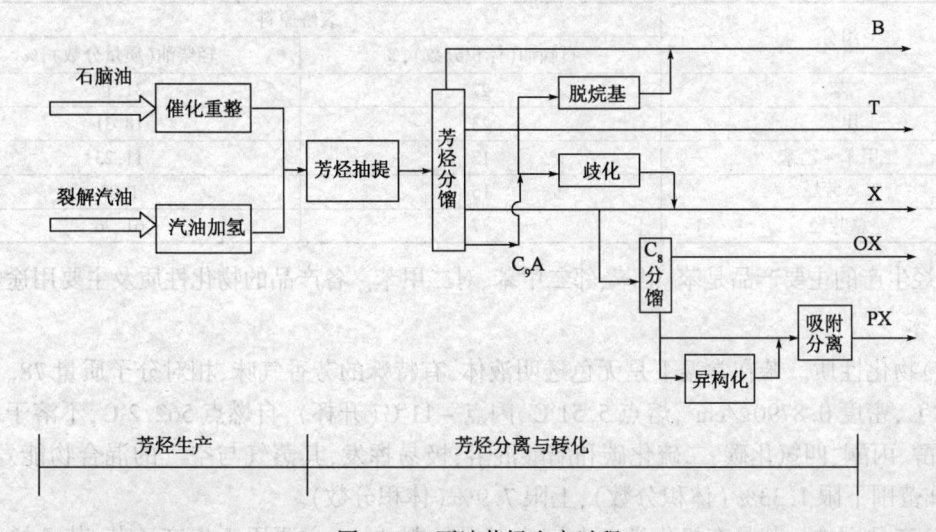

图 4-5 石油芳烃生产过程

石油芳烃的生产过程可分为反应、分离和转化三部分。其中石脑油催化重整是炼油工业重要的二次加工过程,其中约 10% 的催化重整装置用于生产芳烃产品。关于催化重整装置的介绍参见第三章。

随着乙烯工业的发展,副产的裂解汽油已成为石油芳烃的重要来源。然而裂解汽油中烯烃与各项杂质的含量远远超过芳烃生产后续工序所能允许的标准,必须经过加氢精制预处理后,才能作为后续芳烃分离与转化单元的原料。一般采用二段加氢工艺从裂解汽油中除去双烯烃、单烯烃和氧、氮、硫等有机物。第一段加氢是使易生胶的二烯烃加氢转化为单烯烃,使烯基芳烃转化为芳烃。第二段加氢是使单烯烃饱和并脱除硫、氧、氮等有机化合物。

本节的学习重点将放在芳烃的分离与转化工序。

二、原料及产品特点

催化重整生产的 BTX 芳烃含甲苯及二甲苯多,含苯较少,催化重整 BTX 的产率分布与原料组成和工艺类型密切相关,以半再生式重整过程和连续再生式重整过程为例,典型的芳烃收率参见表 4-5。

表 4-5　催化重整过程典型的芳烃收率(质量分数,%)

组分	半再生式	连续再生式
苯	6.44	7.39
甲苯	21.21	22.73
二甲苯	20.11	21.51
C_{9+}芳烃	13.19	19.87
总芳烃	60.95	71.50

裂解汽油主要组分为 $C_5 \sim C_9$ 烃类,包括烷烃、烯烃、二烯烃及芳烃。裂解原料和操作条件不同,裂解汽油的组成和产率分布也有很大差别。以石脑油和轻柴油为原料式,代表性的裂解汽油组成参见表 4-6。可以看出,高温裂解制乙烯副产的芳烃中苯含量较多,与催化重整得到的芳烃组成不尽相同。

表 4-6　裂解汽油组成

组分	裂解原料	
	石脑油(体积分数),%	轻柴油(质量分数),%
苯	27	31.17
甲苯	23	18.31
二甲苯 + 乙苯	12	11.23
C_{9+}芳烃	15	1.05
总芳烃	77	61.76

芳烃生产的主要产品是苯、甲苯、邻二甲苯、对二甲苯。各产品的物化性质及主要用途如下。

1. 苯

(1)物化性质。苯在常温下是无色透明液体,有特殊的芳香气味,相对分子质量 78.11,沸点 80.1℃,密度 0.8790g/cm³,熔点 5.51℃,闪点 -11℃(开杯),自燃点 562.2℃,不溶于水,可溶于乙醇、丙酮、四氯化碳、二硫化碳和醋酸混溶,极易挥发,其蒸气与空气的混合物能发生爆炸,爆炸范围下限 1.33%(体积分数),上限 7.9%(体积分数)。

(2)产品用途。苯是有机化学工业三大基础原料之一,主要用于生产乙苯/苯乙烯、环己烷、异丙苯/苯酚、苯胺、硝基苯、烷基苯/合成洗涤剂、氯代苯、农药、医药等,还做油漆、涂料和农药等的溶剂。随着石油化学工业的发展,作为化工原料的苯用量越来越大,其中苯乙烯、环己烷和异丙苯所耗用的苯最多,约占世界苯总产量的 80%。

2. 甲苯

(1)物化性质。甲苯在常温下是挥发性带芳香味的无色可燃液体,相对分子质量 92.13,沸点 110.8℃,密度 0.8667g/cm³,熔点 -95℃,闪点 4.44℃(闭杯),自燃点 480℃,不溶于水,可溶于苯、醇及醚,且能以任何比例混溶,挥发性略小于苯,其蒸气与空气的混合物能发生爆炸,爆炸极限为 1.27% ~7%。

(2)产品用途。甲苯不仅可以用作有机合成的溶剂和高辛烷值汽油组分,而且可以用于合成异氰酸脂、甲酚以及生产燃料、炸药、有机颜料、己内酰胺等,还可以通过甲苯歧化/烷基转移、甲苯择形歧化等工艺生产苯和二甲苯。

3. 邻二甲苯

(1)物化性质。邻二甲苯在常温下是无色透明液体,沸点 144.4℃,密度 0.8968g/cm³,熔点 -25.2℃,不溶于水,而溶于汽油、乙醚和四氯化碳等有机物。

(2)产品用途。邻二甲苯主要用作生产邻苯二甲酸酐(俗称苯酐),苯酐是一种重要的有机原料,广泛应用于增塑剂、不饱和聚酯树脂、醇酸树脂、染料、医药、农药等行业。

4. 对二甲苯

(1)物化性质。对二甲苯(PX)在常温下是无色透明液体,具有强烈芳香气味,沸点138.37℃,密度0.8611g/cm³,熔点13.26℃,不溶于水,而溶于汽油、乙醚和四氯化碳等有机物。对二甲苯的化学性质是易发生氧化反应等。

(2)产品用途。对二甲苯主要用于生产对苯二甲酸(PTA),PTA主要用于生产聚酯纤维、聚酯瓶和聚酯薄膜等。

三、装置工艺流程简述

工业化的芳烃生产实际上是把许多单独的生产工艺过程组合在一起,构成一套芳烃联合加工流程。由于原料性质和产品方案不同,联合加工流程有多种不同方案,主要分为两大类型:(1)炼油厂型芳烃加工流程。把催化重整装置的生成油经过溶剂抽提和分馏,分离成成苯、甲苯、混合二甲苯等产品,直接出厂使用或送到其他石油化工厂进一步深加工。这种加工流程较简单,加工深度浅,没有芳烃之间的转化过程,苯和对二甲苯等产品收率较低。(2)石油化工厂型芳烃加工流程,又称芳烃联合装置。以催化重整油和裂解汽油为原料的芳烃联合装置典型流程图如图4-6所示。

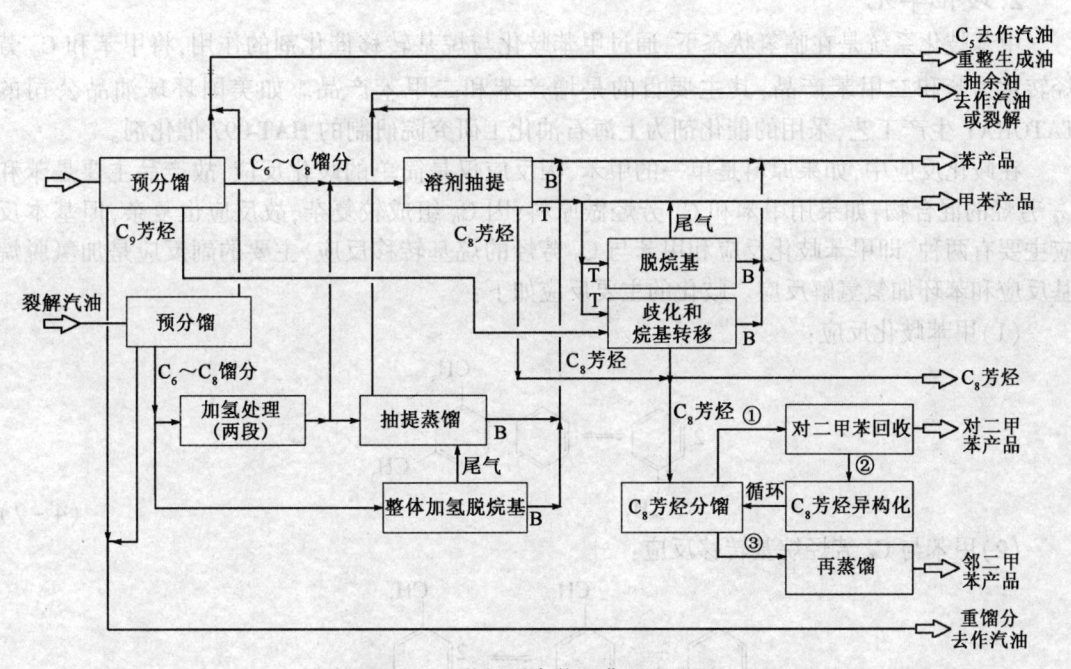

图4-6 芳烃联合装置典型流程图

催化重整生成油经预分馏得到$C_6 \sim C_8$馏分,送去溶剂抽提部分进行组分分离。而裂解汽油预分馏后,还要进行两段加氢处理,除去双烯和炔烃,之后进入抽提过程。抽提过程可用溶剂抽提或抽提蒸馏。目前溶剂抽提应用普遍,抽提蒸馏较适用于加工裂解汽油或煤焦油等高含芳烃的原料。溶剂抽提得到的苯、甲苯和C_8芳烃可直接作为产品出装置。甲苯可通过加氢脱烷基制苯,也可进行催化歧化生产苯和C_8芳烃。二甲苯中需求量最大的异构物是对二甲苯和邻二甲苯。为了把乙苯及间二甲苯转化成对二甲苯和邻二甲苯,可采用把间二甲苯及乙苯循环转化的方法,即在二甲苯分馏塔中,将混合二甲苯先分离出沸点较高的邻二甲苯,再把分馏塔顶产物通过吸附分离或结晶分离回收对二甲苯,把剩余的含间二甲苯和乙苯的物料进行C_8芳烃异构化,最终达到平衡组成后,再循环回二甲苯分馏塔。

四、生产原理及主要影响因素分析

1. 抽提系统基本原理

抽提系统的生产任务是以富含芳烃的加氢汽油和吸附分离单元成品塔顶液为原料,用环丁砜作溶剂,利用其对芳烃和非芳烃溶解度的差异,在淋降式筛板抽提塔中,进行液—液抽提和抽提蒸馏,将烃类混合物中芳烃和非芳烃分离开来。芳烃精馏的生产任务,即是用精馏的方法将来自抽提系统的芳烃混合物、歧化异构化产品、C_8以上组分等进一步分离出苯、甲苯、C_8芳烃、对二甲苯、C_9芳烃和C_{10}芳烃,作为产品或中间产物。

抽提是液—液萃取的物理过程,它所依据的原理是:根据烃类各组分在溶剂中溶解度各不相同,当溶剂和原料逆流方式接触时,溶剂对芳烃和非芳烃进行选择性的溶解,最后形成组成和密度不同的两个相,由于两相组成不同,重相中主要是溶剂和芳烃,轻相中主要是非芳烃,这样就能使芳烃从原料中分离出来了。由于两相密度不同,使得两相在抽提塔内能进行连续性接触,为了提高传质效果,以相对流量较大的溶剂作为分散相,流量较小的烃类作连续相;环丁砜作为抽提溶剂,它具有较好的选择性和溶解度、溶剂比低、用量小等优点。

2. 歧化单元

甲苯歧化系统是在临氢状态下,通过甲苯歧化与烷基转移催化剂的作用,将甲苯和C_9芳烃转化为苯和二甲苯产品,其主要目的是增产苯和二甲苯产品。如美国环球油品公司的TATORAY生产工艺,采用的催化剂为上海石油化工研究院研制的HAT-097催化剂。

在歧化反应中,如果原料是单一的甲苯,因反应仅是简单的歧化反应,故产品主要是苯和C_8芳烃的混合物;如果用甲苯和C_9芳烃做原料,因C_9组成较复杂,故反应也复杂,但基本反应主要有两种,即甲苯歧化反应和甲苯与C_9芳烃的烷基转移反应,主要的副反应是加氢脱烷基反应和苯环加氢氢解反应。歧化的主要反应如下:

(1) 甲苯歧化反应:

$$2\,C_6H_5CH_3 \rightleftharpoons C_6H_6 + C_6H_4(CH_3)_2 \tag{4-7}$$

(2) 甲苯与C_9芳烃烷基转移反应:

$$C_6H_5CH_3 + C_6H_3(CH_3)_3 \rightleftharpoons 2\,C_6H_4(CH_3)_2 \tag{4-8}$$

$$C_6H_5CH_3 + C_6H_4(CH_3)(C_2H_5) \rightleftharpoons C_6H_4(CH_3)_2 + C_6H_5C_2H_5 \tag{4-9}$$

(3) 二甲苯歧化反应:

$$2\ \text{间二甲苯} \rightleftharpoons \text{甲苯} + 1,3,5\text{-三甲苯}$$

(4-10)

(4) C_9 芳烃歧化反应:

$$2\ (1,3,5\text{-三甲苯}) \rightleftharpoons \text{甲苯} + 1,2,3,5\text{-四甲苯}$$

(4-11)

3. 异构化单元

二甲苯异构化系统是在临氢状态下，利用二甲苯异构化催化剂的作用，将含有少量对二甲苯和邻二甲苯的 C_8 芳烃，通过脱乙基反应将乙苯转化为苯，通过异构化反应将间二甲苯转化为对二甲苯和邻二甲苯，以达到增产对二甲苯、邻二甲苯和苯的目的。如美国环球油品公司的 Isomar 生产工艺，采用的催化剂为北京石油化工科学研究院研制的 SKI-100A 催化剂。异构化的主要反应如下:

(1) 二甲苯的异构化反应:

$$\text{对二甲苯} \rightleftharpoons \text{间二甲苯} \rightleftharpoons \text{邻二甲苯}$$

(4-12)

$$\text{乙苯} \longrightarrow \text{间二甲苯（混合二甲苯）}$$

(4-13)

(2) 氢解反应:

$$\text{间二甲苯} + H_2 \longrightarrow \text{甲苯} + CH_4$$

(4-14)

(3) 二甲苯歧化反应：

$$2 \, C_6H_4(CH_3)_2 \rightleftharpoons C_6H_5CH_3 + C_6H_3(CH_3)_3 \quad (4-15)$$

(4) 加氢开环裂解反应：

$$C_6H_4(CH_3)_2 + H_2 \rightarrow C_6H_{10}(CH_3)_2 \rightarrow C_8H_{16} \quad (4-16)$$

4. 吸附分离单元

吸附分离单元的主要任务是利用吸附剂的吸附选择性从混合二甲苯中分离出高纯度的对二甲苯产品。工业上采用的 C_8 芳烃的分离方法主要有深冷结晶法、络冷结晶法、络合分离法、磺化分离法、吸附分离法等，其中吸附分离生产工艺是目前最为先进的方法。

利用吸附分离工艺生产对二甲苯产品时，不仅要采用吸附性能好、选择性能高的吸附剂，如北京石油化工科学研究院研制的 RAX-2000A 型吸附剂，还要采用能与对二甲苯(PX)吸附性能相似的解吸剂，如对二乙基苯(PDEB)。此外，还需要有一个模拟移动床操作的吸附室。在吸附室中，进料向下流动，固体吸附剂相对逆流向上移动，进料和产品连续不断地进出床层。实际上固体吸附剂是相对静止不动的，而是通过转阀的动作完成固体吸附剂的模拟移动，这一过程称为模拟移动床吸附。

图 4-7 给出了模拟移动床吸附过程示意图。当工艺物料进入吸附室床层时，PX 被固体吸附剂吸附，而其他异构体未被吸附，从而把 PX 从混合二甲苯中分离出来。被吸附的 PX 用解吸剂来解吸，并与解吸剂一起进入抽出液塔，未被吸附的其他组分与解吸剂一起进入抽余液塔，解吸剂在塔底被分离出来，并返回吸附室中循环使用，抽出组分、抽余组分分别从各塔顶进入下一单元。模拟移动床既保留了连续逆流的工艺优越性，又避免了由于固体移动而带来的问题。

图 4-7 中的吸附室分成多段床层，转阀的固定盘通过管子与吸附室的各床层连接，转阀的转子与进出物料管线相连接，转阀进行周期性有规律的转动。转阀每动作一次，就会有部分吸附床层的管线被接通，并向前移动一个床层，这样床层管线就可以交替地进出各种物料，这就相当于改变了进出料口的位置，床层也就相对移动了，从而实现了模拟移动床操作。

五、芳烃生产装置工艺流程案例

以某石化公司芳烃装置为例，该装置采用美国环球油品公司(UOP)的专利技术。

1. 原料情况

表 4-7 给出了芳烃装置的原料及主要的技术指标。由表 4-7 可以看出，芳烃装置的原料主要有裂解汽油、加氢汽油、脱戊烷油、加氢汽油和外购混合二甲苯。

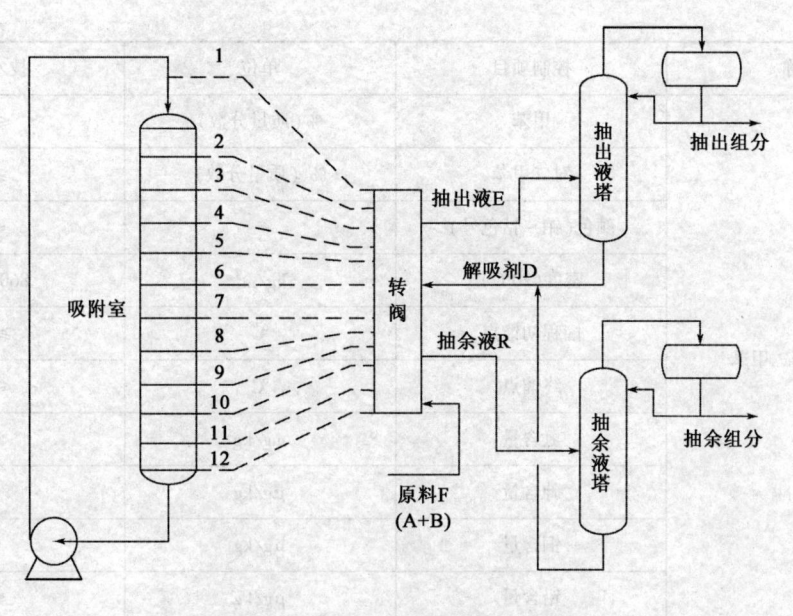

图 4-7 模拟移动床吸附过程示意图

表 4-7 芳烃装置原料及主要技术指标

名称	控制项目	单位	技术指标
氢气	H_2	%	>93
	$CO+CO_2$	mg/kg	<10
裂解汽油	馏程	℃	C_5~205℃
加氢汽油	总硫	mg/kg	≤1.0
	溴指数	mg/100g	≤500
	$C_{9+}A$	%(质量分数)	≤0.6
脱戊烷油	总硫	mg/kg	≤1.0
	溴值	gBr/100g	≤4.0
	非芳	%(体积分数)	≤30
外购混合二甲苯	非芳	%(质量分数)	≤2
	苯	%(质量分数)	≤0.9
	乙苯	%(质量分数)	≤19
	C_9 及 C_9 以上芳烃	%(质量分数)	≤1
	溴指数	mgBr/100g	≤50
	氯	mg/kg	≤1
	含氧化合物	mg/kg	≤1
	总硫	mg/kg	≤1

续表

名称	控制项目	单位	技术指标
外购混合二甲苯	甲苯	%（质量分数）	≤0.5
	对二甲苯	%（质量分数）	≥18
	颜色(铂—钴色号)	—	≤20
	密度(20℃)	kg/m³	860~870
	馏程初馏点	℃	≥137
	终馏点	℃	≤143
	氯含量	mg/kg	≤1
	砷含量	μg/kg	≤1
	铜含量	μg/kg	≤5
	铅含量	μg/kg	≤10

2. 工艺流程简述

芳烃生产装置流程简图如图 4-8 所示。它是利用精馏原理,用预分馏塔将加氢汽油和脱戊烷油中的 $C_6 \sim C_7$ 组分和 C_8 及以上组分分离。C_8 及以上组分送炼油厂作调合汽油,另一部分进二甲苯系统再蒸馏塔作为生产二甲苯的原料。$C_6 \sim C_7$ 组分进抽提蒸馏装置,利用抽提蒸馏原理实现芳烃与非芳烃的分离,非芳烃(即抽余油)作为副产品外送,抽出液送芳烃分离部分。利用精馏原理可以生产高纯度石油苯产品和粗甲苯。粗甲苯一部分送甲苯塔生产甲苯用作歧化单元原料,另一部分送炼油厂调合汽油。

加氢汽油送入液—液抽提装置,利用萃取精馏的原理将其中的芳烃抽提出来,实现芳烃与非芳烃的分离,非芳烃(即抽余油)作为副产品外送,抽出液与外购混合二甲苯和歧化单元反应产物混合后,经过各芳烃分离塔将混合芳烃进行分离,分离出石油苯、甲苯、邻二甲苯、混合二甲苯、C_9 芳烃和 C_{10} 馏分等。在甲苯歧化和烷基转移催化剂的作用下,部分甲苯和 C_9 芳烃在歧化单元发生歧化反应转化为苯和二甲苯,再返回相应的芳烃分离塔进行处理。

再蒸馏塔顶液、甲苯塔底液和异构化装置的二甲苯一起送入二甲苯分离塔,二甲苯塔的塔底馏分进入邻二甲苯塔分离出邻二甲苯产品,塔顶的混合二甲苯经过吸附分离单元分离出高纯度的对二甲苯。

含对二甲苯和邻二甲苯的混合二甲苯经过二甲苯异构化单元,在异构化催化剂的作用下发生反应,将部分乙苯转化为苯,将乙苯和间二甲苯转化为对二甲苯和邻二甲苯后,再返回二甲苯分离塔。

邻二甲苯塔底液和再蒸馏塔底液送入 C_9 塔,在 C_9 塔塔顶得到 C_9 芳烃,一部分送往歧化单元作为原料,一部分作为产品外送;塔底的 C_{10} 馏分作为产品外送。

通过以上各单元的联合操作,最终生产出石油苯、石油甲苯、邻二甲苯、对二甲苯、C_9 芳烃等芳烃产品。

彩图 4-2 给出了某炼化公司 $60 \times 10^4 t/a$ 芳烃联合装置的照片。

彩图21 $60 \times 10^4 t/a$ 芳烃联合装置

图 4-8 芳烃生产装置流程简图

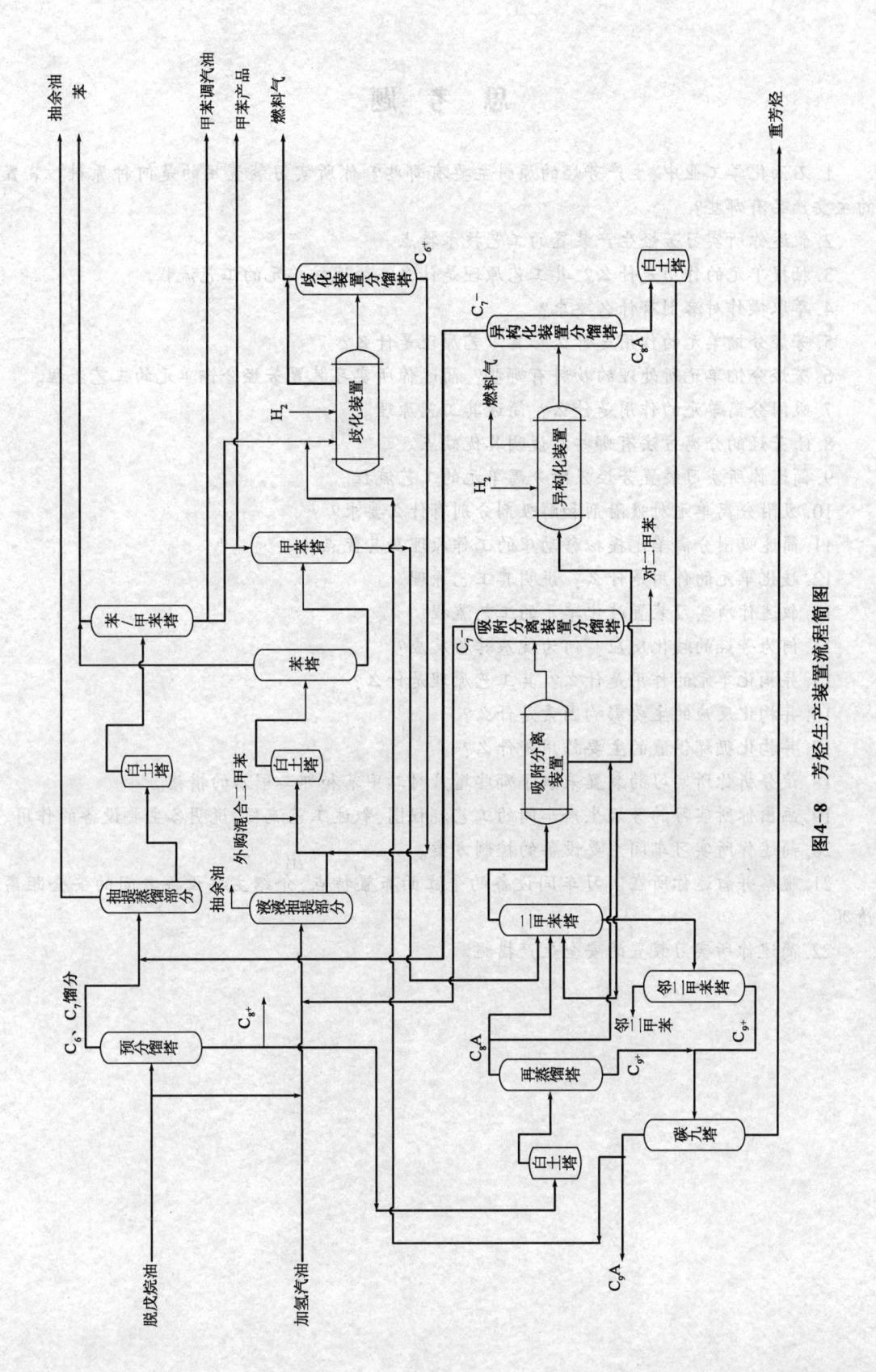

思 考 题

1. 石油化学工业中,生产芳烃的原料主要有哪些？你所实习装置用的是何种原料？装置的主要产品有哪些？
2. 叙述你所实习芳烃生产装置的工艺技术特点。
3. 抽提单元的作用是什么？其工艺原理是什么？简述该单元的工艺流程。
4. 萃取操作对溶剂有什么要求？
5. 芳烃分馏单元的作用是什么？其工艺原理是什么？
6. 芳烃分馏单元所处理的物料有哪些？简述你所实习装置芳烃分馏单元的工艺流程。
7. 吸附分离单元的作用是什么？简述其工艺原理。
8. C_8芳烃的分离方法有哪些？说明其优缺点。
9. 简述你所实习装置芳烃吸附分离单元的工艺流程。
10. 吸附分离单元对吸附剂和解吸剂分别有什么要求？
11. 简述吸附分离单元模拟移动床的工作原理及其优点。
12. 歧化单元的作用是什么？说明其工艺原理。
13. 叙述你所实习装置歧化单元的工艺流程。
14. 何为芳烃的歧化反应？何为烷基转移反应？
15. 异构化单元的作用是什么？其工艺原理是什么？
16. 异构化反应的主要影响因素是什么？
17. 异构化循环供氢的主要作用是什么？
18. 试分析你所实习的装置采取了哪些增产对二甲苯和邻二甲苯的措施。
19. 画出你所实习的芳烃生产车间的工艺流程图,叙述工艺流程,说明各主要设备的作用。
20. 简述你所实习车间主要设备的控制方案。
21. 观察并叙述你所在实习车间设备的平立面布置特点,介绍主要设备之间的安全距离情况。
22. 简述你所实习装置的安全生产措施。

第五章　安全与环保

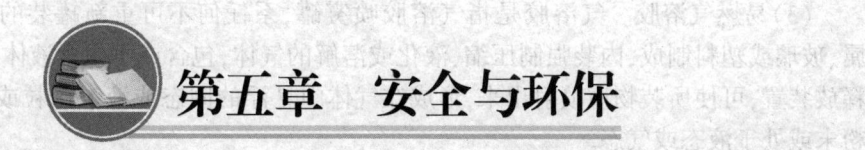

现代石油石化生产技术的发展，一方面给人类带来了大量的财富和舒适的生活环境，另一方面由于火灾、爆炸、中毒等重大事故的频频发生，不仅给企业带来高额的经济损失，也使石油石化产业长期处于高能耗、高污染、高破坏的境地。因此，石油化工企业的安全与环保工作尤为重要，近年来也日趋受到人们的广泛关注。

第一节　石化企业安全知识

一、石化企业的危险性

1. 危险和有害因素分类

危险因素是指对人造成伤亡或对物造成突发性损害的因素。而能影响人的身体健康，导致疾病，或对物造成慢性损害的因素则称为有害因素。

1) 按导致事故和职业危害的直接原因分类

依据 GB/T 13861—2009《生产过程危险和有害因素分类与代码》可分为 4 大类，分别是人的因素、物的因素、环境因素和管理因素。

上述大部分的危险有害因素在石化企业均有所涉及。

2) 化学品危险性分类

根据 GB 13690—2009《化学品分类和危险性公示通则》标准规定的化学品危险性分类方法，可将化学品危险性分为如下 18 类：

(1) 爆炸物。自身能通过化学反应产生气体，且气体的温度、压力和速度能对周围环境造成破坏的一种固态或液态物质(或物质的混合物)称为爆炸物质(或爆炸混合物)，其中也包括发火物质，即使它们不放出气体。

发火物质(或发火混合物)是通过非爆炸自持放热化学反应产生的热、光、声、气体、烟或所有这些组合来产生效应的一种物质或物质的混合物。

爆炸性物品是含有一种或多种爆炸性物质或混合物的物品。

烟火物品是包含一种或多种发火物质或混合物的物品。

爆炸物种类包括：①爆炸性物质和混合物；②爆炸性物品，但不包括下述装置：其中所含爆炸性物质或混合物由于其数量或特性，在意外或偶然点燃或引爆后，不会由于迸射、发火、冒烟、发热或巨响而在装置之外产生任何效应。③在①和②中未提及的为产生实际爆炸或烟火效应而制造的物质、混合物和物品。

(2)易燃气体。在20℃和101.3kPa标准压力下,与空气有易燃范围的气体称为易燃气体。

(3)易燃气溶胶。气溶胶是指气溶胶喷雾罐,系任何不可重新罐装的容器,该容器由金属、玻璃或塑料制成,内装强制压缩、液化或溶解的气体,包含或不包含液体、膏剂或粉末,配有释放装置,可使所装物质喷射出来,形成在气体中悬浮的固态或液态微粒或形成泡沫、膏剂或粉末或处于液态或气态。

(4)氧化性气体。氧化性气体指一般通过提供氧气,比空气更能导致或促使其他物质燃烧的任何气体。

(5)压力下气体。压力下气体指高压气体在压力等于或大于200kPa(表压)下装入储器的气体,或是液化气体或冷冻液化气体。压力下气体包括压缩气体、液化气体、溶解气体、冷冻液化气体。

(6)易燃液体。易燃液体指闪点不高于93℃的液体。

(7)易燃固体。易燃固体指容易燃烧或通过摩擦可能引燃或助燃的固体。易于燃烧的固体为粉状、颗粒状或糊状物质。易燃固体在与燃烧着的火柴等火源短暂接触即可点燃和火焰迅速蔓延的情况下均非常危险。

(8)自反应物质或混合物。自反应物质或混合物指即使没有氧(空气)也容易发生激烈放热分解的热不稳定液态或固态物质或混合物。但不包括根据统一分类制度分类为爆炸物、有机过氧化物或氧化物质的物质或混合物。如果在实验室试验中其组分容易起爆、迅速爆燃或在封闭条件下加热时显示剧烈效应,自反应物质或混合物应视为具有爆炸性质。

(9)自燃液体。自燃液体指即使数量小也能在与空气接触后5min之内引燃的液体。

(10)自燃固体。自燃固体指即使数量小也能在与空气接触后5min之内引燃的固体。

(11)自热物质和混合物。自燃物质和混合物指发火液体或固体以外,与空气反应不需要能源供应就能自己发热的固体或液体物质或混合物。这类物质或混合物与发火液体或固体不同,因这类物质只有在数量很大(公斤级)并经过长时间(几小时或几天)才会燃烧。

(12)遇水放出易燃气体的物质或混合物。遇水放出易燃气体的物质或混合物指通过与水作用,容易具有自燃性或放出危险数量的易燃气体的固态或液态物质或混合物。

(13)氧化性液体。氧化性液体指本身未必燃烧,但通常因放出氧气可能引起或促使其他物质燃烧的液体。

(14)氧化性固体。氧化性固体指本身未必燃烧,但通常因放出氧气可能引起或促使其他物质燃烧的固体。

(15)有机过氧化物。有机过氧化物指含有二价—O—O—结构的液态或固态有机物质,可以视为一个或两个氢原子被有机基替代的过氧化氢衍生物,也包括有机过氧化物配方(混合物)。有机过氧化物是热不稳定物质或混合物,容易放热自加速分解。另外,它们可能具有下列一种或几种性质:①易于爆炸分解;②迅速燃烧;③对撞击或摩擦敏感;④与其他物质发生危险反应。

如果有机过氧化物在实验室试验中,在封闭条件下加热时组分容易爆炸、迅速爆燃或表现出剧烈效应,则可认为它具有爆炸性质。

(16)金属腐蚀剂。腐蚀金属的物质或混合物是指通过化学作用显著损坏或毁坏金属的物质或混合物。

(17)急性毒性。急性毒性指在单剂量或在24h内多剂量口服或皮肤接触一种物质,或吸入接触4h之后出现的有害效应。

(18)皮肤腐蚀/刺激。皮肤腐蚀指对皮肤造成不可逆损伤,即施用试验物质达到4h后可观察到表皮和真皮坏死。皮肤腐蚀反应的特征是溃疡、出血、有血的结痂,而且在观察期14d结束时,皮肤、完全脱发区域和结痂处由于漂白而褪色。应考虑通过组织病理学来评估可疑的病变。

皮肤刺激是施用试验物质达到4h后对皮肤造成可逆损伤。

此外化学品危险性还分为严重眼损伤/眼刺激、呼吸或皮肤过敏、生殖细胞致突变性、致癌性、生殖毒性、特异性靶器官系统毒性——一次接触、特异性靶器官系统毒性——反复接触、吸入危险以及危害水生环境等类别。

3)石化企业通常涉及的危险物质

石化企业通常涉及的危险物质多达数百种,危险特性也很多,大多数涉及火灾爆炸等危险特性,常见的几种主要危险物质的特性见表5-1。

表5-1 石化企业装置主要火灾爆炸危险物料特性表

物料名称	闪点 ℃	自燃点 ℃	爆炸极限(体积分数),%	建筑火险分级	爆炸危险类别 组别	爆炸危险类别 类别	适用的灭火剂
氢气	<-50	400	4.1~74.2	甲	T1	ⅡC	二氧化碳、雾状水
甲烷	-188	537	5.0~15.0	甲	Ⅰ	T1	雾状水、泡沫、CO$_2$
丙烷	-104	450	2.1~9.5	甲	T1	ⅡA	泡沫、二氧化碳、雾状水
丁烷	-60	287	1.5~8.5	甲	T2	ⅡA	泡沫、二氧化碳、雾状水
C$_4$馏分(异丁烷)	-82.8	460	1.8~8.5	甲	T2	ⅡA	泡沫、二氧化碳、雾状水
氨	—	630	15.0~30.2	乙	T1	ⅡA	雾状水、泡沫、CO$_2$
硫化氢	—	292	4.3~45.5	甲	T3	ⅡB	雾状水、泡沫、CO$_2$
烷基化油、加氢裂解汽油等(汽油)	-43	415~530	1.4~7.6	甲$_B$	T3	ⅡA	泡沫、二氧化碳、干粉、砂土
抽余油(石脑油)	<-20	285	1.2~6.0	甲$_B$	T3	ⅡA	干粉、二氧化碳、砂土
原油	-20~100	350(引燃点)	2.1~5.4	甲或乙$_A$			泡沫、干粉、CO$_2$、砂土、雾状水
航空煤油	39	380~420	1.4~7.5	乙$_A$			泡沫、干粉、CO$_2$、雾状水
渣油	50~158	230~240		丙$_B$	T3	ⅡA	泡沫、干粉、CO$_2$、砂土、雾状水
苯	-11	560	1.2~8.0	甲$_B$	T1	ⅡA	干粉、二氧化碳、泡沫
甲苯	4	535	1.2~7.0	甲$_B$	T1	ⅡA	干粉、泡沫、二氧化碳
二甲苯	27.2~46.1	463~528.9	3.4~9.5	甲$_B$	T1	ⅡA	干粉、二氧化碳、砂土
甲醇	385	11	5.5~44	甲	T1	ⅡA	干粉、CO$_2$、雾状水
三乙基铝		空气中自燃		乙			1211、砂土

4)火灾爆炸危险性分类

在工业实际生产中,生产的危险程度与生产过程中所用物料的性质、配比、生产工艺的复杂程度及生产条件(温度、压力)等因素有关。根据《建筑设计防火规范》(GB 50016—2014)

规定,按照生产过程中所使用或产生的物质的燃烧、爆炸性,可将生产的火灾危险性分为甲、乙、丙、丁、戊五类。根据生产的火灾危险性,在生产工艺、安全操作要求及建筑防火设计方面相应有所区别,采取必要的应对措施,使火灾爆炸事故发生的危险性降到最低。

5) 爆炸和火灾危险场所区域划分

爆炸和火灾危险场所,按可燃物质状态的不同及事故的可能性、危险程度,划分为爆炸性气体环境危险区域、爆炸性粉尘环境危险区域及火灾危险区域三类。具体划分见表5-2。

表5-2 爆炸和火灾危险场所区域划分

类别	等级	说明
爆炸性气体环境	0区	连续出现或长期出现爆炸性气体混合物的环境
	1区	在正常运行时可能出现爆炸性气体混合物的环境
	2区	在正常运行时不可能出现爆炸性气体混合物的环境或即使出现也仅是短时存在的爆炸性气体混合物的环境
爆炸性粉尘环境	10区	连续出现或长期出现爆炸性粉尘的环境
	11区	有时会将积留下的粉尘扬起偶然出现爆炸性粉尘混合物的环境
	12区	具有闪点高于环境温度的可燃液体,在数量和配置上能引起火灾危险的环境
火灾危险区域	21区	具有悬浮状、堆积状的可燃粉尘或可燃纤维,虽不可能形成爆炸混合物,但在数量和配置上能引起火灾危险的环境
	22区	具有固体状可燃物质,在数量和配置上能引起火灾危险的环境

2. 主要事故伤害分类

《企业职工伤亡事故分类》(GB 6441—1986)根据国内各企业劳动安全工作的状况,将企业职工可能受到的伤害及伤亡事故总结划分为20类,具体事故分类如下面所列。除了标出不涉及的6种伤害类型(主要是煤矿、非煤矿山和建筑企业涉及较多),其余14类伤害在石化企业均有涉及。

01 物体打击　　　　　　　　011 冒顶片帮(不涉及)
02 车辆伤害　　　　　　　　012 透水(不涉及)
03 机械伤害　　　　　　　　013 放炮(不涉及)
04 起重伤害　　　　　　　　014 火药爆炸(不涉及)
05 触电　　　　　　　　　　015 瓦斯爆炸(不涉及)
06 淹溺　　　　　　　　　　016 锅炉爆炸
07 灼烫　　　　　　　　　　017 容器爆炸
08 火灾　　　　　　　　　　018 其他爆炸
09 高处坠落　　　　　　　　019 中毒和窒息
010 坍塌(不涉及)　　　　　020 其他伤害

二、石化企业的安全防控

1. 安全标志

在石化企业中,不同的区域存在不同的危险性,进入石化企业现场,关注并正确辨识安全标志,对个人安全防护非常重要。

1)安全色

(1)红色——引人注目,适用于表示危险、禁止、紧急停止的信号。

(2)黄色——是一种明亮的颜色,适用于警告或注意的信号。

(3)蓝色——用为指令、表示必须遵守的意思。

(4)绿色——虽然注目性和视认性都不高,但使人感到舒服、平静和有安全感。采用绿色作为表示通行、安全提示的颜色。

2)常用安全标志

化工企业常用安全标志包括几类:禁止标志、警告标志、指令标志、提示标志、文字辅助标志等。典型的安全相关标志如下:

(1)红色——禁止标志。

(2)黄色——警告标志。

(3)蓝色——指令标志。

(4)绿色——提示标志。

2. 防火、防爆设施与措施

1)灭火的基本原理

根据物质燃烧原理,燃烧必须同时具备以下三个条件:(1)可燃物质;(2)助燃物质;(3)导致燃烧的着火源。

在燃烧过程中,若消除上述三个条件的任何一个,燃烧便会终止,这就是灭火的基本原理。灭火的基本方法有隔离法、冷却法、窒息法和化学反应中断法。

(1)隔离法。隔离法就是将燃烧物与附近的可燃物隔离或疏散开,使火势不能蔓延,燃烧停止,如沙土、消防泡沫覆盖火焰。

(2)冷却法。冷却法就是将灭火剂直接喷洒在燃烧着的物质上,使可燃物的温度降低到燃点以下,从而使燃烧停止,用水冷却灭火是常用的灭火方法。

(3)窒息法。窒息法就是阻止助燃气体(如空气等)进入燃烧区域或使用惰性气体降低燃烧区助燃物(氧)的含量,使燃烧因缺乏助燃物而熄灭,如氮气、二氧化碳。

(4)化学反应中断法(抑制灭火法)。抑制灭火法就是将抑制剂掺入燃烧区域,参与燃烧的连锁反应,使燃烧过程中产生的自由基消失,从而使连锁反应中断,燃烧终止。抑制灭火常用的灭火剂有干粉及卤代烷烃。

常见消防设施如图5-1所示。

图5-1 地面油罐区常见消防设施

2) 常用灭火剂

要迅速、有效地扑灭化工生产中的各类火灾，必须根据起火原因及燃烧物的性质，选用合理的灭火剂。常用灭火剂有水、水蒸气、泡沫、二氧化碳、干粉、卤代烷烃等。

有些物质着火燃烧，不能用水扑救，这些物质主要包括：（1）相对密度小于水和不溶于水的易燃液体，如苯类、汽油等；（2）遇水燃烧物，如活泼金属类的金属钠等；（3）硫酸、盐酸、硝酸不能用加压水冲击，因为强水流的冲击会引起酸液飞溅，遇可燃物有引起爆炸的危险，酸液溅在人体上，会造成人体灼伤；（4）电器火灾未切断电源时，不宜用水扑救；（5）高温状态下的化工设备不能用水扑救，防止其因遇水骤冷引起变形或爆炸。

水蒸气在灭火中主要起到窒息作用，使燃烧区内的助燃气体被冲淡，同时也可吸收某些气体、蒸气和烟雾，有助于灭火和防止中毒。

3) 爆炸基本原理

(1) 爆炸分类。

化工企业涉及的爆炸按性质可分物理爆炸和化学爆炸两大类。

物理爆炸是指由于物理因素（温度、压力等）变化而引起的爆炸。物理爆炸前后，物质的性质和化学成分均不发生变化，如锅炉与球罐等压力容器的超压爆炸。造成物理爆炸的原因可以是高温、振动、设计错误、制造缺陷、材质不符或操作失控等因素。

化学爆炸是指由于物质发生激烈的化学反应，产生高温、高压而引起的爆炸。化学爆炸前后物质的性质和化学成分均发生了根本改变，如氢气与空气混合气体引发的爆炸。化学爆炸根据爆炸时所发生的化学变化可分为简单分解爆炸、复分解爆炸、爆炸性混合物爆炸三大类。

在化工企业爆炸事故中，爆炸性混合物爆炸较多，爆炸性混合物爆炸是指可燃气体、蒸气、薄雾、粉尘或纤维状物质按一定比例与空气形成的混合物，遇着火源能发生爆炸。

(2) 爆炸条件。

由爆炸混合物引发的爆炸需要一定条件。可燃性气体、蒸气或粉尘与空气组成的混合物，必须按一定比例混合，才能引起燃烧爆炸。当可燃物在混合物中浓度太低时，因过量空气的存在，空气的冷却作用阻止了火焰蔓延；可燃物浓度太高时，空气量不足。燃烧由于助燃物的缺乏造成窒息。因而只有当可燃物在混合物中的浓度在一定范围内时，遇着火源才能发生爆炸，这个浓度范围称为该物质的爆炸范围。

爆炸极限的影响因素与爆炸性混合物的原始温度、原始压力、惰性介质及杂质、含氧量、充装可燃物容器的材质、尺寸等、着火源的能量、热表面面积及火源与混合物接触的时间等均有密切关系。

4) 防火防爆的基本措施

(1) 防爆设计。

防爆设计包括厂房及工艺过程的防爆设计两大方面。厂房防爆设计包括以下 3 个方面。

①防爆厂房必须有良好的通风条件，以避免造成可燃气体或蒸气积聚。有爆炸危险的厂房应设防爆墙，配电、化验及办公室与生产车间分开。

②设置泄压、隔爆、阻火设施。对于有爆炸危险的厂房要考虑泄压面积与厂房体积的比值。轻质屋面、轻质外墙和易于泄压的门窗等建筑构件都属于泄压构件。隔爆设施有隔爆墙、隔爆门、窗，一般都使用耐火材料，具有较高强度，起到隔爆、防止火灾蔓延的作用。

禁止吸烟	禁止烟火	禁止带火种	禁止用水灭火
禁止放置易燃物	禁止启动	禁止合闸	禁止转动
禁止触摸	禁止跨越	禁止攀登	禁止跳下
禁止入内	禁止停留	禁止通行	禁止靠近
禁止乘人	禁止堆放	禁止抛物	禁止戴手套
禁止穿化纤服装	禁止穿带钉鞋	禁止饮用	禁止开启无线通讯设备
禁止携带金属物或手表	禁止携带武器及仿真武器	禁止携带托运放射性及磁性物品	禁止携带托运有毒物品及有害液体

禁止标志

注意安全	当心火灾	当心爆炸	当心腐蚀
当心中毒	当心感染	当心触电	当心电缆

警告标志

当心机械伤人	当心伤手	当心扎脚	当心吊物
当心坠落	当心落物	当心坑洞	当心烫伤
当心夹手	当心塌方	当心冒顶	当心瓦斯
当心电离辐射	当心裂变物质	当心激光	当心微波
当心车辆	当心火车	当心跌落	当心障碍物

警告标志(续)

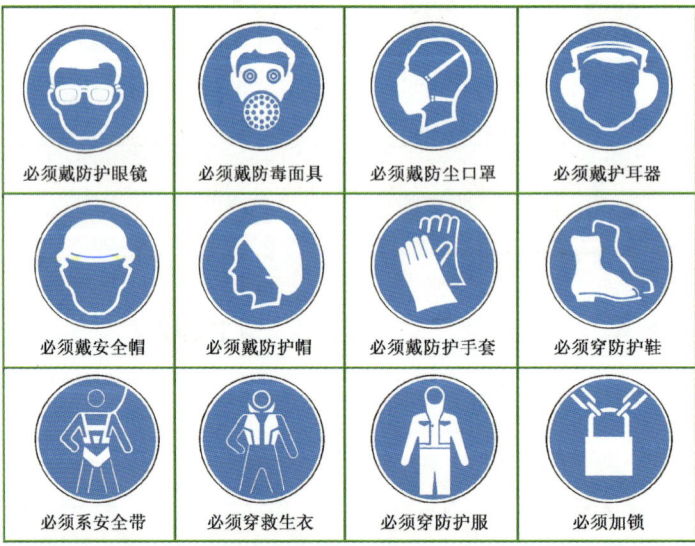

必须戴防护眼镜	必须戴防毒面具	必须戴防尘口罩	必须戴护耳器
必须戴安全帽	必须戴防护帽	必须戴防护手套	必须穿防护鞋
必须系安全带	必须穿救生衣	必须穿防护服	必须加锁

指令标志

紧急出口	紧急出口	可动火区	避险处

提示标志

阻火设施包括水封井、油水分离池、阻火分隔沟坑、不发火地面,这些设施能有效地控制火势,阻止火焰蔓延。

③针对粉尘爆炸危险场所,在厂房设计中,应考虑到积尘问题,厂房的内表面应较光滑,不易造成粉尘积聚。

(2)着火源的控制与消除。

在石油化工生产中,不可避免地要使用化学危险物质,因而着火源的控制显得极为重要。常见的着火源有明火、火花和电弧、炽热物体(危险温度)、化学反应热等。控制和消除这些着火源,能有效地防止火灾爆炸事故的发生。

①明火的控制。生产和使用化学危险物品的企业,应按生产的火灾危险度划定厂区的禁火、禁烟区域,并设置安全标志。由于吸烟是流动火源,曾引发大量火灾爆炸事故,因而对吸烟的控制应格外严格。

其次,企业必须制定"动火制度",严格执行动火施工安全措施和审批手续,禁止在某些特定区域内动火和设置明火炉灶。如果在禁火区内临时设置明火炉灶,应按动火手续办理。

易燃物品加热,应尽量避免使用明火。明火炉灶与生产装置、储罐设施的防火间距,应符合安全规定距离。

②避免火花、电弧的产生。在散发较空气重的可燃气体等爆炸危险的生产车间,应采用不发火地面,并不准穿带铁钉的鞋。在爆炸火灾危险场所,应按安全规定选用防爆电气设备。在1区、11区、22区临时使用非防爆电气设备时,应办理动火证。

为避免静电火花引起火灾爆炸,在易燃易爆生产车间禁止穿着不符合防静电要求的化纤服装。可燃气体、易燃液体的设备、管线,空分气分装置、设备、管线应进行防静电接地。

③防止雷电火花。厂房、设备、管线应按要求安装防雷装置,定期检查,接地电阻应符合规定范围(图5-2)。

(a)设备底部防雷防静电接地　　　　(b)机泵底部(电气)接地

图5-2　设备底部防静电接地

(3)可燃易爆物质的安全控制。

①惰性气体的保护。

许多化工企业对具有着火爆炸危险的工艺装置、储罐、仪表等都配备氮气置换管道,以备生产时使用。易燃易爆物料管线、设备在进料前应用惰性气体进行置换,以排除系统中所有的空气,防止形成爆炸性混合物。停车、动火检修时,应用惰性气体进行吹扫和置换。

易燃固体的粉碎、研磨、筛分、混合以及粉装物料在输送过程中,为了安全生产,可采用惰性介质保护。在可燃气体混合物的处理过程中,也可加入适量惰性气体,防止爆炸事故发生。易燃液体压送时,可采用惰性气体(如氮气)充压输送。

在爆炸性危险场所中,非防爆电气仪表等应充氮保护,可燃气体排气尾部使用氮封,当发生危险物料泄漏时,可使用惰性介质进行稀释。

②工艺参数的安全控制。

在化工生产过程中,工艺参数主要是指温度、压力、流量及物料配比等,按工艺要求严格控制工艺参数在安全限度内,是实现安全生产的基本保证。实现这些参数的自动控制和调节是保证安全生产的重要措施。

当然,即使实现了自动控制,仍需操作人员的操作。在目前生产中,仍未完全实现智能自动控制,如操作人员思想不集中,就会出现误操作,造成的后果是无法想象的。因此,对操作人员的责任心及应变能力有很高的要求。

5) 安全保险装置

在现代化化工生产中,系统安全保险装置是防止火灾爆炸事故的重要手段之一。自动化程度的提高,如自动检测、自动调节、自动操作及自动信号、联锁系统的使用,能大幅度降低生产危险度,提高生产安全系数。

安全保险装置按功能可分为以下四类:

(1) 报警信号装置。报警信号装置有安全指示灯、器、铃等,当生产中出现危险状态时(如温度、压力、浓度、液位、流速、配比等达到设定危险程度时),自动发出声、光报警信号,提醒操作者,以便及时采取措施,消除隐患。

(2) 保险装置。保险装置有安全阀、爆破片、防爆门、放空管等,当生产中一旦出现危险状况时,能自动消除不正常状况,在出现超压危险时能够起跳、破裂或开启而泄压,避免设备破坏。安全阀和爆破片、放空管等保险装置一般安装在锅炉、压力容器及机泵的出口部位。

(3) 安全联锁。安全联锁装置有联锁继电器、调节器、自动放空装置。安全联锁对操作顺序有特定的安全要求,是防止误操作的一种安全装置,一般安装在生产中对工艺参数有影响、有危险的部位。例如需要经常打开的带压反应器,开启前必须将器内压力排除,经常频繁操作容易造成疏忽,为此,可将打开孔盖与排除压力的阀门进行联锁,当压力没有排除时,孔盖无法打开。

(4) 阻火设备。阻火设备包括安全液封、阻火器、阻火阀门等。

安全液封用于防止可燃气体、易燃液体蒸气逸出着火,起到熄火、阻止火势蔓延的作用。一般用于安装在低于 0.2MPa 的气体管线与生产设备之间,常用的安全液封有敞开式和封闭式两种。

阻火器内装有金属网、金属波纹网、砾石等,当火焰通过狭小孔隙,由于热损失突然增大,致使燃烧不能继续而熄灭。阻火器一般安装在可燃易爆气体、液体蒸气的管线和容器、设备之间或排气管上。

阻火阀门用于防止火焰沿通风管道或生产管道蔓延。自动阻火阀门一般安装在岗位附近,便于控制。对只允许液体向一定方向流动、防止高压窜入低压及防止回头火时,可采用单向阀。

应特别指出的是,近几年来国内外的许多石油化工生产工艺,采用电脑控制和操作全过程,不但降低了原料消耗,降低了生产成本,更重要的是使生产更加安全可靠。

常见的安全保险装置如图 5-3 所示。

(a)气体浓度指示及报警器(厂房内)　　(b)球罐底部安全阀及放空线

(c)可燃气体报警器(室外)　　(d)阻燃/防爆管道波纹阻火器

图 5-3　常见的安全保险装置

3.个体安全防护

1)安全防护用品及分类

安全防护用品主要针对个体防护,是指保护劳动者在生产过程中的人身安全与健康所必备的一种防御性装备,对于减少职业危害起着相当重要的作用。化工企业常用的安全防护用品包括以下几类:

头部防护:安全帽;

眼睛防护:防尘眼镜,防酸眼镜;

口部防护:防毒口罩,防毒面具,防尘口罩,空气呼吸器;

听力防护:防噪音耳塞,护耳罩,噪音阻抗器;

手部防护:绝缘手套,耐酸碱手套,耐油手套,防静电手套,耐高温手套等;

脚部防护:绝缘靴,耐酸碱靴,安全皮鞋,防砸皮鞋,耐油鞋等;

身躯防护:工作服;

高空安全防护:高空悬挂安全带、安全绳等。

在石油化工企业现场实习期间,装置区必备的基本防护用品包括专用的工作服(防静电)、工作鞋、安全帽等;在特殊工作环境中,还需要配备其他相应的防护用品。

2)石化企业几种典型的个人安全防护用品

石油化工企业除了必备的基本防护用品,包括专用的工作服(防静电)、工作鞋、安全帽等以外,还有一些在特殊区域或特殊情况下使用的防护用品(图5-4)。

(a)正压式空气呼吸器　　(b)隔绝式防毒面具

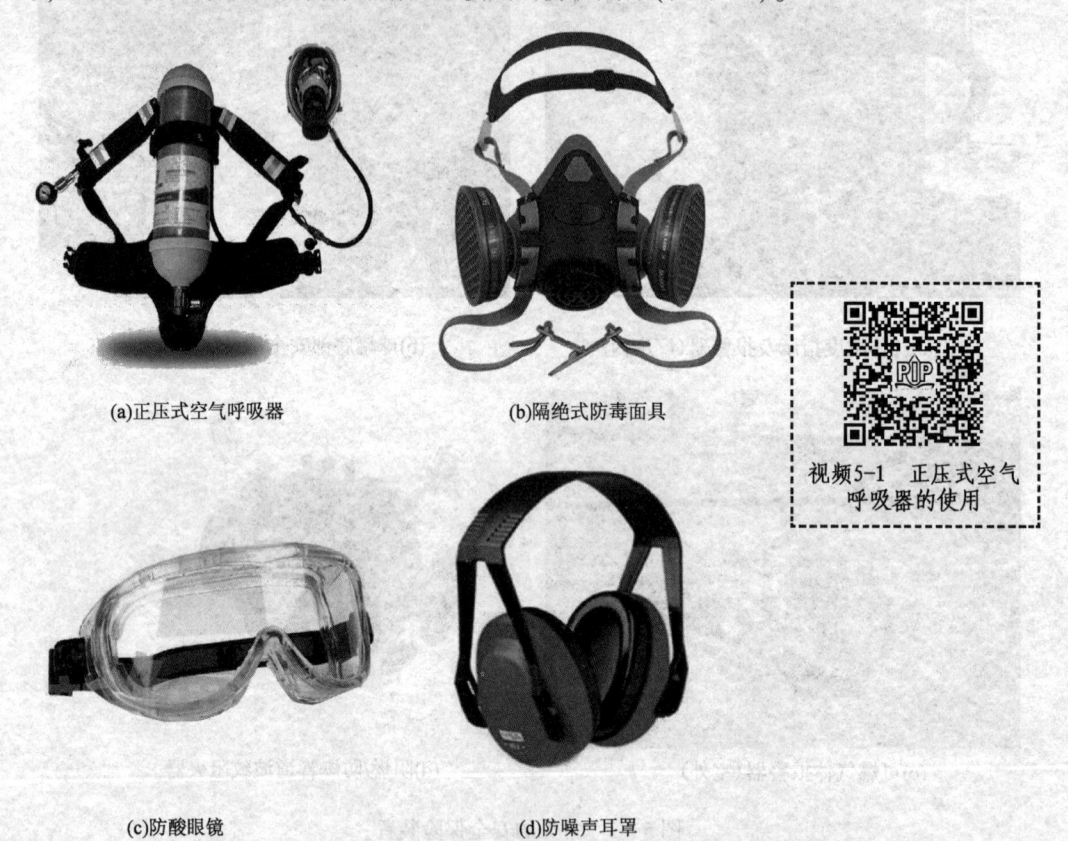

(c)防酸眼镜　　(d)防噪声耳罩

图5-4　石化企业几种典型的个人安全防护用品

(1)正压式空气呼吸器。正压式空气呼吸器主要用于在浓烟、毒气、蒸汽或缺氧等各种环境下作业、检修、抢险救灾和救护工作中进行灭火或抢险救援时使用。一套正压式空气呼吸器一般有面罩、气瓶、瓶带组、肩带、报警哨、压力表、气瓶阀、减压器等十几个部件组成。

(2)隔绝式防毒面具。由面罩和滤毒罐(或过滤元件)组成,一般可以针对不同的危害气体选用不同的滤毒罐。由面具本身提供氧气,隔绝式防毒面具主要在高浓度染毒空气中(体积浓度大于1%时)。

(3)防酸眼镜。防酸眼镜主要用于防化学飞溅,在酸操作环境下防护眼睛。

(4)防噪音耳塞、耳罩。防噪音耳塞、耳罩是保护人的听觉免受强烈噪声损伤的个人防护用品。防噪音耳塞(又称隔音耳塞、抗噪耳塞)一般是由硅胶或是低压泡沫材质、高弹性聚酯材料制成的。插入耳道后与外耳道紧密接触,以隔绝声音进入中耳和内耳(耳鼓),达到隔音的目的,从而使人能够在噪音作业环境下保护耳朵,避免听力下降。防噪音耳罩是把外耳整体罩住保护听力的设备,也可与通信器材结合,在高噪环境下确保通信通畅。防噪音耳塞、耳罩多用于泵岗、压缩机岗的作业人员使用。

三、安全管理

1. 安全管理常识

1）安全教育

石化企业入场前的三级安全教育是指新入厂职员、工人的厂级安全教育、车间级安全教育和岗位(工段、班组)安全教育。学生入厂实习前也必须按照要求进行三级安全教育。

2）安全方针

安全生产方针是安全第一、预防为主、综合治理；安全消防方针是预防为主、防消结合。

3）安全常识

(1) 安全三件宝：安全带，安全帽，安全网。

(2) 安全作业证：动火作业(室外6级风以上禁止动火，气瓶相互距离5米，距明火10m)，高处作业(2m以上)，受限空间作业，起重作业，临时用电，动土作业，断路作业，抽查盲板作业等。

(3) 三违：违章指挥，违章作业，违反劳动纪律。

(4) 电流分级：感知电流$0.5 \sim 1mA$，摆脱电流$5 \sim 10mA$，致死电流$50mA$。

(5) 安全电压：42V(手持电动工具)，36V、24V(有电击危险环境中使用的手持照明灯)，12V(金属容器内、潮湿罐内作业照明电压不得超过12V)，6V(水下作业等场所)。

(6) 安全五要素：安全文化，安全法制，安全责任，安全科技，安全投入。

(7) 着火三要素：可燃物，助燃物，点火源。

(8) 中压压力容器承压范围为$1.6 \sim 10MPa$。

2. 安全管理制度

石化企业均制定有严格细致的安全生产规章制度和操作规程，必须严格遵守和执行，以确保生产装置长效、安全、稳定运行。常见的安全管理制度如下。

1）五必须

(1) 必须遵守厂纪厂规；

(2) 必须经安全生产培训考核合格后持证上岗作业；

(3) 必须了解本岗位的危险危害因素；

(4) 必须正确佩戴和使用劳动防护用品；

(5) 必须严格遵守危险性作业的安全要求。

2）五严禁

(1) 严禁在禁火区吸烟动火；

(2) 严禁在上岗前和工作时饮酒；

(3) 严禁擅自移动或拆除安全装置和安全标志；

(4) 严禁擅自触摸与己无关的设备和设施；

(5) 严禁在工作时间串岗、离岗、睡岗或嬉戏打闹。

3）防火防爆十大禁令

(1) 严禁在厂内吸烟及携带火柴、打火机易燃易爆物品入厂。

(2) 严禁不办用火手续，在厂内进行施工用火或生活用火。

(3) 严禁穿易产生静电服装进入油气区工作。

(4)严禁穿带铁钉的鞋进入油区及易燃易爆场所。
(5)严禁用汽油、溶剂擦洗各种设备、衣物、工具及地面。
(6)严禁未经批准的各种机动车辆进入生产装置、罐区及易燃易爆区。
(7)严禁就地排放轻质油品、化学危险品。
(8)严禁堵塞消防通道,随意挪用或损坏消防工具和设备。
(9)严禁在各种油气区用金属工具敲打。
(10)严禁损坏生产区内的防爆设施及设备。

4)人身安全十大禁令

(1)安全教育和岗位技术考核不合格者,严禁独立顶岗操作。
(2)不按规定着装和班前饮酒者,严禁进入生产岗位和施工现场。
(3)不戴好安全帽,严禁进入生产装置和检修、施工现场。
(4)未办理安全作业票及不系安全带者,严禁高处作业。
(5)未办理安全作业票,严禁进入塔、容器、罐、油舱、反应器、下水井、电缆沟等有毒、有害、缺氧场所工作。
(6)未办理维修工作票,严禁拆卸停用的与系统联通的管道、机泵等设备。
(7)未办理电气作业"三票",严禁电气施工作业。
(8)未办理施工破土工作票,严禁破土施工。
(9)机动设备或受压容器的安全附件、防护装置不齐全好用,严禁启动使用。
(10)机动设备的转动部件,在运动中严禁擦洗或拆卸。

思 考 题

1. 简述危险因素和有害因素的定义,对比两者之间的区别。
2. 根据化学品危险性分类,试举例说明石化企业有哪些典型的危险化学品?
3. 爆炸和火灾危险场所中爆炸性气体环境危险区域等级划分为哪几类区域?
4. 简述灭火的基本方法及具体应用。
5. 爆炸的分类有哪几种?
6. 在石油化工生产中,系统安全保险装置有哪些?
7. 化工企业实习过程中,进入装置时必须配备的个体安全防护用品包括那些?
8. 安全生产方针是什么?
9. 石化企业的三级安全教育是指什么?

第二节 石化企业环保知识

一、石化企业的主要污染

石化行业是我国国民经济中支柱产业之一,同时也是环境污染的重点行业之一。石化企业污染的特点之一是污染物种类多、来源范围广、危害大。主要污染主要包括废水、废气、废渣(固体废物)即通常所说的"三废",除此之外,还有噪声、热污染等众多污染形式。

近年来,石化企业污染问题已经被社会广泛关注,除了常规污染防治以外,也开展了很多专项污染研究与治理,诸如VOCs污染核算与治理、恶臭污染评估与治理、石化烟气脱硫脱硝、高含盐废水治理、高浓有机废水治理、危险废物处理与资源化利用等。环境污染治理重点在于防控。

1. 废水

由于炼厂污水量大,炼油污水中污染物质种类繁多,种类繁多的污染物质在水中含量仅占百万分之几至万分之几,一般没有回收价值。虽然含量低,但危害性大,同时处理污水回用率也不高。因此,治理炼油生产中所排出污水是环境保护工作的重点。

1) 废水的来源

石油炼制工业废水(petroleum refining industry wastewater)是石油炼制工业生产过程中产生的废水,包括工艺废水、污染雨水(与工艺废水混合处理)、生活污水、循环冷却水排污水、化学水制水排污水、蒸气发生器排污水、余热锅炉排污水等。

炼油厂生产污水主要来源于各种工艺装置中油品和油气冷凝水、油品和油气洗涤水、油品罐脱水、机泵填料冷却水、循环水排污及装置地面冲洗水和雨水等。根据污水的来源和性质及污水处理厂所选定的流程,炼油污水可分为四大系统。

(1) 含盐污水系统。含盐污水主要来自原油的电脱盐装置,除含盐量高外,还有相当数量的原油,须经过处理后方能排放。

(2) 含酸碱污水系统。油品的酸洗、碱洗和水洗时,产生含酸碱污水。锅炉给水处理过程中阴阳离子还原也需排出含酸碱污水。

(3) 含硫污水系统。含硫污水主要来自常顶、减顶、焦化塔顶、催化塔顶和稳定吸收等的油品油气分离器所排出的污水。

含硫污水一般经除油用气提法去除硫化氢及氨气后进入污水处理厂,经除油和双塔气提后的污水仍含有大量的油、硫化氢及氨气。

(4) 含油污水系统。含油污水是炼厂主要生产污水系统,大约占总水量70%以上,排量最大。油在水中溶解度很小,往往在水面形成油膜,阻碍空气中氧溶解于水中,而且含油污水中的其他有机物质如有机酸、醛、醇等又不断消耗水中溶解的氧,从而扰乱正常水体复氧过程,消耗破坏水体自净能力,引起水体变黑发臭,窒息水生生物生长。流入生物处理设施的污水油含量应严格控制。油含量太高时,大部分油被活性污泥吸附,导致污泥沉降性能下降,严重时会导致大量污泥流失,给操作带来困难。

2) 污水的性质

炼油化工废水主要含油、酚以及氨氮等,通常进水 COD_{cr} 800~1500mg/L、BOD 300~500mg/L、氨氮 50~100mg/L,石油类含量高达 3000~10000mg/L。因国家对环保的重视,要求各工业企业废水不只是达到行业排放标准,而且要达到规定的排放标准排放,这就使炼油化工企业在废水处理上的难度增加。

炼油污水具有如下性质:(1)水质水量波动大;(2)含表面活性物质高、易乳化;(3) BOD_5 /COD比值低,生化性能差。

2. 废气

废气是指在石油炼制工业生产和储运过程中产生的废气,可分为有组织源废气和无组织源废气。有组织源废气包括催化裂化烟气,加热炉烟气,S-Zorb(汽油吸附脱硫)再生烟气,硫磺回收尾气,氧化沥青尾气,火炬烟气等;无组织源废气包括设备和管阀件泄漏排气,挥发性石油液体储罐排气,酸性水罐、污水罐、污油罐、中间油品罐等排气,油品装载排气,污水处理系统排气,装置检维修排气,氧化脱硫醇尾气,循环水凉水塔排气等。污染物主要包括二氧化硫、氮氧化物、烃类、一氧化碳、恶臭、VOCs及颗粒物质。

3. 固体废物

炼油过程中排放的固体废物主要是有害废渣,包括油品精制(包活油品和气体洗涤过程中所产生的)碱洗后的碱渣、酸洗后的酸渣,各装置反应器所产生的废催化剂以及含油污泥等。炼油厂固体废物排放情况见表5-3。

表5-3 炼油厂固体废物排放情况

固体废物分类	来源	主要污染物
碱渣	酸碱精制	油10%~20%,游离碱1%~10%,环烷酸、磺酸钠、硫化钠、高分子脂肪酸等
酸渣	酸碱精制	油10%~30%,游离酸浓度40%~60%,叠合物、磺化物、脂类、胶质、沥青质、硫化物
废催化剂	催化裂化、加氢精制、加氢裂化和催化重整、异构化、丙烯腈等装置	硅、铝氧化物,Ni、V、Fe及其氧化物,重金属,石油类,挥发性有机物
添加剂废渣	润滑油系统:白土精制等装置	钡的硫化物、氧化锌、硅藻土、硫、磷、酚等
油罐底泥	原油罐区、中储罐区、污油罐	油及泥沙等残留物
污水处理及设施检修渣	隔油池、沉淀池底泥,气浮池浮渣,剩余活性污泥	油、微生物胶团、COD、硫酸铝等

4. 危险废物

根据《中华人民共和国固体废物污染防治法》的规定,危险废物是指列入国家危险废物名录或者根据国家规定的危险废物鉴别标准和鉴别方法认定的具有危险特性的废物。

根据《国家危险废物名录》的定义,危险废物是指具有下列情形之一的固体废物和液态废物。(1)具有腐蚀性、毒性、易燃性、反应性或者感染性等一种或者几种危险特性的;(2)不排除具有危险特性,可能对环境或者人体健康造成有害影响,需要按照危险废物进行管理的。

石化企业的固体废物中,大多数属于危险废物,需要依照相关法律、法规及技术标准严格执行相关处理和管理。

二、石化企业的环境监测

1. 石化企业主要污染物排放指标

根据《石油炼制工业污染物排放标准》(GB 31570—2015)与《石油化学工业污染物排放标准》(GB 31571—2015)要求,石化企业主要污染物排放指标见表5-4和表5-5。各地方企业有的也会制定自己的企业标准,或按照各省及地区的标准执行。

表 5-4　水污染物排放限值　　　　　单位:mg/L(pH 值除外)

序号	污染物项目	限值 直接排放	限值 间接排放	污染物排放监控位置
1	pH 值	6.0~9.0	—	
2	悬浮物	70	—	
3	化学需氧量	60,100(2)	—	
4	五日生化需氧量	20	—	
5	氨氮	8.0	—	
6	总氮	40	—	
7	总磷	1.0	—	
8	总有机碳	20,30(2)	—	
9	石油类	5.0	20	企业废水总排放口
10	硫化物	1.0	1.0	
11	氟化物	10	20	
12	挥发酚	0.5	0.5	
13	总钒	1.0	1.0	
14	总铜	0.5	0.5	
15	总锌	2.0	2.0	
16	总氰化物	0.5	0.5	
17	可吸附有机卤化物	1.0	5.0	
18	苯并(a)芘	0.0003		
19	总铅	1.0		
20	总镉	0.1		
21	总砷	0.5		
22	总镍	1.0		车间或生产设施废水排放口
23	总汞	0.05		
24	烷基汞	不得检出		
25	总铬	1.5		
26	六价铬	0.5		
27	废水有机特征污染物	表所列有机特征污染物及排放浓度限值		企业废水总排放口

注:(1)废水进入城镇污水处理厂或经由城镇污水管线排放,应达到直接排放限值;废水进入园区(包括各类工业园区、开发区、工业聚集地等)污水处理厂执行间接排放限值,未规定限值的污染物项目由企业与园区污水处理厂根据其污水处理能力设定相关标准,并报当地环境保护主管部门备案。

(2)丙烯腈-腈纶、己内酰胺、环氧氯丙烷、2,6-二叔丁基-4-甲基苯酚(BHT)、精对苯二甲酸(PTA)、间甲酚、环氧丙烷、萘系列和催化剂生产废水执行该限值。

表 5-5 大气污染物排放限值　　　　　　　　单位：mg/m³

序号	污染物项目	工艺加热炉	废气处理有机废气收集处理装置	含卤代烃有机废气[1]	其他有机废气[1]	污染物排放监控位置
1	颗粒物	20	—	—	—	车间或生产设施排气筒
2	二氧化硫	100	—	—	—	
3	氮氧化物	150,180[2]	—	—	—	
4	非甲烷总烃	—	120	去除效率≥95%	去除效率≥95%	
5	氯化氢	—	—	30	—	
6	氟化氢	—	—	5.0	—	
7	溴化氢[3]	—	—	5.0	—	
8	氯气	—	—	5.0	—	
9	废气特征有机污染物	表所有有机特征污染物及排放浓度限值				

注：(1) 有机废气中含有颗粒物、二氧化硫或氮氧化物，执行工艺加热炉相应污染物控制要求。
　　(2) 炉膛温度≥850℃的工艺加热炉执行该限值。
　　(3) 待国家污染物监测方法标准发布后实施。

2. 总量控制指标

根据全国主要污染物排放总量控制计划及石化企业的污染物产生特征和所在区域的环境特征，确定总量控制因子如下：

(1) 废气：SO_2、NO_x、烟尘（TSP）。
(2) 废水：COD、氨氮、石油类。
(3) 工业固体废物。

在《国家环境保护"十三五"规划》中，针对水污染治理，环保"十三五"规划新增在河湖、近岸海域等重点区域以及重点行业，对总氮、总磷实行污染物总量控制。在大气方面，针对重点区域和行业，把工业烟气、粉尘、VOCs纳入总量控制中。

针对各类污染物监测，企业监测一般至少每班次检测一次。目前，石化企业废水总排放口设监控池及自动连续采样器监测仪表，不合格污水应返回处理。

三、石化企业的污染防治

石化企业污染防治通常实施全过程控制，为了更好地实现环境保护，普遍推广清洁生产。清洁生产是指在生产全过程和产品生命周期中持续地运用整体预防污染战略，以达到减少对人类和生态环境的危害，即以清洁原料、清洁生产过程为基础，生产清洁产品，采取有效的污染物治理措施，并从优化工艺、改进设备、加强管理等方面入手，通过降低生产过程能耗、物耗，达到提高产品质量、降低成本、降低排污的目的。清洁生产是实现可持续发展的重要措施之一。

1. 废水处理

石油化工污水污染物浓度高，成分复杂、难降解，对环境污染严重，单一处理工艺很难达到水质排放要求。科研人员和科研机构针对石化废水处理技术和工艺开展了深入研究,开发出了针对我国石化废水特点的处理方法,主要包括强化常规污水处理工艺处理、预处理工艺与常规处理工艺组合、常规处理工艺与深度处理工艺组合等。

近年来,常规处理工艺与深度处理工艺组合得到了较多的研究和应用,该工艺能够有效去除常规污水处理工艺不能去除的难生物降解有机污染物,是目前石化废水处理领域研究和关注的热点之一,也是提升污水厂出水水质有效的对策之一。随着新的深度处理技术的开发以及组合深度处理技术的优化,石化废水深度处理工艺将得到快速发展和广泛应用。

目前,国内多数炼化企业污水处理设施采用隔油—气浮—生化(老三套)工艺或其改良工艺,从实际运行情况来看,该工艺不能保证出水完全达标。由于出水中残留的有机物为难降解物质,仅采用现有工艺简单扩建或单纯增加多段生化处理,难以使出水达标。石化企业的废水主要污染物是含油废水,废水处理的主要目标是除油。对于含油浓度较高的废水,多采用三段法的治理方式;对于含油浓度较低的废水,应用二段法即可达到指标要求。

目前常见的集中典型水处理工艺主要有 A/O 处理工艺和 BAF 生物滤池三级处理工艺,分别简述如下。

1) A/O 处理工艺

如图 5-5 所示,含油废水 A/O 处理工艺主要包括隔油池、浮选池、均质调节池、生化池、二沉池及砂滤等几个部分。

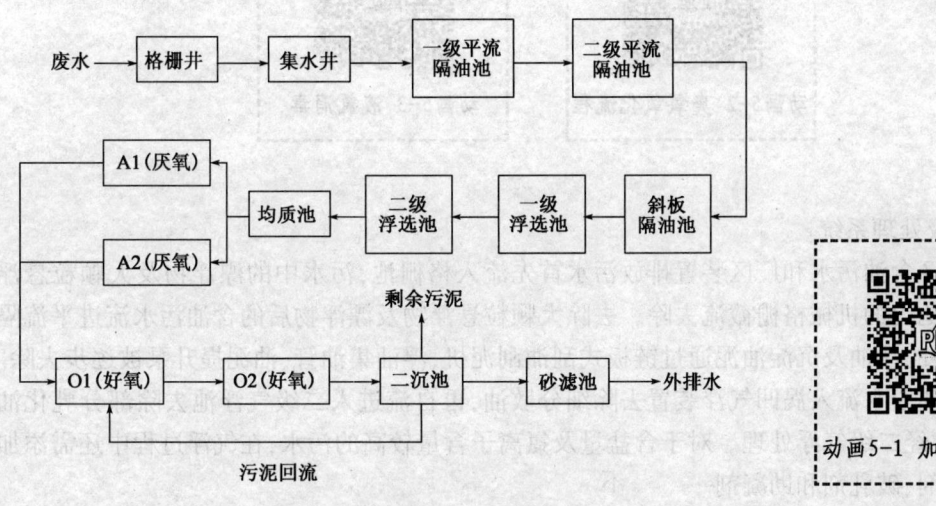

图 5-5 含油废水处理 A/O 工艺流程

隔油池:来自全厂装置区、罐区各排水点的含油污水,流经格栅井,在格栅井截留大的固体杂物,经一级提升泵房提升进入平流隔油池、斜板隔油池。

浮选池:投加破乳药剂、絮凝药剂及助凝药剂,在一级浮选池和二级浮选池中,采用涡凹及溶气浮选(动画 5-1),出水满足 A/O 生化进水要求。

均质调节池:经中间提升泵房提升,进入均质调节池进行均质。

生化池:采用 A/O 工艺。厌氧段采用并联方式,好氧段采用串联方式,包括缺氧生化池(A)、好氧生化碳化池(O1)、好氧生化硝化池(O2)。

二沉池:进行活性污泥与水沉淀分离。二沉池部分出水回流至厌氧段进口,再次进行生化处理,经二沉池沉淀的活性污泥回流至 O1 段,这些污泥失去活性后从 O1 底部清除出去。

砂滤:对悬浮物和油类物质进行深度处理。

2)BAF 生物滤池三级处理工艺

BAF 生物滤池三级处理工艺流程如图 5-6 所示。

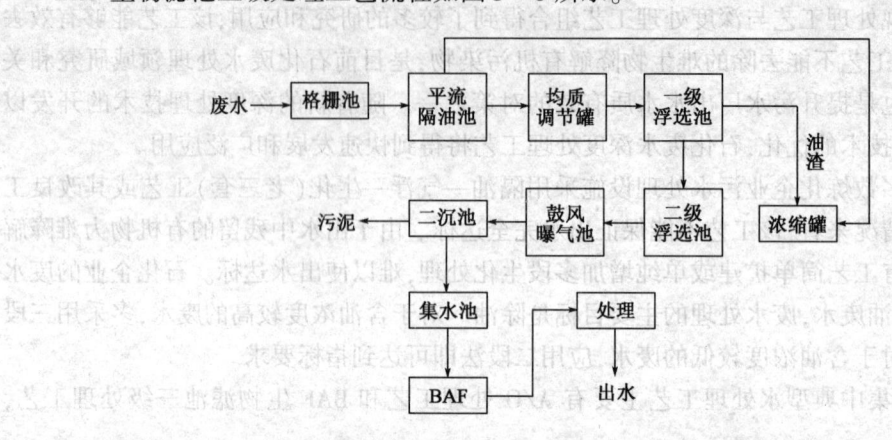

图 5-6 BAF 生物滤池三级处理工艺流程

动画5-2 臭氧氧化流程　　动画5-3 液氯消毒

(1)一级处理系统。

污油罐区含油污水和厂区装置排放污水首先流入格栅池,污水中的漂浮物及大颗粒悬浮物通过格栅池内的机械格栅截流去除。去除大颗粒悬浮物及漂浮物后的含油污水流进平流隔油池,污水中的浮油及沉淀油泥通过链板式刮油刮泥机、浮油集油管、油泥提升泵被逐步去除。经均质的含油废水流入涡凹气浮装置去除细分散油,再自流进入二级气浮池去除部分乳化油和细分散油,经二级气浮处理。对于含盐量及氯离子含量较高的污水,在气浮过程中还需添加适当的絮凝剂、破乳剂和助凝剂。

(2)二级处理系统。

经二级气浮池出水进入鼓风曝气池,污水中绝大多数有机物在鼓风曝气池中被好氧菌分解为二氧化碳和水,同时,水中的氨氮被氧化为硝态氮。为了保持曝气池内的微生物的活性,其 pH 值要保持在 7~8。

(3)三级处理系统。

三级处理系统为:BAF 生物滤池、混凝过滤、臭氧氧化(动画 5-2)、生物碳塔、消毒(动画 5-3)。污水经二级系统处理后进入集水池,并在集水池中通过提升泵加压输送至 BAF 池,在微生物的作用下进一步降解。出水收集在中间水池中。经泵加压在多介质过滤器中去除杂质,在臭氧接触塔有效杀菌,在活性炭过滤器进一步吸附除菌、除杂,出水投加二氧化氯消毒,进入消毒池,合格污水回用。未达标水回到集水池,再次处理,直至合格后回收利用。

中间水池水作为 BAF 生物滤池反洗进水,需要提升泵加压,反洗排水释放到间歇沉淀池。消毒池水作为多介质过滤器的反洗水,由泵加压,反洗排水释放到间歇沉淀池。

反洗水在间歇沉淀池里沉淀分离,上清液由泵送至低浓集水池,污泥先排到泥井,再由泵送至污泥脱水罐。

2. 废气处理

1) 烟气脱硫脱硝技术

烟气脱硫脱硝技术是应用于石化企业锅炉烟气和催化烟气中氮氧化物、硫氧化物净化技术。目前已知的烟气脱硫脱硝技术有 PAFP、ACFP、软锰矿法、电子束氨法、脉冲电晕法、石膏湿法、催化氧化法、微生物降解法等技术。

(1) 烟气脱硫。

常用的湿法烟气脱硫技术有石灰—石石灰—石膏法、间接的石灰石—石膏法两种方法。

①石灰石—石灰—石膏法。该工艺是利用石灰石或石灰浆液吸收烟气中的 SO_2,生成亚硫酸钙($CaSO_3$),经分离的亚硫酸钙可以抛弃,也可以氧化为硫酸钙($CaSO_4$),以石膏形式回收。它目前世界上技术最成熟、运行状况最稳定的脱硫工艺,脱硫效率达到 90% 以上。

②间接石灰石—石膏法。常见的间接石灰石—石膏法有钠碱双碱法、碱性硫酸铝法和稀硫酸吸收法等。该工艺是利用钠碱、碱性氧化铝($Al_2O_3 \cdot nH_2O$)或稀硫酸(H_2SO_4)吸收 SO_2,生成的吸收液与石灰石反应而得以再生,并生成石膏。该工艺操作简单,二次污染少,无结垢和堵塞问题,脱硫效率高,但生成的石膏产品质量较差。

目前中国石油所属石化企业的烟气脱硫设施采用喷射文丘里(JEV)湿气洗涤技术(WGS),简称 WGS 技术,经中国石油工程建设公司大连设计分公司引进、消化吸收后,自主设计了烟气脱硫技术。湿气洗涤部分包括 JEV 型文丘里洗涤器、洗涤塔、烟囱、洗涤塔底循环泵等。

(2) 烟气脱硝。

在催化装置(FCC)余热锅炉对流蒸发段之后设置 SCR 脱硝反应器,在 SCR 反应器内设置烟气导流设施,确保烟气均匀通过床层。经过稀释的氨气由喷嘴进入反应器前部烟道处,经过喷氨格栅后进入反应器,烟气中的 NO_x 和氨在催化剂作用下发生催化还原反应,生成 N_2 和水,净化后的烟气经高温省煤器、低温省煤器取热后,送至烟气脱硫设施。即在余热锅炉温度 320~420℃处,将烟气引入 SCR 反应器进行脱硝,脱硝后的烟气进入脱硫塔。

2) 油气回收处理技术

目前,油气回收处理技术主要用于油品装卸车作业过程排气控制。石化企业为了控制挥发性有机污染物(VOCs)排放,也可把油气回收处理技术用于回收轻质油品储罐的排气回收。常用的油气回收处理工艺流程如图 5-7 所示。

3. 固体废物处理

石油化工企业的固体废物绝大多数属于危险废物,其中往往含有一些有毒、易燃、腐蚀性等成分,主要包括石油类、重金属和挥发性有机物,具有很大的环境风险,对其进行无害化处理处置显得尤为重要。固体废物的处理一般是石化企业内部通过采用专业技术进行处理或者外送并委托具有处理资质的专业处理单位进行回收利用或处理、处置。

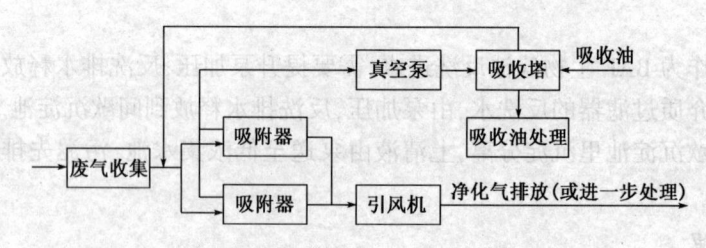

图 5-7 活性炭吸附—真空再生油气回收工艺流程

1）碱渣的处理

碱渣的处理方法有直接处理和化学处理两种方式。直接处理有深井处理、焚烧处理和提供其他部门如作造纸原料等；化学处理有空气氧化法和中和法等，要根据碱渣的质量选择回收利用的方法。

（1）汽油和气体洗涤的碱渣主要含有硫化物、过剩碱、少量的有机物，可用来吸收废气中的硫化氢制取硫氢化钠，或通入二氧化碳(或烟道气)中和回收碳酸钠，尾气则通入炉子经燃烧后排出，也有将这部分碱渣直接用于造纸的。

（2）常减压装置煤油、柴油碱渣中含有环烷酸钠，可加硫酸进行精制回收环烷酸，也有将常三线碱渣用于铁矿石选矿剂。

（3）催化裂化、热裂化和焦化汽油洗涤的碱渣中含有相当数量的酚类化合物，可用烟道气中和并进行蒸馏和精制回收低级酚。

2）酸渣的处理

炼油厂的酸渣主要来自油品的硫酸洗涤和硫酸烷基化装置。硫酸洗涤的酸渣中含有游离酸、胶质、磺酸及其盐类、大量的硫酸、烃类和磺化物。

炼油厂一般采用酸渣、碱渣中和的方法回收油品和硫酸钠，以及利用酸渣中的游离酸生产磷肥和硫铵等。从长远看，解决酸渣的最好办法是改革工艺，例如采用加氢精制代替硫酸洗涤，从工艺上消除酸渣。

3）废催化剂的处理

90%以上的石油化学反应是通过催化剂来实现的。催化剂再生后原有的活性受损，多次再生后，活性低于可接受的程度时，就成为废催化剂。随着石油化工业的迅速发展，石油化工废催化剂的产量也迅猛增长。石油化工废催化剂中有较高含量的贵金属或其他有价金属，有些甚至远高于某些贫矿中的相应组分的含量，金属品位高，可将其作为二次资源回收利用。对石油化工废催化剂进行综合利用既可以提高资源利用率，更可以避免废催化剂带来的环境问题，实现可持续发展。

含有贵重金属的废催化剂送有关厂家回收贵重金属，一般催化剂根据其毒性大小采用堆放、填埋和装桶深埋等方法处理。

4）污水处理场污泥

炼油厂污水处理场污泥主要包括油泥、浮渣和剩余活性污泥等，即通常所说的污水处理场的"三泥"。污泥中主要污染物为油、硫化物、酚、COD等，含水率在99%以上。对污水处理场污泥的处理方法很多，主要是将污泥脱水后进行焚烧处理、填埋等，也有用作烧砖而回收利用的。

目前常用的"三泥"处理技术如图 5-8 所示。

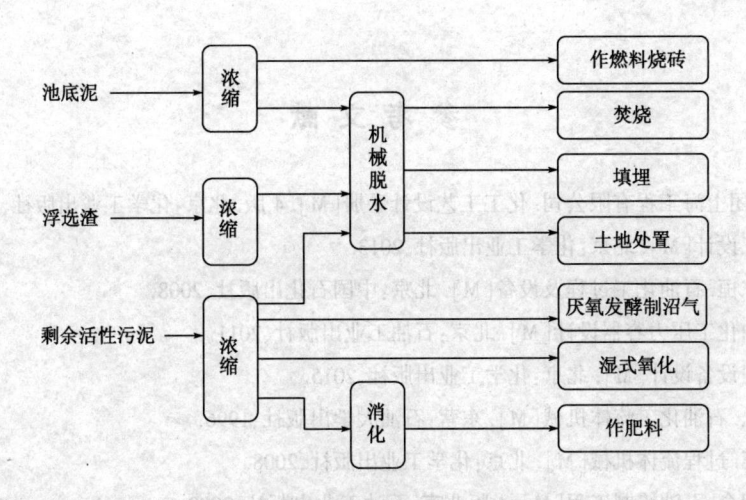

图 5-8　污水厂废渣的处理与利用

思 考 题

1. 石化企业污染主要有哪些？
2. 石化企业废水的来源有哪些？
3. 石化企业废气无组织排放源有哪些？
4. 石化企业固体废物污染主要有哪些？
5. 简述石化企业含油污水 A/O 处理工艺流程。
6. 污水处理场的"三泥"是指什么？
7. 石化污水监测的常规指标有哪些？
8. 催化装置(FCC)再生烟气脱硝(SCR)原理是什么？

参 考 文 献

[1] 中国石化集团上海工程有限公司.化工工艺设计手册[M].4版.北京:化学工业出版社,2009.
[2] 陈声宗.化工设计[M].北京:化学工业出版社,2013.
[3] 金有海,刘仁桓.石油化工过程及设备[M].北京:中国石化出版社,2008.
[4] 仇性启.石油化工压力容器设计[M].北京:石油工业出版社,2011.
[5] 郑津洋.过程设备设计[M].北京:化学工业出版社,2015.
[6] 张湘亚,陈弘.石油化工流体机械[M].东营:石油大学出版社,1996.
[7] 李云,姜培正.过程流体机械[M].北京:化学工业出版社,2008.
[8] 徐春明,杨朝合.石油炼制工程[M].4版北京:石油工业出版社,2009.
[9] 梁文杰,刘晨光,等.石油化学[M].东营:中国石油大学出版社,2009.
[10] 侯祥麟.中国炼油技术[M].3版.北京:中国石化出版社,2011.
[11] 陈长生.石油加工生产技术[M].2版.北京:高等教育出版社,2013.
[12] 李志强.原油蒸馏工艺与工程[M].北京:中国石化出版社,2010.
[13] 王基铭.中国炼油技术新进展[M].北京:中国石化出版社,2017.
[14] 田松柏.石油炼制过程分子管理[M].北京:化学工业出版社,2017.
[15] 陈忠基,李海良.常减压蒸馏装置减压深拔技术的应用[J].炼油技术与工程,2012,42(12):16-19.
[16] 许友好,戴立顺,龙军,等.多产轻质油的FGO选择性加氢工艺和选择性催化裂化工艺集成技术(IHCC)的研究[J].石油炼制与化工,2011,42(3):7-12.
[17] 黄新龙,王洪彬,李节,等.高液收延迟焦化工艺(ADCP)研究[J].炼油技术与工程,2013,43(3):20-23.
[18] 杨朝合,山红红.石油加工概论[M].2版.东营:中国石油大学出版社,2013.
[19] 陈俊武,许友好.催化裂化工艺与工程[M].3版.北京:中国石化出版社.2015
[20] 杨朝合,山红红,张建芳.两段提升管催化裂化系列技术[J].炼油技术与工程,2005,35(3):28-33.
[21] 孟凡东,王龙延,郝希仁.降低催化裂化汽油烯烃技术:FDFCC工艺[J].石油炼制与化工,2004,35(8):6-10.
[22] 米镇涛.化学工艺学[M].2版.北京:化学工业出版社,2006.
[23] 戴厚良.芳烃生产技术展望[J].石油炼制与化工,2013,44(1):1-10.
[24] 吴巍.芳烃联合装置生成技术进展及成套技术开发[J].石油学报(石油加工),2015,31(2):275-281.
[25] 王婷.重整装置预处理工艺方案比较[J].石油化工设计,2012,29(4):18-21.
[26] 娄阳,崔晔.芳烃抽提技术发展与应用[J].化学工业,2014,32(5):22-26,30.
[27] 陈利维,张天嵌.芳烃抽提技术研究进展和应用现状[J].石油化工应用,2017,36(1):7-10.
[28] 丛敬.几种芳烃抽提工艺的比较[J].当代化工,2009,38(5):467-471.
[29] 霍月洋.芳烃抽提技术应用进展[J].山东化工,2015,44(4):41-46.
[30] 刘艳杰,丁国荣,冯利,等.芳烃装置精馏系统的优化节能研究[J].吉林化工学院学报,2004,21(4):9-12.
[31] 张春兰,陈淑芬,张远欣.催化重整催化剂的研究现状及进展[J].广州化工,2013,41(10):23-24,85.

[32] 路守彦. 我国催化重整迅速发展[J]. 广东化工, 2013, 40(261): 82-83.
[33] 米镇涛. 化学工艺学[M]. 北京: 化学工业出版社, 2006.
[34] 王松汉, 何细藕. 乙烯工艺与技术[M]. 北京: 中国石化出版社, 2000.
[35] 陈滨. 乙烯工学[M]. 北京: 化学工业出版社, 1997.
[36] 赵仁殿, 金彰礼, 陶志华, 等. 芳烃工学[M]. 北京: 化学工业出版社, 2001.

附录　石化企业现场实习教学大纲

一、实习目标

现场实习是帮助学生熟悉和了解实际生产过程、接触生产实践及掌握专业基本技能的重要教学手段,在化工高等教育中占有重要地位。通过现场实习,使学生全面了解和熟悉生产装置的工艺原理、工艺流程、主要设备、主要操作条件、简单事故处理、主要仪表使用等,对现代化企业的生产和管理有一个更为全面的认识,进一步了解石化企业的生产与改革现状,进一步强化专业理论与生产实际的结合,加深对石化生产过程的了解,巩固所学的专业理论知识,进而提高学生独立分析和解决生产实际问题的能力。

通过深入石化企业的实践学习,将课堂学到的知识与实际工作中碰到的问题结合起来,培养学生的工程观念和实践能力。现场实习是学生迈向工作岗位前一次的重要演练,可为今后踏入社会、走上工作岗位增加阅历,打下良好基础。

二、实习要求

(1)了解实习企业的生产规模及炼厂加工类型;了解企业的主要生产装置及其相互联系;了解企业的经济效益和企业文化等。

(2)掌握实习装置主要原料的物化性质,产品结构,主、副产品的质量特点及去向;了解实习装置原料及产品控制指标。

(3)学会分析实习装置主要操作条件(如温度、压力等)对生产过程、产品分布及产品质量的影响。

(4)掌握从原料到产品的带控制点的生产工艺流程及工艺原理;在了解生产方法基础上摸透流程,熟悉主要设备及作用、主要工艺管线走向、主要生产控制点、主要操作条件等。也可以参照以下步骤,尽快熟悉现场工艺管道:

①对照带控制点的工艺流程图,按流程顺序、管道编号,逐条弄清各管道的起始设备、终点设备及其管口。

②从起点设备开始,逐条弄清管道的来龙去脉,转弯和分支情况,具体安装位置及管件、阀门、仪表控制点及管架等布置情况。

③分析管道及管件的位置尺寸和标高,结合设计理论进行分析,以此加深对管道连接、变径、转弯和支撑等实践知识的认识和了解。

(5)熟悉各主要阀门、仪表、分析取样的位置,原料、水、电、蒸汽、风的供应,开停工管线,紧急放空管线等。

(6)了解实习车间生产报表填写项目的意义,熟悉正常运转时的生产调节和控制方法,学会分析操作数据。

(7)掌握实习装置主要设备的结构、性能、工作原理和特点;了解车间主要设备规格、尺寸、结构及特点、台数、备用情况等。

(8)了解实习车间岗位分配,人员编制;了解大学毕业生在车间的职能、作用及成长经历。

(9)了解实习车间节能与环保措施;了解实习装置原料、燃料、水、电、气等的供应情况、各项消耗系数与技术经济指标。

(10)了解企业数字化、信息化、智能化生产控制水平;了解生产装置新技术应用情况。能利用所学专业知识,对生产装置的实际操作状况进行分析,力求发现问题,并对如何解决问题提出自己的见解。

三、实习任务

若时间允许,建议完成或选择完成以下绘图作业:

(1)绘制装置工艺流程图(简化的 PID),内容包括:设备、主要管线、主要控制点、必要标注(设备名称及位号、流向箭头、物流名称等)。要求所画出的自控点能理解并绘制完整、尽量规范,要有图例说明。

(2)绘制全厂平面布置示意图(包括主要车间和主要道路,标注方位标)。

(3)绘制实习所在车间平面布置图(画出主要建筑物、工段、管廊、通道等相对位置,并标注方位标和大致尺寸)。

(4)绘制设备平面布置图和立面布置图(含设备、基础、框架、平台、梯子等内容)。其中,设备平面布置图需画出方位标、标注定位尺寸(粗估,按规范标注)、设备位号及名称,每层平台应单独绘制(注明该平台高度);设备立面布置图需标注设备、平台及基础等标高(粗估,按规范标注),设备位号及名称。

(5)绘制典型工段一根主要管线的管道平、立面布置图(含标注)。

四、实习报告

1. 内容

(1)实习的目的意义,实习企业的基本概况。

(2)实习车间的基本情况,生产装置的工艺流程特点、主要原材料和主、副产品的质量特点及用途。

(3)装置主要设备的结构特点和工作原理。

(4)三废处理和治理情况。

(5)车间(或工段)的生产管理组织形式和管理机制。

(6)紧密结合生产实际,结合自己所学的专业知识,分析讨论实习装置的生产操作状况,提出自己的见解或建设性意见。

(7)深入企业生产实践学习的心得和体会。

2. 要求

(1)报告内容应是亲临生产现场的所见所闻,资料真实可靠。

(2)实习报告层次清晰,重点突出,文字表达简明流畅,图表齐整规范。

(3)独立按时完成,不照抄生产操作规程,不抄袭他人成果。

(4)实习报告不少于2000~3000字,心得与体会不少于1000字。
(5)按老师要求绘制的工艺流程图和PID图,必须遵循化工设计规范要求。

五、实习纪律

(1)参加实习的师生,必须按照统一计划,服从领队教师指挥,服从分配,在实习地按规定的时间和指定的地点集中,集体进场和离场,中途不得随意离队,更不得无故缺席,有事必须事先办好请假手续,经批准后,才能行动。

(2)实习人员必须严格遵守工厂的上下班、安全保卫、保密和生产管理,严格遵守厂纪厂规,爱护工厂一草一木。进入生产现场,必须穿工作服、戴工作帽,正确使用个人防护用品及安全防护设施,禁止穿拖鞋、凉鞋及光脚,不得穿裙子、短裤等。

(3)实习人员必须在指定的生产岗位上工作,必须严格听从领导和技术人员、工人师傅的管理。按时上下班,认真完成规定的实习任务。严格遵守操作规程,不得擅离职守,做到不迟到、不早退、不旷工、不脱岗、不睡岗;不得在厂内及工地打扑克、下象棋、追逐打闹,不得随意乱动生产设备、开关按钮等,防止各类事故发生。

(4)实习学生要发扬艰苦奋斗、勤俭节约、团结友爱的精神,互相关心、互相帮助,虚心向工人师傅和技术人员请教,学习先进的生产管理方法,发现任何异常情况要及时报告,自觉维护正常的生产秩序。

(5)实习学生必须准备好实习专用的笔记本,并妥善保管,不得遗失和撕页,指导老师根据需要进行抽查及评分。

(6)注意文明礼貌,不讲粗口,注意整洁,讲究卫生,尊敬工人师傅、技术人员和各级领导,服从带班师傅及指导教师的管理。无论任何情况,都不得顶撞、吵架、无理取闹。凡不听劝阻者,责令其停止实习。

(7)爱护公物工具和各种器材设备。借用物品必须办理手续,按时归还,不得带走工具和任何零件,不得损坏仪器设备,如发现有此类行为,除严肃批评教育外,根据情节轻重,给予处分并负经济赔偿责任。

(8)在实习车间不得做任何与实习无关的事情。

(9)不带火种和香烟进入厂区。一旦发生事故,不要惊慌,要绝对服从命令听指挥,不帮倒忙。

(10)不带手机进装置区。

(11)实习期间,一切行动听从指导教师和厂内指导工程师的安排,擅自行动后果自负。

凡有下属情况之一者,取消生产实习,不予评分。

①实习期间迟到、早退累计次数达到全期总数的三分之一及以上者;

②睡岗、无故缺勤一次及以上者;

③请假天数达到总数的三分之一及以上者。

④被实习单位投诉者;

⑤凡在实习期间造成事故者;

⑥犯有打架斗殴、敲诈勒索、赌博等严重违纪违法行为,影响极坏者。

(12)全体学生干部和党员要注意发挥模范带头作用,以身作则,团结同学,确保实习工作顺利完成。

六、实习考核

在实习过程中,要求学生写好实习日志,认真详实记录每天获得的实际生产知识、资料和数据,实习结束完成实习报告。指导老师应对学生在实习过程中的主要表现做好过程监控,根据实习报告成绩、实习过程表现和实习单位评价(或考评),综合评定学生的实习成绩。

1. 考查依据

现场实习中的学习表现、出勤情况、企业对学生的评价、对生产实践相关知识的掌握程度、实习报告的撰写水平等。

2. 成绩评定

成绩由平时成绩(日常表现、考勤、劳动纪律等)、实习报告(实习总结、心得和流程图)、现场考试、笔试成绩等组成。

3. 评判标准

优良(80~100分):全面地完成实习任务,按照实习计划积极地参加实际操作,理论能较好地联系实际,在工作实践中,能提出改进意见,逐日完成实习记录,实习报告有丰富的内容,能较全面地分析问题和提出解决问题的途径。在实习现场查问时,能圆满地回答所查问的问题。

及格(60~79分):能完成实习任务,参加实际操作,尚能理论联系实际,能写实习记录,实习报告内容清楚,具有一般分析能力。在实习现场查问时,基本上能回答所查问的问题。

不及格(<60分):未能完成实习任务,不遵守实习纪律,劳动态度不好,理论不能联系实际,记录、实习报告内容贫乏、残缺或有原则性错误。在实习现场查问时,对查问的问题多半不能回答或回答得很肤浅,甚至有很大错误。